Grundzüge

der

Elektrochemie

auf experimenteller Basis.

Von

Dr. Robert Lüpke,

Oberlehrer am Dorotheenstädtischen Realgymnasium und Docent an der Kaiserlichen Post- und Telegraphenschule zu Berlin.

Dritte vermehrte und verbesserte Auflage.

Mit 77 in den Text gedruckten Figuren und 28 Tabellen.

Springer-Verlag Berlin Heidelberg GmbH 1899

ISBN 978-3-662-35511-4 ISBN 978-3-662-36339-3 (eBook)
DOI 10.1007/978-3-662-36339-3
Softcover reprint of the hardcover 3rd edition 1899

Vorwort zur ersten Auflage.

Die mit regem Eifer betriebenen Forschungen der physikalischen Chemie haben in den letzten zwei Jahrzehnten zu Resultaten geführt, mittels deren eine grosse Reihe der bisher offnen Fragen der exakten Naturwissenschaften gelöst ist. Unter anderem ist ein tieferer Einblick in das Wesen der Lösungen gewonnen, nachdem die Giltigkeit der AVOGADROschen Regel, die bis dahin nur auf die Gase Anwendung fand, von VAN'T HOFF auch für die Körper im gelösten Zustand dargethan worden war. Ganz besonders ist dieses Ergebnis der Elektrochemie zu gute gekommen, wenn es auch auf den ersten Blick mit ihr nicht in Beziehung zu stehen scheint. Man darf heutzutage behaupten, dass die Leitung des galvanischen Stromes in Elektrolyten, wie auch die Entstehung desselben in den VOLTAschen Ketten, über deren Natur man ein Jahrhundert lang im Zweifel war, völlig klargestellt ist.

Die Lehren der Elektrochemie sind in den Fachzeitschriften und den Lehrbüchern der physikalischen Chemie von OSTWALD und von NERNST ausführlich dargelegt. Trotzdem habe ich es unternommen, dieses Büchlein zu schreiben, da ich es für zeitgemäss hielt, in gedrängter Form jene Neuerungen zusammenzustellen und so demjenigen einen kurzen Überblick zu geben, der nicht in der Lage ist, die ausgedehnte Fachlitteratur eingehend zu studieren. Um aber dem Leser, von welchem nur die Kenntnis der Grundbegriffe der Physik und Chemie vorausgesetzt wird, die an sich schwierigen Theorien leichter verständlich zu machen, sind die betreffenden Gesetze direkt durch den Versuch abgeleitet. In ganz wenigen Fällen sind zur weiteren Bestätigung mathematische Erörterungen eingeschaltet.

Die Versuche, deren Darstellung einen wesentlichen Teil dieser Broschüre bildet, sind mit den denkbar einfachsten

Mitteln[1]) ausgeführt. Sie lassen sämtlich den Vorgang, um den es sich handelt, deutlich erkennen. Ferner aber sind sie so angeordnet, dass das Endresultat in möglichst kurzer Zeit eintritt. Daher mögen sie namentlich auch für den Unterricht brauchbar erscheinen, sowie endlich für die physikalischen und chemischen Übungen mannigfachen Stoff bieten. Freilich darf man von denjenigen Versuchen, bei denen es auf Messungen ankommt, keine allzu sicheren Ergebnisse erwarten, denn zu exakteren Zahlenresultaten sind feinere Instrumente erforderlich, welche nur in den wissenschaftlichen Laboratorien zur Verfügung stehen, zu Demonstrationszwecken aber in der Regel nicht geeignet sind.

Obgleich der Hauptsache nach die rein wissenschaftliche Seite der Elektrochemie behandelt wird, so ist doch auch die Praxis nicht ganz unberücksichtigt geblieben. An geeigneter Stelle wird auf die technischen elektrochemischen Arbeiten, insbesondere auf das jetzt so wichtige Gebiet der Elektrometallurgie, hingewiesen.

Berlin, den 1. Mai 1895.

Robert Lüpke.

Vorwort zur zweiten Auflage.

Einige Monate nach dem Erscheinen meiner „Grundzüge der wissenschaftlichen Elektrochemie auf experimenteller Basis" machte sich die Notwendigkeit einer neuen Auflage geltend. In diesem Erfolg darf ich den Beweis sehen, dass eine kurzgefasste Darstellung der wichtigsten Kapitel der Elektrochemie ein Bedürfnis gewesen ist, sowie dass die Methodik des Buches, in welchem zur Ableitung der Gesetze und zur Erläuterung

---

[1]) Einen grossen Teil der Apparate kann man selbst anfertigen. Die übrigen sind vom Glasbläser Max Stuhl, Berlin N., Philippstrasse 22, hergestellt und zu mässigen Preisen von demselben zu beziehen.

der Theorien auf das Experiment das Hauptgewicht gelegt ist, Anklang gefunden hat. Zwar sind im Laufe eines Jahres mehrere Werke über Elektrochemie, wie die von OSTWALD, JAHN, LE BLANC und AHRENS, erschienen, denen meine „Grundzüge" von wissenschaftlichem Standpunkt aus weit nachstehen. Dennoch hoffe ich, dass diejenigen Leser, die sich über Elektrochemie vorläufig orientieren wollen, ehe sie an das Studium jener ausführlicheren Werke herantreten, die vorliegende zweite Auflage mit Wohlwollen aufnehmen werden.

Soweit es mir die Zeit erlaubte, habe ich die erste Auflage in einigen Punkten ergänzt und erweitert. Insbesondere ist die Energetik der galvanischen Elemente neu bearbeitet, und ferner ist das technische Gebiet der Elektrochemie mehr berücksichtigt, insofern die Principien derjenigen Verfahren, die in die Praxis Eingang gefunden haben, am geeigneten Platze erörtert sind. Auch ein Sachregister ist beigefügt.

Für freundliche Ratschläge bin ich Herrn Dr. PAUL BECK in Billwärder bei Hamburg aufrichtigen Dank schuldig. Desgleichen danke ich dem Herrn Verleger für die gute Ausstattung, die er dem Buche wiederum hat zu teil werden lassen.

Berlin, den 18. April 1896.

Robert Lüpke.

Vorwort zur dritten Auflage.

Die dritte Auflage dieses „Grundrisses der Elektrochemie", welche, wie die früheren, nur als Vorstufe für das Studium der elektrochemischen Erscheinungen gelten soll, ist in fast allen Kapiteln umgearbeitet und vervollständigt. Einerseits ist den Wünschen verschiedener Fachgenossen Rechnung getragen, insofern die in Betracht kommenden Grundbegriffe der Elektricitätslehre näher erörtert, und die Messmethoden, wenigstens dem Princip nach, auseinandergesetzt wurden.

Andrerseits sind die bedeutendsten Fortschritte, welche die Litteratur der Elektrochemie aufweist, berücksichtigt, und zwar wurden namentlich die schwierigeren Kapitel der Polarisation und der Reaktionen und Wanderungsgeschwindigkeiten der Ionen genauer behandelt, sowie auch die wichtigsten Neuerungen der chemischen Industrie der Salze und Metalle an passender Stelle erläutert. Immer aber wurde dem Charakter dieses „Grundrisses" gemäss auf solche Experimente Gewicht gelegt, welche mir geeignet schienen, das Wesen der Erscheinungen und der Gesetze derselben verständlich zu machen. Die Technik der in den früheren Auflagen angeführten Experimente ist vielfach verbessert. Die Anzahl der Tabellen ist um einige vermehrt, doch ist ihr Umfang möglichst beschränkt. Der besseren Übersicht wegen sind die Kapitel in einzelne Paragraphen eingeteilt; ferner ist ein Autorenregister aufgestellt, und das Sachregister ist ausführlicher bearbeitet, so dass sich der Leser in dem nach den Grundsätzen der Didaktik geordneten Stoff leicht wird zurecht finden können.

Es ist mir eine angenehme Pflicht, Herrn Dr. Hanauer in Hannover, der die Freundlichkeit hatte, mich auf verschiedene Mängel der zweiten Auflage hinzuweisen, ferner Herrn Professor Böttger in Berlin, der mich mit anerkennenswerter Bereitwilligkeit beim Lesen der Korrekturen unterstützte, sowie dem Herrn Verleger für die gute Ausstattung des Buches an dieser Stelle meinen verbindlichsten Dank auszusprechen.

Berlin, den 10. Januar 1899.

Robert Lüpke.

Inhaltsverzeichnis.

II. Abschnitt.

III. Abschnitt.

Einleitung.

Es sind bereits hundert Jahre verflossen, seitdem die VOLTAsche Säule bekannt wurde. Dieser einfache Aufbau aus Kupferplatten, Zinkplatten und angefeuchteten Tuchscheiben ist der Ausgangspunkt für alle die mannigfachen Apparate geworden, in denen durch Kombination von Leitern erster und zweiter Ordnung der galvanische Strom erzeugt wird. Aber so lange auch die VOLTAschen Ketten in Gebrauch sind, so war man doch über die Theorie derselben noch bis in die jüngste Zeit im Unklaren. Denn die bisherigen Theorien, die Kontakttheorie wie die chemische Theorie, sind nicht geeignet gewesen, die Entstehung des galvanischen Stromes in jenen Ketten befriedigend zu erklären.

Erst im Jahre 1889 ist es NERNST (in Göttingen) gelungen, durch seine osmotische Theorie den Mechanismus der Strombildung anschaulich darzustellen.

Die NERNSTsche Theorie baut sich auf breiter, fester Grundlage auf. Sie setzt einige andere, ebenfalls der Neuzeit angehörige Theorien voraus, die den wesentlichsten Inhalt der physikalischen Chemie umfassen. Insbesondere kommt die HELMHOLTZsche Theorie der Stromleitung in Elektrolyten, die ARRHENIUSsche Theorie der elektrolytischen Dissociation der Ionen und die VAN'T HOFFsche Theorie der Lösungen in Betracht.

Alle diese Theorien haben jetzt allgemein die ihnen gebührende Anerkennung gefunden, nicht allein, weil sie durch den Versuch genügend gestützt werden, sondern auch, weil sie eine grosse Anzahl bisher rätselhafter Erscheinungen der Physik und Chemie mit Sicherheit erklärt und harmonisch mit einander verknüpft haben. Ausserdem haben sie erfolgreich auch die diesen Wissenschaften verwandten Gebiete beeinflusst. Ganz bedeutende Fortschritte hat endlich die chemische Technologie durch sie zu verzeichnen. Eine Reihe neuer industrieller Anlagen ist entstanden, in denen der elektrische Strom schneller und rationeller arbeitet als die alten Methoden und bis jetzt mancherlei Produkte geliefert hat, an deren technische Gewinnung früher nicht gedacht werden konnte.

In dem ersten Abschnitte dieses Buches ist die Rede von der HELMHOLTZschen Theorie der Stromleitung in Elektrolyten und der ARRHENIUSschen Theorie der elektrolytischen Dissociation der Ionen, der zweite bezieht sich auf die VAN'T HOFFsche Theorie der Lösungen, während im dritten die NERNSTsche Theorie der Strombildung behandelt werden soll.

I. Abschnitt.

Die neuere Theorie der Elektrolyse.

Unter Elektrolyse versteht man die chemischen Vorgänge, welche eintreten, wenn der elektrische Strom einen Leiter zweiter Ordnung passiert. Letzterer ist stets eine chemische Verbindung im gelösten oder geschmolzenen Zustand und wird Elektrolyt (λύω, ich löse) genannt. Die Leiter erster Ordnung, nämlich die Metalle sowie Kohle und einige Superoxyde, welche in Gestalt von Drähten, Blechen oder Prismen den elektrischen Strom durch die elektrolytische Zelle führen, wenn an ihnen eine gewisse Potentialdifferenz unterhalten wird, heissen Elektroden (ὁδόω, ich leite), und zwar die eine Anode, die andere Kathode (ἡ ἄνοδος, der Aufgang, ἡ κάθοδος, der Weg hinab). Diesen beiden Bezeichnungen liegt die Annahme zu Grunde, dass der Erdmagnetismus von elektrischen Strömen herrühre, welche die Erde parallel den Breitengraden in der Richtung von Osten nach Westen, also von Sonnenaufgang nach Sonnenuntergang umkreisen sollen. Infolge der Potentialdifferenz, welche der elektrolysierende Strom an den Elektroden hervorbringt, tritt eine Bewegung von Massenteilchen im Elektrolyten ein. Gewisse Bestandteile desselben wenden sich zur Anode, und die Restbestandteile zur Kathode. Diese in den bezeichneten Bahnen wandernden Massenteilchen, deren Summe eine Molekel der elektrolytischen Substanz bildete, heissen Ionen (besser Ionten) (ἰών, Genitiv ἰόντος, gehend), Anionen diejenigen, die zur Anode,

Kationen diejenigen, die zur Kathode wandern. An den Elektroden aber erfolgen chemische Veränderungen, deren Gesamtheit den Vorgang der Elektrolyse ausmacht.

---

1. Kapitel.

Die Erscheinungen der Elektrolyse.

In diesem Kapitel wird eine Reihe elektrolytischer Vorgänge behandelt, welche zeigen sollen, wie mannigfach das Resultat der Elektrolyse je nach der Natur des Elektrolyten und der Elektroden sowie der Stärke des angewendeten Stromes sein kann. Indem mit einfacheren Fällen begonnen und allmählich zu verwickelteren übergegangen wird, ergiebt sich eine bestimmtere Form des Begriffs des Elektrolyten. Die Auswahl der Beispiele ist aber nicht allein mit Rücksicht auf theoretische Erörterungen getroffen, sondern es ist wesentlich auch auf solche Vorgänge Bedacht genommen, welche wichtige Gebiete der praktischen Elektrochemie erläutern.

§ 1. Elektrolyse geschmolzener Elektrolyte.

Am einfachsten gestaltet sich das Resultat der Elektrolyse geschmolzener binärer Verbindungen, weil hier die beiden Ionen an den Elektroden direkt abgeschieden werden.

Die zuerst von Bunsen ausgeführte Elektrolyse des Magnesiumchlorids hat v. Gorup-Besanez[1]) durch den bekannten Vorlesungsversuch mittels der Thonpfeife demonstriert. Als Elektrolyt ist das in Platingefässen leicht schmelzbare Kalium-Magnesiumchlorid zu verwenden. Man erhält es im geschmolzenen Zustand, wenn man eine Lösung von 20 g krystallisierten Magnesiumchlorids und 7,5 g Kaliumchlorid unter Zusatz von 3 g Ammoniumchlorid in einer Platinschale auf dem Wasserbade zur Trockne verdampft und die Salzmasse

[1]) v. Gorup-Besanez, Anorganische Chemie 1871, S. 517.

sodann über der Gebläseflamme schnell erhitzt. Die erhaltene Schmelze giesse man in den Kopf einer in einem Stativ befestigten, vorher stark angewärmten Pfeife *P* aus rotem Thon[1]) (Fig. 1) und schliesse den Strom von 6 bis 10 hintereinander geschalteten Akkumulatoren mittels einer als Kathode dienenden, durch den geraden Stiel der Pfeife gesteckten Stricknadel *k* und eines in den Kopf eingesenkten Kohlestabes *a* als Anode. Die Masse wird fast ganz durch die Stromwärme in Fluss erhalten, doch ist es besser, dem Pfeifenkopf noch eine kleinere Flamme unterzuschieben und dieselbe so zu regulieren, dass die Schmelze nicht erstarrt. Die Masse des Thones ist dicht genug, um die Entstehung von Magnesiumoxychlorid, welche durch die heissen Flammengase herbeigeführt werden könnte und nach F. Oettel das Zusammenfliessen der Magnesiumkügelchen erschweren würde, zu verhindern. Am Kohlestab entwickelt sich Chlor, welches durch einen angefeuchteten Streifen von Jodkaliumstärkekleisterpapier leicht nachgewiesen werden kann. Am Eisendraht wird metallisches Magnesium frei. Aber letzteres verbrennt teilweise an der Oberfläche der Schmelze, die allmählich ins Schäumen kommt, und nach dem Erkalten zeigt sich das Metall in der Masse meistens so fein verteilt, dass sein Silberglanz nicht zu beobachten ist. Beiden Übelständen hilft man dadurch ab, dass man sogleich nach dem Stromschluss

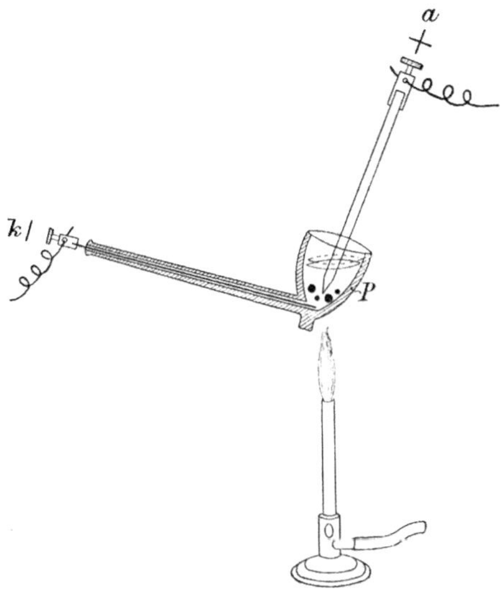

Fig. 1.

---

[1]) Zu beziehen von Gundlach, Berlin W, Mauerstr. 90. 1 Dtzd. 1 M.

den geschmolzenen Elektrolyten mit einer dicken Schicht ausgeglühten Holzkohlenpulvers bedeckt. Hierdurch wird das Schäumen verhindert, und nach kaum 20 Minuten des Stromdurchgangs sieht man beim Zerschlagen der erkalteten Masse eine grössere Zahl glänzender Magnesiumkügelchen, die 1 bis 2, zuweilen sogar 5 mm dick sind. Dieselben lassen sich in einer Reibschale durch Abschlämmen mit Alkohol leicht isolieren und brennen, wenn sie einzeln in einer Eisendrahtschlinge mittels einer Flamme entzündet werden, mit blendendem Licht 15 bis 30 Sekunden lang. Will man sämtliche Metallkügelchen zu einem Regulus vereinigen, so erhitze man nach Unterbrechung des Stromes das Thongefäss mit starker Flamme etwa 10 Minuten lang, nachdem man, wie F. Oettel empfiehlt, eine kleine Messerspitze Flussspatpulver mittels eines Kohlestabes in die Schmelze eingerührt hat.[1])

Auch das Aluminium ist nach derselben Versuchsanordnung in Form glänzender Kügelchen, die durch Eintragen in geschmolzenes Kochsalz zu einem Ganzen vereinigt werden können, darstellbar. Sie zeigen die Reaktion auf Aluminium, wenn man sie in Salzsäure löst, reines Kaliumhydroxyd im Überschuss zusetzt und das Aluminiumhydroxyd mit Salmiaklösung fällt. Nur macht es einige Mühe, den schon 1854 von Bunsen benutzten und zu diesem Vorlesungsversuch geeigneten Elektrolyten, nämlich wasserfreies Kalium-Aluminiumchlorid, zu gewinnen.

Man bereite zunächst wasserfreies Aluminiumchlorid, indem man getrocknetes Chlorwasserstoffgas über stark erhitztes Aluminium leitet. Einen 4 bis 6 Stunden anhaltenden, regulierbaren Strom von Chlorwasserstoffgas erzeugt man, wenn man in die rohe Salzsäure des Kolbens K[2]) (Fig. 2) mittels des Hahntrichters H koncentrierte Schwefelsäure eintröpfeln lässt. Das in zwei Waschflaschen F_1 und F_2 mittels Schwefelsäure gut getrocknete Gas wird auf den Boden einer tubulierten, $^1/_2$ Liter fassenden Vorlage geleitet, die mit 5 bis 10 g

---

[1]) Zur Darstellung grösserer Mengen von Magnesium muss man sich eines elektrischen Ofens bedienen, s. Borchers, Elektrometallurgie 1891.

[2]) Noch vorteilhafter ist es, die rohe Salzsäure durch Stücke kompakten Salmiaks zu ersetzen.

zerschnittenen Aluminiumblechs gefüllt ist und mit einem grossen Brenner erhitzt wird. Nach einiger Zeit setzt sich in dem weiten Halse *h* der Vorlage das Aluminiumchlorid als weisses Sublimat ab, und nach 2 bis 3 Stunden hat sich eine dicke Kruste des Salzes gebildet, die mit einem Messer loszubrechen ist. Dieses Aluminiumchlorid ist stark hygroskopisch. Es muss daher sogleich in das beständigere Doppelsalz übergeführt werden. Hierzu ist nur erforderlich, in einem Platintiegel 2 Teile Kaliumchlorid zu schmelzen, 1 Teil Alu-

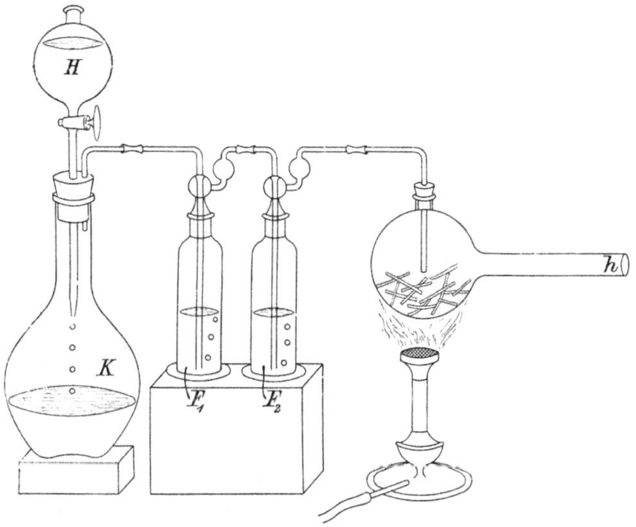

Fig. 2.

miniumchlorid portionsweise unter Umrühren in die Schmelze einzutragen und sodann letztere auf einen trockenen Porzellanscherben auszugiessen. Das Doppelsalz lässt sich in gut verschlossener Büchse aufbewahren.

Der Versuch der Elektrolyse des Kalium-Aluminiumchlorids entspricht im Princip dem technischen Verfahren der Aluminiumgewinnung auf elektrolytischem Wege nach dem HÉROULT-Process.

Der Unterschied besteht wesentlich nur darin, dass in der Fabrik als Elektrolyt das aus dem Bauxit rein dargestellte, in geschmolzenen und als Flussmittel dienenden Kryolith eingetragene Aluminiumoxyd der Elektrolyse mittels starker Ströme im elektrischen Ofen unterworfen und in dem Masse, als sich Aluminium abscheidet, durch neues Oxyd ersetzt wird. Die nach diesem Verfahren in Neuhausen am Rheinfall arbeitende Fabrik liefert jetzt 1 kg Aluminium für 3 M., während es zur Zeit der Entdeckung durch WÖHLER, der es im Jahre 1827 auf chemischem Wege durch Reduktion des Chlorides mittels metallischen Kaliums erhielt, etwa 17000 M. pro kg gekostet haben würde.

Weit leichter als die Magnesium- und Aluminiumverbindungen ist das geschmolzene Bleichlorid durch den Strom zu zerlegen und daher, wenn auch ein technisches Verfahren hierdurch nicht erläutert wird, für Demonstrationsversuche am besten geeignet. Dasselbe muss, da es in der Hitze etwas flüchtig ist, unter einem Abzug in einem Porzellantiegel geschmolzen werden, ehe es in die Thonpfeife gebracht wird. Schon zehn Minuten nach der Einwirkung eines Stromes von 5 Akkumulatoren hat sich ein genügend grosser Bleiregulus gebildet. Man giesst ihn in eine Thonschale aus und legt die metallische Fläche mittels einer Feile bloss.

Die Elektrolyse des Kaliumhydroxyds wurde schon im Jahre 1807 von DAVY ausgeführt, ein Ereignis von ausserordentlicher Bedeutung. Er entdeckte auf diesem Wege in den feuerbeständigen, bis dahin als unzerlegbar geltenden Alkalien die diesen zu Grunde liegenden Metalle. Sein Versuch lässt sich mit geringer Abänderung in folgender Weise wiederholen. In eine Platinschale giesst man soviel Quecksilber, bis der Boden derselben bedeckt ist, legt einige Stangen Kaliumhydroxyd darauf, bringt dieses durch Erhitzen der Schale mittels einer kleinen Flamme zum Schmelzen und schliesst den Strom von etwa 5 Akkumulatoren an, indem man die Schale zur Kathode und ein in den Elektrolyten eingesenktes Platinblech zur Anode macht. $2KOH$ ergeben $K_2 + H_2O + O$. Das Kalium legiert sich mit dem Quecksilber, der Sauerstoff entweicht am Platinblech. Nach etwa $^1/_2$ Stunde giesst man das noch flüssige Amalgam in Reagensgläser und lässt es darin erstarren. Der Kaliumgehalt dieses Amalgams ist leicht nachzuweisen, wenn man dasselbe in einer kleinen Gasentbindungsflasche mit verdünnter Schwefelsäure übergiesst. Von dem sich entwickelnden Wasserstoff kann in kurzer Zeit etwa $^1/_2$ Liter aufgefangen werden.

Es sei darauf hingewiesen, dass die Elektrolyse geschmolzener Alkaliverbindungen jetzt auch praktisch betrieben wird. Namentlich ist das Verfahren von GRABAU[1]) zu erwähnen, nach welchem aus geschmolzenem Chlornatrium, dem zweckmässigerweise noch die Chloride von Kalium und Strontium in gewissen Mengen zuzufügen sind, Natriummetall in Form von Dampf gewonnen wird, der sich in Vorlagen kondensiert.

Von den bisher erörterten, rein elektrolytischen Vorgängen sind diejenigen Fälle zu unterscheiden, bei denen starke elektrische Ströme wahrscheinlich nur als Wärmequellen wirken, und zwar entweder dadurch, dass sie einen Lichtbogen erzeugen, der die Reaktion der betreffenden Massen durchführt, oder dadurch, dass sie einen in den Stromkreis eingeschalteten Kohlewiderstand durch die Joule-Wärme auf eine sehr hohe Temperatur erhitzen, welche sich auf die in der Umgebung befindliche Masse überträgt. In dieser Weise ist es möglich geworden, Temperaturgrade zu erzielen, die auf chemischem Wege bisher unerreichbar waren, und mit Hilfe derselben schwer schmelzbare Oxyde durch Kohle zu reducieren. Auf dieses Gebiet der Technik, um welches sich besonders MOISSAN grosse Verdienste erworben hat, kann hier, obwohl es in fortschreitender Entwicklung begriffen ist, nicht näher eingegangen werden, da seine Zugehörigkeit zur reinen Elektrochemie zweifelhaft ist. Als wesentlichstes Ergebnis sei die Darstellung der Metalle Chrom, Molybdän, Wolfram, Uran, Vanadium und Mangan, sowie der Carbide des Calciums und Siliciums (Calciumcarbid und Carborundum) hervorgehoben. Wenn elektrische Öfen zur Verfügung stehen, so lassen sich entsprechende Versuche, wie die Darstellung des Calciumcarbides, auch in Vorlesungen vorführen. Leichter noch ist es, die Einwirkung des Lichtbogens auf das Wasser zu zeigen, die allem Anschein nach auch nur eine rein thermische ist. Oberhalb eines 6 bis 8 Liter Wasser enthaltenden Gefässes (Fig. 3) sind zwei rechtwinklig gebogene Kupferblechschienen

---

[1]) Chem. Centralb. S. 96. 1891.

angebracht, von denen die mit dem positiven Pol zu verbindende einen 2 cm dicken Kohlestab, die andere an den negativen Pol anzuschliessende einen dünneren Kohlestab eng umfasst. Eine mit einem Hahn versehene, 500 cm^3 Wasser enthaltende Glocke ist dicht über den Elektroden befestigt. Werden die Kohlestäbe kurze Zeit bis zur Berührung genähert und dann auf wenige Millimeter von einander entfernt, so erzeugt der von 30 bis 40 Akkumulatoren gelieferte Strom einen Lichtbogen, von welchem beständig Gasblasen aufsteigen, die in 2 bis 3 Minuten die Glocke füllen. Nach Unterbrechung des Stromes und Entfernung der Elektroden wird die Glocke in das Gefäss bis zum Hahn eingesenkt. Beim Öffnen des letzteren strömt ein brennbares Gas aus, welches, wie das durch Überleiten von Wasserdampf über weissglühende Kohle technisch gewonnene Wassergas, aus einem Gemenge von Wasserstoff und Kohlenoxyd besteht. Es bildet sich nach der Gleichung

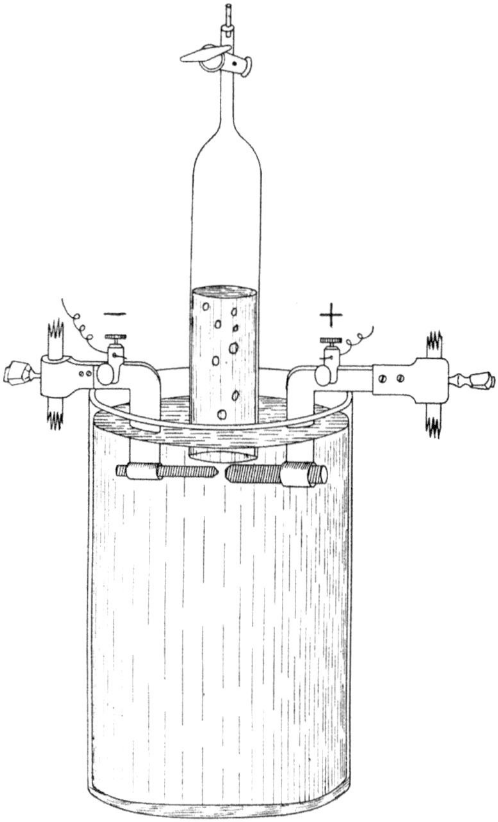

Fig. 3.

$$H_2O + C = H_2 + CO.$$

Der Kohlenstoff, der sich mit dem durch Zerlegung der Wassermolekel frei werdenden Sauerstoff zu Kohlenoxyd verbindet, wird den Elektroden entnommen.

§ 2. Elektrolyse koncentrierter Lösungen der Chloride bei unlöslicher Anode.

Die elektrolytische Abscheidung der Metalle aus den Alkalien und Erden setzt die Abwesenheit des Wassers voraus, da letzteres auf die freien Metalle chemisch einwirkt. Dagegen hat das Wasser auf die Elektrolyse wässeriger Lösungen der Chloride der Schwermetalle, falls sie koncentriert genug sind, keinen Einfluss; an der Kathode werden die Metalle, an einer indifferenten Anode das Chlor entbunden. Die Lösung von Zinkchlorid bietet hierfür ein geeignetes Beispiel. Ein mit einer Kugel und zwei Platinelektroden versehenes **U**-Rohr (Fig. 4), dessen Schenkel die Grösse gewöhnlicher Reagensgläser haben, wird mit einer aus 100 g Wasser und 60 g Zinkchlorid bestehenden Lösung gefüllt. Durch einen Strom von 10 Akkumulatoren wird in 20 Minuten an der Kathode so viel Zink in zierlichen, dendritischen Krystallen ausgeschieden, dass die Kugel damit erfüllt ist, während ein in den Anodenschenkel eingeschobenes Lackmuspapier *l* vom Chlor sehr bald gebleicht wird.

Auch die Elektrolyse der Salzsäure, die bekanntlich zur Ableitung der chemischen Grundbegriffe von Wichtigkeit ist, ist hier zu erörtern. Sie gelingt am sichersten, wenn man sich einer HOFMANNschen **U**-Röhre von der Form der Fig. 5 bedient. Die 6 mm dicken Graphitstäbe[1]) *A* und *K* sind mit Glasröhren *r* umgeben, welche bis zum horizontalen Verbindungsstück der Schenkelröhren hinaufreichen, und mittels dicht schliessender Gummistopfen befestigt. Über die herausragenden Enden der Stäbe sind Messinghülsen geschoben. Sie ver-

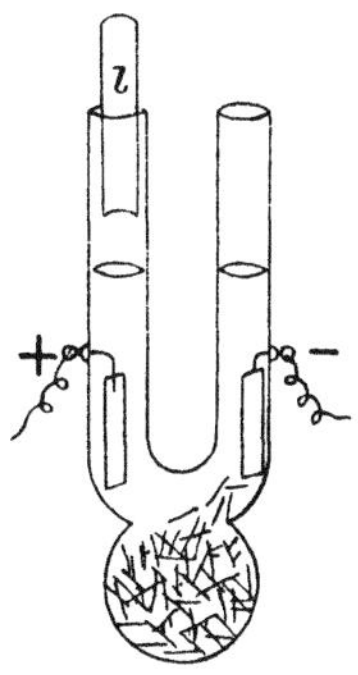

Fig. 4.

[1]) Zu haben bei WARMBRUNN, QUILITZ & Co., Berlin N., Rosenthalerstr. 20.

mitteln einen sicheren Kontakt mit dem Graphit und dienen zum Anschluss der Poldrähte. Der Apparat wird mit 6 n-Salzsäure [6 (1 + 35,5) = 219 g HCl in 1 l] gefüllt. Man stellt dieselbe kurz vor dem Versuch dadurch her, dass man 200 g der käuflichen reinen rauchenden Salzsäure (spec. Gew. 1,185, 36 $^0/_0$ HCl) mit 128 cm^3 Wasser mischt. Die hierdurch eintretende, sich auf etwa 20^0 belaufende Temperatursteigerung begünstigt den Versuch. Man lässt den Strom von 5 Akkumulatoren 50 Minuten bei geöffneten Hähnen h_1 und h_2 einwirken (0,6 Amp.). Der Elektrolyt hat sich dann im Anodenschenkel hinreichend mit Chlor gesättigt, und man bekommt, wenn man die Hähne h_1 und h_2 schliesst und den Hahn h_3 öffnet, wodurch der Druck in den Schenkelröhren negativ wird, auf 50 cm^3 Wasserstoff genau 50 cm^3 Chlor.

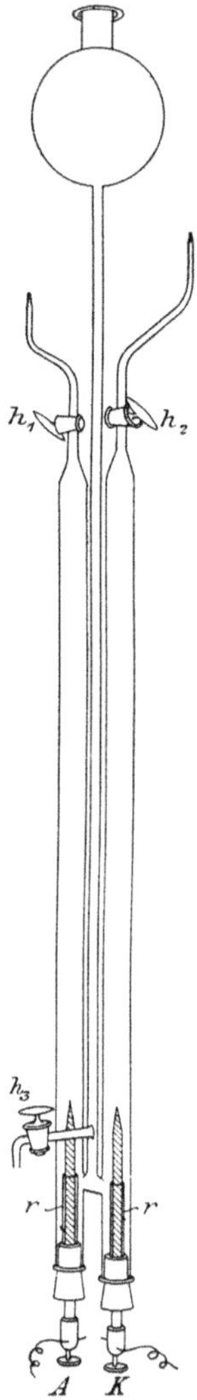

Fig. 5.

Die Graphitelektroden sind dicht genug, um ein Durchsickern des Elektrolyten zu verhindern, und werden vom Chlor kaum angegriffen, während Kohleelektroden reichlich Chlor absorbieren, welches aus dem Wasser Sauerstoff austreibt, der seinerseits die Kohle oxydiert. Platinelektroden halten jene Koncentration der Säure nicht aus. Ist die Salzsäure zu sehr verdünnt, so treten bei obigem Versuch kompliciertere Vorgänge ein. Denn der Elektrolyt absorbiert grössere Mengen Chlor, und es bleibt das Chlorvolumen hinter dem des Wasserstoffs auch deshalb erheblich zurück, weil das Chlor auf das Wasser reagiert und nach Haber und Grinberg[1]) Chlorsäure und Überchlorsäure ($HClO_3$ und $HClO_4$) bildet. Dem für die Elektrolyse der Salzsäure früher allgemein gebrauchten Elektrolyten, der aus einer koncentrierten, mit Salzsäure vermischten Koch-

[1]) Zeitschr. für anorg. Chem. 26, 198—228. 1898.

salzlösung bestand, ist die reine Chlorwasserstofflösung vorzuziehen, da sich das Chlornatrium auch an der Elektrolyse beteiligt und zu sekundären Vorgängen Veranlassung giebt, die einen Chlorverbrauch zur Folge haben (Näheres s. Kap. I, § 6).

§ 3. Elektrolyse von Lösungen mit mehratomigen Anionen bei löslicher Anode.

Besteht die Anode aus dem in dem Salz des Elektrolyten enthaltenen Metall selbst, so wird letzteres durch die Anionen in dem Masse gelöst, als die Metallionen aus der Kathode frei werden. Sonstige Vorgänge finden an der Anode im allgemeinen nicht statt, falls die Stärke des Stromes einen gewissen Grad nicht überschreitet.

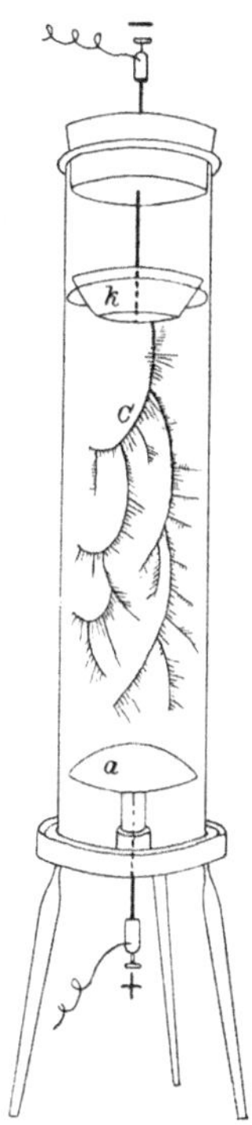

Fig. 6.

Die Metallausscheidung an der Kathode gewährt einen prächtigen Anblick, wenn man eine wässrige Lösung von Zinnchlorür unter folgenden Bedingungen elektrolysiert. Als Zersetzungsgefäss dient der 1,5 bis 2 Liter fassende, auf einen Dreifuss gestellte Cylinder *C* (Fig. 6), von der Form, wie er als Kühlgefäss bei der MITSCHERLICHschen Phosphorprobe verwendet wird. Im Bodenloch desselben befindet sich ein Kork, durch welchen der kupferne Zuleitungsdraht der gegossenen, 7 cm breiten Zinnanode *a* befestigt ist. Mittels eines die obere Öffnung des Cylinders schliessenden Deckels ist etwa 20 cm von der Anode entfernt die Kathode *k* angebracht, nämlich eine Kupferschale mit flachem Boden und angelötetem Zuleitungsdraht. Zur Herstellung des Elektrolyten werden 65 g reine Zinnfolie unter Erwärmen in Salzsäure gelöst. Nachdem der Säureüberschuss möglichst vollständig abgedampft ist, wird die Lösung auf 1,5 Liter mit Wasser verdünnt. Die Stärke des zuzuführenden Stromes ist so zu regulieren, dass an *k* kein Wasserstoff auftritt. Nach Schluss des Stromes scheidet sich das Zinn in Form metallisch glänzender Streifen aus, welche vom Boden der Schale *k* zusehends in die Flüssigkeit hinabwachsen. Die Fig. 6 zeigt, wie sich nach etwa 20 Minuten ein solcher Streifen gestaltet. Rechtwinklig zweigen sich nämlich von dem primären Streifen Äste ab. Sie sind anfangs beiderseits gleich gross. Bald aber herrscht die Zweigbildung auf der einen Seite vor, und während sowohl der Stammstreifen als seine Zweige an Länge zunehmen, treten regelmässig neue Zweige zwischen den schon vorhandenen hervor. Unterdessen wiederholt sich die Verzweigung an den Zweigen erster Ordnung. Einer derselben aber übertrifft an Grösse bedeutend die andern und tritt schliesslich, während sich das Wachstum der sich konvex nach unten krümmenden Stammspitze nach und nach verringert, in die Richtung des Stammes, um das Spiel von neuem zu beginnen. So wächst das Gebilde einer bestimmten Ordnung gemäss weiter abwärts, bis kurz vor der Anode infolge der Schwere seiner Äste der primäre Stamm an der Wurzel zerreisst, und das Ganze herabfällt. In gleicher Weise ergeht es hier und da auch seinen Altersgenossen. Inzwischen aber sind neue Stämme entstanden und füllen bereits mit ihren glänzenden Verästelungen das obere Drittel des Cylinders aus.

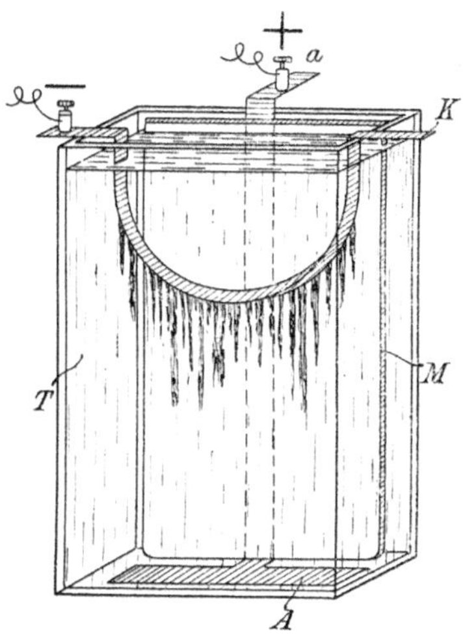

Fig. 7.

Auch die Elektrolyse der Bleisalzlösungen ergiebt eine baumartige Metallausscheidung. Auf den Boden eines $1^1/_2$ l fassenden vierkantigen Troges *T* (Fig. 7) lege man als Anode eine Bleiplatte *A*, die mit dem an der Wand des Troges anliegenden und mit einem isolierenden Überzug versehenen Bleistreifen *a* verbunden ist. Als Kathode dient der halbkreisförmig gebogene Bleistreifen *K*. Seine Enden ruhen auf dem Rand des Troges. Hinter ihm ist die Milchglasplatte *M* angebracht, die ihn von dem Bleistreifen *a* trennt. Der Elektrolyt besteht aus 1000 g Wasser, 400 g Bleiacetat und 100 g Salpetersäure (spec. Gew. 1,16). Sogleich nach dem Anschluss von 5 bis 10 Akkumulatoren treten vor der Milchglasplatte an der Kathode zahlreiche glänzende bandförmige Bleimassen auf, die zusehends nach unten wachsen.

Wird ein mässig starker Strom durch eine koncentrierte

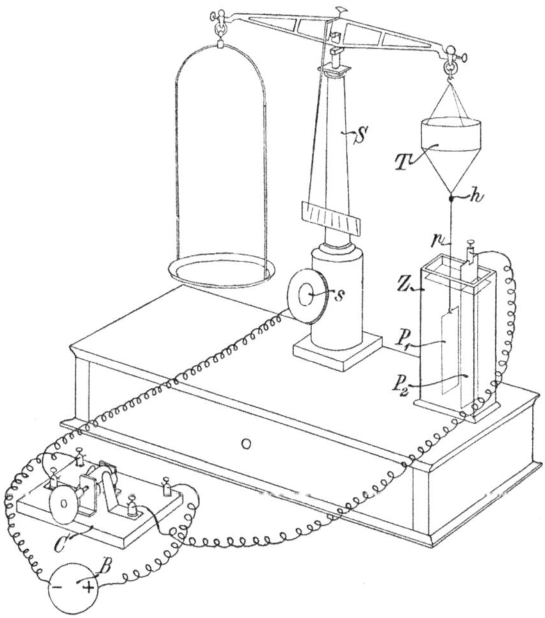

Fig. 8.

Kupfersulfatlösung zwischen Kupferelektroden geleitet, so wird die Kathode, soweit sie eintaucht, sehr bald mit einer mattroten Kupferschicht bedeckt, während die Anode an Masse abnimmt, da hier jedes SO_4-ion ein Kupferatom löst. Der Erfolg besteht also nur darin, dass der Strom das Kupfer von der Anode nach der Kathode überführt.

Die Thatsache, dass das Gewicht der Kupferplatte zu- oder abnimmt, je nachdem diese Kathode oder Anode ist, lässt sich nachweisen, wenn man nach LANGLEY[1]) die betreffende Kupferelektrode an dem einen Ende des Wagebalkens einer Wage so befestigt, dass sie den Schwingungen der letzteren ungehindert folgen kann. Fig. 8 stellt eine geeignete Versuchsanordnung dar. T ist ein metallenes, trichterförmiges Tariergefäss. An dem Haken h ist mittels des Platindrahtes p die 3×8 cm grosse Kupferelektrode P_1 aufgehängt, die vollkommen in den Elektrolyten (200 cm^3 gesättigter Kupfersulfatlösung + 15 cm^3 Salpetersäure) eintaucht und sich in der Zelle Z frei auf und ab bewegen kann, ohne die Wände derselben zu berühren. C ist ein Kommutator, dessen Klemmschrauben einerseits mit den Polen einer aus zwei Akkumulatoren bestehenden Batterie B, anderseits mit der Schraube s der Metallsäule S und der 4×15 cm grossen, in der Zelle feststehenden Kupferplatte P_2 durch Leitungsdrähte verbunden sind. Ist nun die Wage durch Einfüllen von Schrotkörnern in T ins Gleichgewicht gebracht, so neigt sie sich nach der Seite der Zelle Z, wenn an s drei Minuten der negative Pol angeschlossen ist, geht aber, falls man die Stromrichtung umkehrt, in drei Minuten wieder auf Null zurück und neigt sich in den nächsten drei Minuten auf die entgegengesetzte Seite.

Der Versuch der Elektrolyse einer Kupfersalzlösung zwischen Kupferelektroden veranschaulicht das Princip der im Jahre 1838 von JACOBI in Petersburg erfundenen Galvanoplastik, sowie der elektrischen Raffinierung des Rohkupfers und der elektrischen Kupfergewinnung aus Kupfersteinanoden. (Näheres siehe III. Abschnitt, 6. Kapitel.) Auch erläutert er die galvanische Ätzung eiserner oder kupferner Gegenstände des Kunstgewerbes. Dieselben werden mit einem nichtleitenden Ätzgrund überzogen und als Anoden in saure Kupfersulfatbäder eingesenkt, nachdem zuvor das einzuätzende Muster aus dem Überzug ausradiert ist. Die tief geätzten Stellen können dann mit anderen Metallen (Silber, Gold etc.) ausgefüllt werden (Nachahmung der orientalischen Metallintarsien), wenn die Gegenstände aus den Kupferbädern als Kathoden in die Bäder der betreffenden Metalle gebracht werden. Im

[1]) Zeitschr. f. physikal. Chem. 2, 83—91, 1888.

kleinen ist jene Ätzung leicht auszuführen. Eine polierte Kupferplatte bestreiche man mittels eines Pinsels mit geschmolzenem Wachs, graviere in letzteres mit einer Stricknadel eine Zeichnung ein und setze die Platte als Anode etwa 20 Minuten der Wirkung eines aus vier Akkumulatoren zu entnehmenden Stromes aus. Löst man hierauf das Wachs in Terpentinöl auf, so sieht man die Zeichnung auf der Platte vertieft.

Dass bei der Elektrolyse das Kupfer einer Kupferanode in Lösung geht, falls Anionen an dieselbe geführt werden, welche mit den Kupferatomen lösliche Kupfersalze zu bilden vermögen, zeigt auch der folgende Versuch. Im unteren Ende eines Glasrohres (Fig. 9) ist die Kupferanode *a*, im oberen die Kathode *k*, die aus Kupfer, oder auch aus Platin bestehen kann, sowie das Gasentbindungsrohr *r* angebracht. Der Elektrolyt ist verdünnte Schwefelsäure (1 : 8). Schliesst man einen Strom von 5 Akkumulatoren an, so werden die Kationen der Schwefelsäure, nämlich Wasserstoff, an *k* frei, und das Gas lässt sich aus *r* aufsammeln. Dagegen nimmt der Elektrolyt in der Umgebung von *a* sehr bald eine blaue Farbe an, welche beweist, dass das Kupfer der Anode in Ionengestalt übergegangen ist.

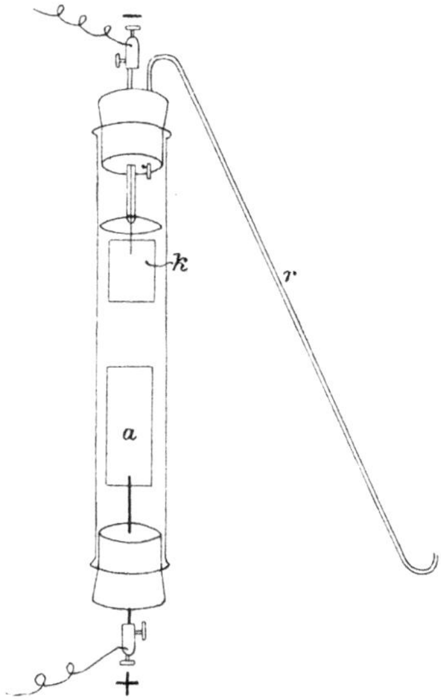

Fig. 9.

§ 4. Elektrolyse der Lösungen der Sauerstoffsalze bei unlöslicher Anode.

Die Versuche über die Elektrolyse der Säuren und der Salze der Schwermetalle, von denen die Rede war, lehren, dass sich der eine Bestandteil des Elektrolyten, nämlich der Wasserstoff bezw. das Metall, als Kation an die Kathode begiebt und hier stets in Freiheit gesetzt wird, während der

Rest der Molekel des Elektrolyten als Anion an die Anode geführt wird. Dieser Rest ist in den Chloriden das Chlor. Dasselbe entweicht, da es im freien Zustand als Chlorgas bestehen kann, an der Anode gasförmig, falls sie indifferent ist. Vermag jedoch das Material der Anode, wie z. B. Zink, Zinn, Kupfer etc., lösliche Chloride zu bilden, so werden die Chlorionen an der Anode nicht entbunden, vielmehr treten von dem Material der Anode dieselben Mengen als Kationen in den Elektrolyten über, welche an der Kathode zur Abscheidung kommen.

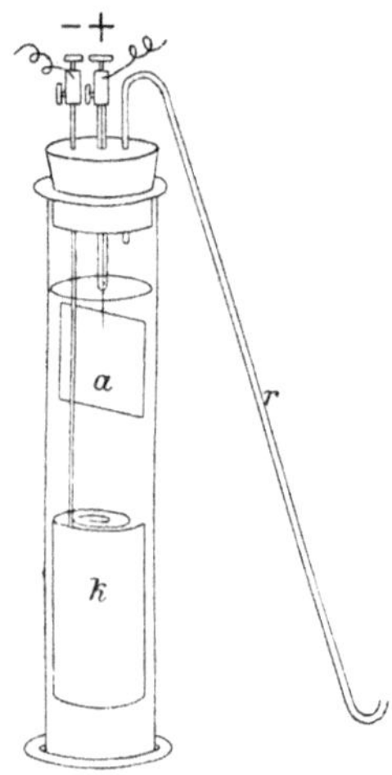

Fig. 10.

Jener Rest aber ist in den Sulfaten die Gruppe SO_4, und da diese im freien Zustand nicht existenzfähig ist, so fragt es sich, was geschieht, wenn das Material der Anode, wie Kohle oder Platin, lösliche Sulfate nicht bilden, also Kationen nicht in Lösung bringen kann?

Man achte auf folgenden Versuch. In Fig. 10 ist *k* eine spiralig aufgerollte Metallkathode, z. B. aus Kupfer. Der an dieselbe angenietete Ableitungsstreifen ist mit Compoundmasse oder Siegellack isoliert. *a* ist eine Platinanode[1]), und der Elektrolyt ist eine koncentrierte Kupfersulfatlösung. Leitet man den Strom ein, so wird an *k* Kupfer gefällt,

[1]) Eine für Laboratoriumszwecke geeignete Form einer Platinelektrode fertigt man sich in folgender Weise an. An das Platinblech *P* (Fig. 11) löte man

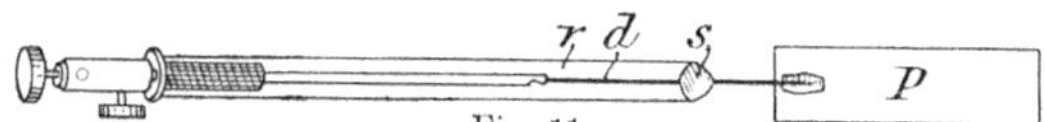

Fig. 11.

mittels Goldlot einen 5 cm langen Platindraht *d* an und überziehe die Lötstelle mit Schmelzglas. Das andere Ende des Drahtes wird mit gewöhnlichem Zinnlot an einen 2 mm dicken Kupferstab gelötet. Nachdem man dann bei *s* eine Kugel von Schmelzglas angeschmolzen hat, stecke man den Stab durch das Gasrohr *r* und schmelze das Ende desselben mit *s* zusammen, doch so, dass *d* mit dem weich werdenden Material des Rohres *r* nicht in Berührung kommt. Aus dem andern Ende des Rohres *r* ragt der Kupferstab zur Anbringung der Klemmschraube 1 bis 2 cm hervor. Um ihn im Rohr *r* gehörig zu befestigen, wärme man *r* etwas an und tauche das freie Rohrende in geschmolzene Compoundmasse. Letztere füllt dann den Raum zwischen Stab und Rohr in dem Masse, als dieses sich abkühlt, aus.

während an *a* Gasblasen aufsteigen, die sich mittels des Rohres *r* und einer pneumatischen Wanne in einem Cylinder aufsammeln lassen. Das Gas ist Sauerstoff. Der Vorgang verläuft so, wie wenn sich der Sauerstoff unter der Einwirkung der elektrischen Energie aus dem Wasser der Lösung bildet, und der Wasserstoff des Wassers in die Kationenform gebracht wird, so dass er den SO_4-ionen den Verlust der Cu-ionen ersetzt. Das Ergebnis ist somit:

$$SO_4 + H_2O = H_2SO_4 + O.$$

In der That würde bei fortgesetzter Elektrolyse die Lösung in der Umgebung der Anode immer mehr ihre blaue Farbe verlieren, und sich freie Säure nachweisen lassen.

Nunmehr ergiebt sich der Vorgang der Elektrolyse der verdünnten Schwefelsäure (etwa 1 : 10) bei Benutzung von Platinelektroden ganz von selbst. Die Ionen sind HH und SO_4. An der Kathode wird Wasserstoff, an der Anode Sauerstoff entwickelt. Will man die Gase gemischt, also das Knallgas, auffangen, so bediene man sich eines mit verdünnter Schwefelsäure anzufüllenden Fläschchens, in dessen Wand die Platinelektroden eingeschmolzen sind, und in dessen engem Hals ein dicht schliessender, mit der Gasentbindungsröhre versehener Gummistopfen befestigt ist. Um die Gase einzeln zu sammeln, benutzt man am besten den Hofmannschen Apparat (Fig. 5) mit Platinelektroden.

Weitere Komplikationen aber treten ein, wenn die Schwefelsäurelösung koncentrierter ist, und ein starker Strom zwischen Platindrahtelektroden durch dieselbe geführt wird. Man nimmt an, dass in koncentrierten Schwefelsäurelösungen die Ionen H und HSO_4 vorhanden sind. Während erstere an der Kathode frei werden, reagieren letztere unter bestimmten Bedingungen der Koncentration, Temperatur und Stromstärke an der Anode auf einander so, dass nach der Gleichung

$$2\,HSO_4 = H_2S_2O_8$$

die Überschwefelsäure

$$\begin{array}{l} O - SO_3H \\ | \\ O - SO_3H \end{array}$$

entsteht, die in wässeriger Lösung von Elbs und Schönherr[1])

[1]) Ztschr. f. Elektrochemie 1, 417 und 468, II, 162 und 245.

auf elektrolytischem Wege dargestellt ist. Sind jene Bedingungen nicht streng erfüllt, so wirken die HSO_4 ionen auf das Wasser ein, und es bildet sich Ozon:

$$6\,HSO_4 + 3\,H_2O = 6\,H_2SO_4 + O_3.$$

Gleichzeitig tritt im Elektrolyten Wasserstoffsuperoxyd auf:

$$H_2S_2O_8 + 2\,H_2O = 2\,H_2SO_4 + H_2O_2.$$

Ozon sowie Wasserstoffsuperoxyd sind mittels des Apparates Fig. 12 nachweisbar. Der dicht schliessende Gummipfropfen auf der Mündung eines kleinen Cylinders trägt das Gasentbindungsrohr *r*, die Anode g_1 und das als Diaphragma dienende Glasrohr *R*. Letzteres ist mit einem Pfropfen verschlossen, durch welchen die Kathode g_2 und das kurze, beiderseits offene Röhrchen *h* gesteckt sind. Die freien Enden *a* und *k* der Platindrähte sind 1 cm lang. Die Schwefelsäure ist 80-procentig, und zu je 100 g derselben werden 10 cm^3 einer Titansäurelösung hinzugefügt, welche man erhält, indem man 1 g Titansäure in 70-procentiger Schwefelsäure in der Hitze löst und die Lösung auf 300 cm^3 mit Wasser verdünnt. Wird der Apparat an eine Batterie von etwa 10 Akkumulatoren angeschlossen, so zeigt der Elektrolyt schon nach 1 Minute durch seine intensive Gelbfärbung Wasserstoffsuperoxyd an, während der aus *r* entweichende Sauerstoff seinen Ozongehalt durch die Bläuung einer in dem vorgeschalteten Kelchglas befindlichen Jodkaliumstärkekleisterlösung zu erkennen giebt.

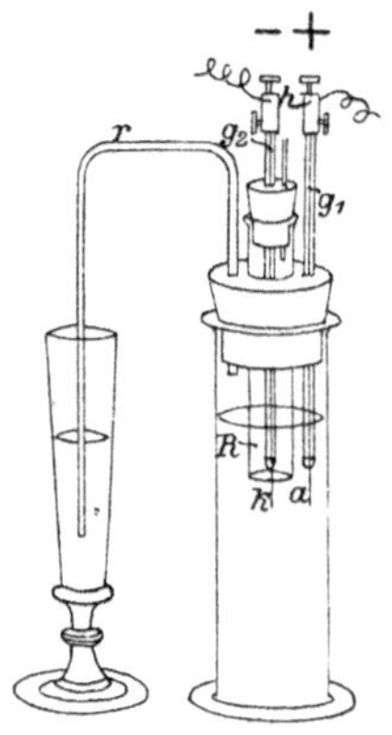

Fig. 12.

Die Elektrolyse der verdünnten Lösungen der Oxysäuren verläuft im wesentlichen so, dass Wasserstoff und Sauerstoff an den Elektroden entwickelt werden. Ebenso scheinen sich die Basen und Oxysalze der Alkalien zu verhalten. Elektrolysiert man eine kalt gesättigte Lösung von Kaliumsulfat in dem Apparat Fig. 13 zwischen den Platinelektroden *k* und *a* mittels eines Stromes von 10 Akkumulatoren, so sammeln sich im Kathodenschenkel 2 Vol. Wasserstoff und im Anodenschenkel 1 Vol. Sauerstoff an, die sich beide nach dem Öffnen der Hähne H_1 und H_2 als solche konstatieren lassen. Gleichzeitig aber hat der Elektrolyt an beiden Elektroden eine Veränderung erlitten. Man leite nach dem Öffnen der Quetschhähne h_1 und h_2 den Inhalt der beiden Schenkel gesondert ab. Die Flüssigkeit aus dem Kathodenschenkel reagiert basisch, die aus dem Anodenschenkel sauer, wie sich beim Hinzufügen von roter, bezw. blauer Lackmuslösung ergiebt. Der Versuch lässt sich in der Weise abändern, dass man die Kathoden- und Anodenseite des Apparates mit besonderen, gleich koncentrierten Kaliumsulfatlösungen füllt, die bereits mit roter bezw. blauer Lackmuslösung gefärbt sind. Noch einfacher gestaltet sich die Versuchsanordnung, wenn man einen Indikator benutzt, der durch einen deutlichen Farbenwechsel Base und Säure zugleich anzeigt. Man bringe in ein Hofmannsches **U**-Rohr (s. Fig. 5) eine Kaliumsulfatlösung (15 : 1000), die mittels eines wässrigen Cochenilleauszugs intensiv gerötet ist. Ein Strom von 3 Akkumulatoren genügt zur Elektrolyse und bewirkt, dass im Kathodenschenkel die Flüssigkeit violett, im Anodenschenkel schwach gelblich wird.

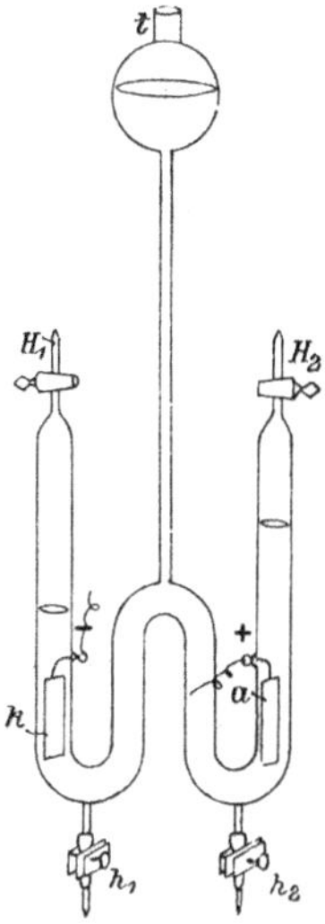

Fig. 13.

Offenbar lassen sich diese an den Elektroden stattfindenden Vorgänge der Elektrolyse der Alkalisalze benutzen, wenn es sich darum handelt, die Pole einer Stromquelle zu bestimmen. Durch den Pfropfen eines kleinen Standcylinders C (Fig. 14) ist das Glasrohr g gesteckt. In der Röhre r_1 ist ein Zuleitungsdraht angebracht, der mit dem Cylinder R_1 aus Platinblech in Verbindung steht. Der Leitungsdraht der Röhre r_2 führt zu dem Platinblechring R_2. Das Gefäss ist mit der Lösung eines Alkalisalzes (K_2SO_4 oder $NaCl$) gefüllt, in welcher durch einen gehörigen Alkoholzusatz kleinere Mengen von Phenolphtaleïn, $C_{20}H_{12}O_2(OH)_2$, einer organischen Verbindung von säureähnlichem Charakter, gelöst sind. Beim

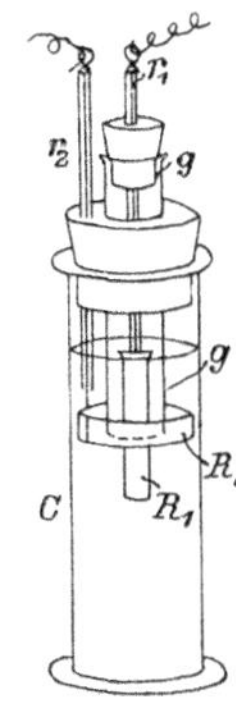

Fig. 14.

Stromschluss wird die Flüssigkeit an derjenigen Elektrode intensiv rot gefärbt, die an den negativen Pol der zu prüfenden Batterie angeschlossen ist. Denn um diese Elektrode bildet sich freies Alkali, welches mit dem Phenolphtaleïn das rote Alkalisalz $C_{20}H_{12}O_2(OK)_2$ erzeugt. Durch Schütteln des Cylinders verschwindet die rote Farbe sofort wieder, weil die an der Anode entstandene Säure jenes Salz unter Abspaltung des farblosen Phenolphtaleïns zersetzt.[1]) Auf diesen Reaktionen beruht die Benutzung des bekannten Polreagenspapiers. Dasselbe wird durch Imprägnieren von Fliesspapier mit obigem Lösungsgemisch hergestellt und ist vor dem Gebrauch anzufeuchten. — Noch vorteilhafter ist es, das Fliesspapier mit Stärkekleister (2 : 100) zu imprägnieren, welchem 1 Teil Jodkalium und ein wenig Phenolphtaleïn zugefügt sind. Es ist an reiner, staubfreier Luft zu trocknen und in verschlossenen Glasgefässen aufzubewahren. Während sich nach dem Anlegen der Pole der negative Pol wiederum durch die Rötung zu erkennen giebt, färbt sich das Papier unter dem positiven Pol schwarzblau, weil das freiwerdende Jod blaue Jodstärke erzeugt. Mittels dieses Papiers ist man auch imstande, den einen der beiden Pole einer Batterie zu erkennen, wenn der andere, wie es in Telegraphenämtern der Fall ist, zur Erde abgeleitet ist. Man hat nur nötig, das angefeuchtete Papier auf einen mit der Erde in Verbindung stehenden Leiter zu legen und dasselbe mit dem fraglichen Pol zu berühren. Die Polenden der Leitungsdrähte müssen für diese Versuche sorgfältig gereinigt werden; zu empfehlen ist es, sie mit einer Platinblechscheibe zu versehen. Einem grösseren Zuhörerkreise kann man die Wirkungsweise obiger Mischung mittels einer mit Platinelektroden versehenen **U**-Röhre (Fig. 15) erläutern, in welcher man auf das zehnfach verdünnte Gemisch

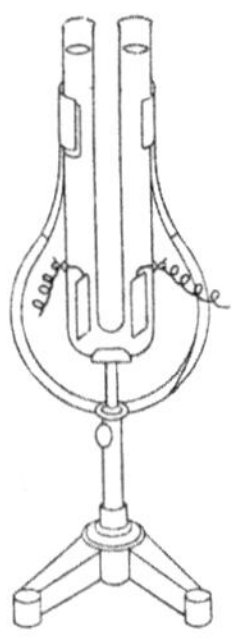

Fig. 15.

[1]) Die Wirkungsweise des Phenolphtaleïns wird erst im Kap. 5 Abschnitt I verständlich gemacht. Die Anionen des elektrolytisch dissociierten Salzes $C_{20}H_{12}O_2(OK)_2$ sind intensiv rot gefärbt, während das blosse Phenolphtaleïn farblos erscheint, da es wenig dissociiert ist.

den Strom einwirken lässt. Der Kathodenschenkel der Röhre färbt sich sehr bald schwarzblau, der Anodenschenkel rot.

§ 5. Begriff eines Elektrolyten. Elektrolyse des Wassers.

Auf Grund des Verhaltens der Oxysalze der Alkalien während der Elektrolyse ihrer Lösungen nahm Berzelius an, dass alle Salze als nähere Bestandteile eine Base und eine Säure (im damaligen Sinne) enthielten, und schrieb somit die Formel des Kaliumsulfats $K_2O . SO_3$. Er meinte ferner, dass sich das basische und das saure Oxyd bei den chemischen Reaktionen der Salze gegeneinander austauschen müssten. Die Entwicklung von Wasserstoff und Sauerstoff betrachtete er als eine zweite, besondere Wirkung des Stromes, nämlich der Zerlegung des Wassers. Die Erscheinung, dass bei der Elektrolyse des Kupfersulfats zwischen Platinelektroden an der Kathode nur Kupfer und kein Wasserstoff auftritt, sollte die Folge einer Reduktion des CuO seitens des dem Wasser entstammenden Wasserstoffs sein. Diese Ansicht passte zwar zu seinem elektrochemischen System, aber die Chloride mussten dann als Ausnahme angesehen werden, da sie bei der Elektrolyse direkt in Chlor und Metall zerfallen. Unerklärt blieb es ferner, wie bei der Einwirkung eines Haloidsalzes auf ein Sauerstoffsalz nur ein Austausch der Metalle stattfindet, während die Sauerstoffsalze untereinander die Basen wechseln sollten.

Diese Widersprüche wurden später durch Daniell gehoben. Indem er ausser der die Kaliumsulfatlösung enthaltenden Zersetzungszelle noch ein Knallgasvoltameter (z. B. den Hofmannschen Apparat Fig. 5 mit Platinelektroden und verdünnter Schwefelsäure) in den Stromkreis einschaltete, wies er nach, dass sich in letzterem genau dieselben Mengen Wasserstoff und Sauerstoff entwickeln, wie durch die Elektrolyse des Kaliumsulfats. Es hätte daher, falls die Ansicht von Berzelius richtig wäre, durch jene Zersetzungszelle eine grössere Strommenge gehen müssen als durch das Voltameter. Dies ist jedoch nach dem Faradayschen Gesetz unmöglich. Daniell gab die einwandsfreie Erklärung der Elektrolyse der

Salze. Nach derselben scheidet der Strom zwischen Platinelektroden jedes Salz, und daher auch das Kaliumsulfat, in Metall und Säurerest. An der Kathode aber reagiert das Kalium, da es bei Gegenwart von Wasser im metallischen Zustand nicht bestehen kann, nach der Gleichung:

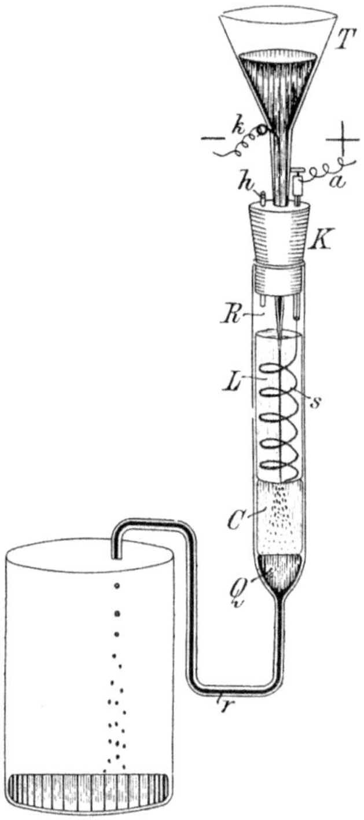

Fig. 16.

$$K_2 + 2H_2O = 2KOH + H_2,$$

an der Anode das SO_4 nach der Gleichung:

$$SO_4 + H_2O = H_2SO_4 + O.$$

Die Gase sind mithin gleichsam sekundäre Produkte, und so erklärt es sich auch, warum die Volumina beider Gase denen im Knallgasvoltameter gleich und den an den Elektroden beobachteten Mengen von Säure und Baseäquivalent sind.

Eine Ausscheidung metallischen Kaliums an der Kathode lässt sich erreichen, wenn man die Einwirkung des Lösungswassers möglichst beschränkt. NERNST[1]) empfiehlt für diesen Zweck folgenden schönen Vorlesungsversuch. *R* (Fig. 16) ist ein Reagensglas (12 × 1,5 cm), an dessen Boden ein dreimal rechtwinklig gebogenes, 2 mm weites Rohr *r* angeschmolzen ist. Der Kork *K* trägt das beiderseits offene Röhrchen *h* zum Austritt der Anodengase, den Trichter *T* (25 cm^3 Inhalt), dessen Hals zu einer etwa 0,2 mm weiten Kapillarröhre ausgezogen und bei *k* mit einem eingeschmolzenen, mit dem negativen Pol zu verbindenden Platindraht versehen ist, und die Anode *a* in Form eines zu einer Spirale *s* ge-

[1]) Ztschr. f. Elektrochemie, 3, 308. 1897.

wundenen Platindrahtes. In den Apparat bringt man zunächst Quecksilber Q (etwa 20 g), darüber eine 3 cm hohe Schicht Chloroform C und auf diese die Lösung L eines Kaliumsalzes (K_2SO_4 oder KCl). Giesst man nun 200 g Quecksilber in den Trichter, so fliesst dasselbe aus der Trichterspitze in Form eines zusammenhängenden Strahles, der sich erst im Chloroform in Tröpfchen auflöst, rasch aus. Beim Anlegen der Pole einer aus 3 Akkumulatoren bestehenden Batterie sammelt sich daher im Grunde des Apparates Kaliumamalgam an, welches bald aus r abtropft. Lässt man dasselbe nochmals den Trichter passieren, so ist es so reich an Kalium. dass man 150 cm^3 Wasserstoff (in kaum einer Minute) aufsammeln kann, wenn man es in eine kleine, mit verdünnter Schwefelsäure ganz anzufüllende Gasentbindungsflasche bringt.

Nach den Resultaten der Elektrolyse der Salzlösungen definiert Daniell die Salze einheitlich als Verbindungen eines Metalls oder metallartigen Radikals mit einem Säurerest. Letzterer ist entweder ein Halogen oder eine Gruppe verschiedener Elemente. Da ferner der Wasserstoff nach seinem Verhalten in der Wärme (Leitfähigkeit) und zu den Metallen (Okklusion) selbst als ein Metall anzusehen ist, und die Hydroxylgruppen der Basen den Säureresten entsprechen, so lassen sich auch die Säuren und Basen als Salze auffassen, und unter diesem Gesichtspunkt sagt Hittorf[1]) ganz allgemein: Elektrolyte sind Salze; sie zerfallen bei der Elektrolyse in dieselben Atome oder Atomgruppen, welche sie auch bei chemischen Reaktionen untereinander austauschen. Alle anderen Substanzen, mögen sie an sich flüssig oder gelöst sein, sind Nichtleiter. Dies gilt insbesondere von den meisten organischen Verbindungen. Nur diejenigen von ihnen können den elektrischen Strom leiten, welche salzartigen Charakter im Sinne Hittorfs haben.

Das Wasser ist bei der Stromleitung wässriger Lösungen der Elektrolyte unter gewöhnlichen Umständen primär nicht beteiligt. Überhaupt ist es im absolut reinen Zustand fast als

---

[1]) Über die Wanderungen der Ionen, 2. Hälfte, S. 124. Ostwalds Klassiker, Nr. 23.

Nichtelektrolyt zu betrachten. Der oft gebrauchte Ausdruck, die dem Wasser zugesetzte Schwefelsäure mache im Knallgasvoltameter das Wasser leitend, ist also dahin zu verstehen, dass primär jene Säure in H_2 und SO_4 zerfällt, und sich das SO_4-ion auf Kosten des Wassers unter Abspaltung des Sauerstoffatoms des letzteren zu H_2SO_4 ergänzt. Wie die Schwefelsäure könnte aber auch eine andere Oxysäure oder auch eine lösliche Base oder auch ein Alkalisalz dem Wasser zugefügt werden, wenn es den Strom leiten soll. Auf den Gehalt an Alkalisalzen ist es zurückzuführen, dass das in der Natur vorkommende Wasser eine gewisse Leitfähigkeit zeigt.[1])

§ 6. Die Elektrolyse der Lösungen der Alkalichloride in der Praxis.

Die Elektrolyse der Lösungen der Alkalichloride ergiebt an der Kathode ausser Wasserstoff die Basen und an der Anode Chlor. Die Basen können leicht in die Karbonate und mittels des Chlors in die Hypochlorite und Chlorate übergeführt werden. Der elektrische Strom würde also dieselben Produkte liefern wie die Sodaindustrie, und zwar, wie zu erwarten ist, mit geringerem Aufwand an Energie. Daher ist man eifrig bemüht, die alten chemischen Methoden dieser Industrie durch elektrolytische zu ersetzen. Die Litteratur bringt auf diesem Gebiet täglich Neues, die Zahl der Patentanmeldungen nimmt immer mehr zu. Thatsächlich wird die Elektrolyse der Alkalichloride in vielen Fabriken mit Erfolg bereits betrieben, wie der Umstand beweist, dass dieselben ihre elektrolytischen Produkte auf den Markt bringen und ihre Anlagen vergrössern. Doch liegt es in der Natur der Sache, dass die Einzelheiten der Arbeitsmethoden geheim gehalten werden. Denn die Vorgänge der Elektrolyse der Alkalichloride verlaufen keineswegs so glatt, wie oben angegeben ist. Die Resultate variieren nach verschiedenen Faktoren, wie besonders der Koncentration, Temperatur und Stromstärke. Ferner handelt es sich um die Konstruktion von Elektroden und Diaphragmen, welche den Laugen und dem Chlor genügend widerstehen.

Sind aber auch sichere Angaben der Betriebe ausgeschlossen,

---

[1]) Näheres s. III. Abschnitt, 6. Kapitel.

so gestatten doch die litterarischen Aufzeichnungen einen Einblick in die Principien, nach denen man in der Technik arbeitet, resp. zu arbeiten bestrebt ist. Das Wesentlichste sei hier kurz zusammengefasst.

Sollen gleichzeitig Chlor und die Ätzalkalien resp. die Karbonate gewonnen werden, so müssen Kathoden- und Anodenraum durch ein poröses Diaphragma getrennt sein. An der Kathode wird die Chloridlösung durchschnittlich auf 10% Alkali gebracht. Beim Eindampfen scheiden sich die unverändert gebliebenen Mengen der Chloride aus, während die Basen entweder durch weiteres Eindampfen als solche gewonnen oder durch Einleiten von Kohlendioxyd in die Karbonate verwandelt werden. Die Kathodengase, nämlich Wasserstoff, werden in Stahlbomben auf 200 Atmosphären komprimiert und finden in der Platinindustrie und beim Löten des Bleis Verwendung. Die zum grössten Teil aus Chlor, zum geringeren aus Sauerstoff bestehenden Anodengase liefern Chlorkalk, und in der That hat das Arbeiten nach dem bisher gebrauchten WELDON- und DEACON-Verfahren merklich nachgelassen.

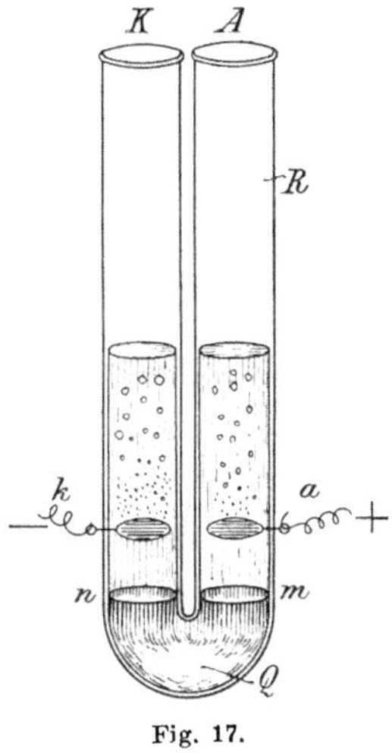

Fig. 17.

Eine sehr sinnreiche Methode, welche die Diaphragmenfrage teilweise umgeht, haben CASTNER und KELLNER[1]) vorgeschlagen. Dieselbe wird durch folgenden Versuch demonstriert. *R* (Fig. 17) ist ein **U**-Rohr, dessen Schenkel 20 cm lang, 2 cm weit und etwa $^1/_2$ cm von einander entfernt sind. Auf dem Boden des Apparates befindet sich Quecksilber. Das Niveau *mn* desselben reicht 1 cm oberhalb der Biegung hinauf. Die Zuleitungsdrähte *a* und *k* der horizontalen, durchlöcherten Platinelektroden sind 3 cm über *mn* eingeschmolzen. Der Schenkel *A* wird zur Hälfte mit koncentrierter Kochsalzlösung, der Schenkel *K* ebenso hoch mit Wasser gefüllt, welchem Spuren von Schwefelsäure und Phenolphtaleïn beige-

[1]) Chem. C.-Bl. 1, 190. 1894.

mischt sind. Wird nun *a* mit dem positiven und *k* mit dem negativen Pol einer Batterie von 20 Akkumulatoren verbunden, so lässt sich in *A* Chlor nachweisen, in *K* wird Wasserstoff entbunden, und die Flüssigkeit in *K* färbt sich intensiv rot. Es müssen also nach *m* die Na-ionen wandern, wo sie sich metallisch abscheiden und mit dem Quecksilber amalgamieren. An der Fläche *n* geht das Natrium wieder in Lösung. Es bildet mit dem Wasser unter Wasserstoffentwicklung die Base. In der Praxis soll das Quecksilber von dem Anodenraum, wo es Natrium aufnimmt, in den Kathodenraum geschafft und hierauf, nachdem es das Natrium an das Wasser abgegeben hat, in den Anodenraum wieder zurückbefördert werden. Auch soll der Wasserstoff in der Weise nutzbar gemacht werden, dass er Natriumnitrat, welches portionsweise dem Kathodenraum zugefügt wird, zu Ammoniak und Natriumhydroxyd reduciert. Falls sich diese Castner-Kellnersche Methode praktisch bewähren würde, könnte die elektrische Energie in höchst ökonomischem Grade ausgenutzt werden.

Will man das Diaphragma vermeiden, so muss man sich einstweilen darauf beschränken, die elektrische Energie für die Zwecke der Bleicherei oder der Gewinnung von Chloraten, von denen die Zündholz- und Anilinfarbenfabrikation grosse Mengen konsumieren, zu verwenden. Bei gewöhnlicher Temperatur reagiert das an der Anode entbundene Chlor auf die an der Kathode entstehenden Basen unter Bildung der Hypochlorite, also der Bleichsalze, nach der Gleichung:

$$2\,NaOH + Cl_2 = NaCl + NaOCl + H_2O.$$

Es wäre also nur nötig, das zu bleichende Material der Einwirkung der Anodenflüssigkeit auszusetzen, und hiebei hat sich nach Schoops[1]) Untersuchungen herausgestellt, dass die elektrolytisch erzeugten Bleichlaugen wirksamer sind als Chlorkalklaugen, die denselben Gehalt an aktivem Chlor besitzen. Das elektrolytische Bleichverfahren lässt sich demnach leicht durch folgenden Versuch erläutern: Man benutze als Zelle das vierkantige Gefäss eines Böseschen Akkumulators (s. Fig. 70).

---

[1]) Ztschr. f. Elektrotechnik u. Elektrochemie 2, 209—214, 227—231.

An den schmalen Seitenwänden desselben befinden sich Längsrinnen, in welche zwei aus Retortenkohle geschnittene, mit einer Klemmschraube versehene Platten eingeschoben werden. Auf die zur Anode bestimmte Kohleplatte spanne man mit vier Holzstiften ein Stück roten Schweizerkattuns auf. Als Elektrolyten fülle man in die Zelle eine Lösung, die auf 1 Liter Wasser 50 g Kochsalz, 5 g Magnesiumchlorid und einige Tropfen Chlorwasserstoffsäure enthält. Wendet man eine Batterie von 5 Akkumulatoren an, so wird in kurzer Zeit jener rote Stoff, soweit er in die Flüssigkeit eintaucht, völlig gebleicht.

Werden aber die elektrolytischen Zellen auf 60—80^0 erwärmt, und noch besondere Anordnungen getroffen, damit die Kathodenlauge an der Anode vorüberfliesst, so sind die Bedingungen für die Chloratbildung erfüllt:

$$6\,KOH + 3\,Cl_2 = 5\,KCl + KClO_3 + 3\,H_2O.$$

Die beste Ausbeute an Chlorat scheint die Elektrolyse der Calciumchloridlösungen zu gewähren. Das in den Lösungen entstandene Calciumchlorat wird dann mit Kaliumchlorid leicht in das Kaliumchlorat verwandelt.

§ 7. Einwirkung der Ionen auf das Lösungswasser und den Elektrolyten.

Der elektrische Strom zwingt die beiden Arten der Ionen des Elektrolyten stets, nach entgegengesetzten Richtungen an die betreffenden Elektroden zu wandern. Entweder werden sie nun hier direkt in Freiheit gesetzt, oder sie wirken auf das Material der Elektroden oder auch auf das Wasser der Lösung ein. Endlich aber können sie auch Reaktionen mit dem Elektrolyten eingehen. So werden die Vorgänge der Elektrolyse immer komplicierter, und zwar um so mehr, wenn mehrere dieser Fälle gleichzeitig eintreten. Eine Reihe von Beispielen möge zur weiteren Orientierung dienen.

I. Elektrolyse einer Salmiaklösung. Auf den Boden einer Glasschale giesse man eine 2 cm hohe Schicht Quecksilber, darüber eine 5 cm hohe Schicht koncentrierter Salmiaklösung und über letztere eine nur wenige Millimeter hohe

Schicht Terpentinöl. Mit dem Quecksilber wird ein in eine Glasröhre gesteckter Eisendraht, der an den negativen Pol einer aus zwei Akkumulatoren bestehenden Batterie anzuschliessen ist, in leitende Verbindung gebracht. Als Anode wird ein Platinblech in die Salmiaklösung eingesenkt. Während sich an der Kathode Ammoniumamalgam bildet, wird an der Anode Chlor entbunden. Letzteres reagiert auf nicht zersetzte Salmiakmolekeln nach der Gleichung:

$$NH_4Cl + 3Cl_2 = NCl_3 + 4HCl.$$

Die kleinen Tropfen von Chlorstickstoff steigen empor und explodieren bei der Berührung mit dem Terpentinöl.

II. Elektrolyse der Ammoniaklösung. Da reine Ammoniaklösung durch den Strom sehr schwer zersetzt wird, so wendet man als Elektrolyten ein Gemisch koncentrierter Ammoniaklösung (20 cm^3) mit gesättigter Kochsalzlösung (250 cm^3) an. Der Apparat ist der in Figur 5 dargestellte. Auch hier haben sich, wie bei der Elektrolyse der Salzsäure, die Graphitelektroden gut bewährt. Der von 6 Akkumulatoren gelieferte Strom ist zum Versuch hinreichend. An der Kathode wird Wasserstoff, an der Anode Stickstoff entbunden. Indessen besteht der Vorgang nicht etwa in einer direkten Teilung einer Molekel NH_3. Vielmehr wirkt der Strom zunächst auf das Chlornatrium. Indem 6 Na-ionen an die Kathode treten, erfolgt die Reaktion

$$6Na + 6H_2O = 6NaOH + 3H_2.$$

Die 6 Cl-ionen aber reagieren auf 2 NH_3 nach der Gleichung

$$6Cl + 2NH_3 = 6HCl + N_2,$$

so dass an der Anode aus 2 Molekeln NH_3 6 H-ionen unter Entbindung einer Molekel Stickstoff erzeugt werden. Damit sich die Gasvolumina an den Elektroden wirklich wie 3 : 1 verhalten, muss man den Strom bei geöffneten Hähnen h_1 und h_2 etwa eine Stunde den Apparat passieren lassen, denn der Stickstoff löst sich reichlich in dem Elektrolyten auf und wird anfangs wahrscheinlich auch zu einer Ammoniumhypochloritbildung (die allmählich nachlässt, je mehr sich der Elektrolyt durch die Joulewärme erwärmt) in Anspruch genommen.

III. Elektrolyse der Blei- und Mangansalze. Metallochromie. Bei der Elektrolyse der Blei- und Mangansalze erzeugen die Anionen mit dem Elektrolyten und dem Wasser nach den Gleichungen:

$$(NO_3)_2 + Pb(NO_3)_2 + 2H_2O = 4HNO_3 + PbO_2 \text{ und}$$
$$SO_4 + MnSO_4 + 2H_2O = 2H_2SO_4 + MnO_2$$

die Superoxyde. Dieselben haften an der Anode fest und stellen in den Regenbogenfarben schillernde Ringe dar, falls eine kleine Kathode einer grossen Anode gegenübersteht. Der Versuch lässt sich leicht ausführen. Die Glasschale S_1 (Fig. 18), in deren Tubus t der kurze Eisendraht f befestigt ist, setze man auf einen Dreifuss, fülle sie mit einer 5procentigen Lösung von Bleinitrat, welcher das gleiche Volumen Normalnatronlauge zugesetzt ist, und senke in dieselbe eine blanke Metallplatte, am besten eine mit rauchender Salpetersäure zu reinigende Platinschale S_2 so ein, dass die Spitze des Eisendrahtes 1 cm entfernt ist. Verbindet man nun k mit dem Kathoden- und a mit dem Anodenpol einer Akkumulatorenzelle, so beobachtet man an S_2 schon nach 15 Sekunden 4 bis 5 prächtige Ringe von Bleisuperoxyd. Ähnlich wie eine Bleilösung wirkt eine Lösung von 5 g Mangansulfat und 2,5 g Ammoniumsulfat in 100 g Wasser. Der Versuch dauert kaum eine Minute, und die Mangansuperoxydringe sind zahlreicher als die des Bleisuperoxyds. Auf dieser Superoxydbildung beruht die Metallochromie, die eine Verzierung von Gegenständen aus Kupfer oder Messing, die vorher schwach vergoldet werden, bezweckt.

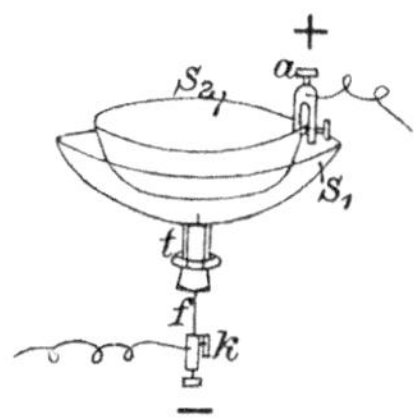

Fig. 18.

IV. Galvanostegie. Goldgewinnung. Die in der Technik so häufig ausgeführte galvanische Versilberung mittels einer Lösung von Kaliumsilbercyanid (10 g $AgNO_3$ + 25 g KCy + 1000 g H_2O) vollzieht sich nach Hittorf[1]) in der Weise,

[1]) Über die Wanderungen der Ionen, 2. Hälfte, S. 74. Ostwalds Klassiker, Nr. 23.

dass als Kation das Kalium *K* an die Kathode, als Anion das $AgCy_2$ an die Anode wandert, und jenes *K* sekundär aus dem $KAgCy_2$ nach der Gleichung

$$K + KAgCy_2 = 2KCy + Ag$$

an der Kathode Silber ausfällt, während das Anion $AgCy_2$ von der Silberanode ein Atom Silber löst und sich mit jenen 2KCy wieder zum komplexen Cyanid ergänzt. Besteht die Anode aus Platin, so wird hier aus dem Anion $AgCy_2$ in der That Cyangas frei, und sie bedeckt sich mit Silbercyanid, welches den Strom bald unterbricht. Auf die sekundäre Fällung des Silbers an der Kathode führt es Hittorf zurück, dass sich das Silber kohärent und gleichförmig abscheidet, ein Umstand, auf dem die technische Verwendung jenes Elektrolyten beruht. Denn das primär aus einer Silbernitratlösung gefällte Silber hat die Gestalt krystallinischer, in die Lösung hinabwachsender Dendriten, die sich leicht von der Elektrode abreiben lassen.

Analog dem Kaliumsilbercyanid verhält sich das Kaliumgoldcyanür $KAuCy_2$ bei der galvanischen Vergoldung. Man fertigt den geeigneten Elektrolyten an, indem man zu einer heissen Cyankaliumlösung (37 g KCy + 370 g H_2O) 4 g in wenig Wasser gelöstes Goldchlorid hinzufügt und das Gemisch eine halbe Stunde erhitzt. Auch zur galvanischen Verkupferung und Vermessingung (Cuivre poli) sind Cyanidlösungen geeignet. Das Kupferbad erhält man, indem man in 1 Liter Wasser der Reihe nach je 20 g Kupferacetat, Soda, saures schwefligsaures Natrium und Cyankalium löst. Zur Vermessingung eignet sich eine Lösung von 8 g Kupfervitriol, 56 g Zinkvitriol und 80 g Cyankalium in 1850 g Wasser. Die Herstellung glänzender Überzüge von Nickel und Eisen geschieht mittels cyanidfreier Elektrolyte, und zwar die Vernickelung in einem Bad von 100 g Nickelsulfat, 72 g Ammoniumtartrat und 0,5 g Gerbsäure in 2 Liter Wasser, die Vereisenung in einem Bad von 135 g Eisenvitriol und 100 g Ammoniumchlorid in 1 Liter Wasser. Diesen Recepten, die für Laboratoriumszwecke ausreichen, sei schliesslich noch die Methode der Platinierung hinzugefügt. Der Platinniederschlag fällt glänzend aus, wenn man den Elektrolyten, der durch Kochen von 2 g Platinchlorid, 16 g Boraxpulver, 16 g krystallisierter Soda und 2 g Ammoniumchlorid mit 150 g Wasser erhalten wird, bei einer Temperatur von 60^0 der Elektrolyse unterwirft und darauf achtet, dass er nicht sauer wird. Der für wissenschaftliche Zwecke viel gebrauchte Niederschlag von Platinschwarz auf Platin wird am besten nach LUMMER und KURLBAUM dargestellt, indem man als Elektrolyten eine saure Lösung von 10 g Platinchlorid und 0,08 g Bleiacetat in 300 g Wasser anwendet und den Strom so stark macht, dass an der Kathode eine kräftige Gasentwicklung erfolgt.

Auf der Elektrolyse cyanidhaltiger Goldlösungen beruht auch eine jetzt sehr verbreitete Methode der Goldgewinnung, nämlich das Verfahren von W. v. SIEMENS. Dasselbe hat sich (seit 1890) namentlich in der wegen ihres Goldreichtums so hervorragenden Südafrikanischen Republik mit bestem Erfolg bewährt, insofern es die in den dortigen Erzen sehr fein verteilten Goldmassen, die der Amalgamation entgehen würden, in sehr vollkommenem Grade zu extrahieren gestattet. Aus dem von der Pocharbeit kommenden Erzsand wird das Gold mittels verdünnter Cyankaliumlösung (0,01 $^0/_0$) unter der Mitwirkung der Luft oder besonderer Oxydationsmittel nach der Gleichung

$$4\,KCy + Au_2 + O + H_2O = 2\,KAuCy_2 + 2\,KOH$$

zu Kaliumgoldcyanür gelöst. Diese Lösung wird zwischen Stahlanoden und Bleikathoden elektrolysiert. An den Anoden entsteht Berliner Blau. Sie sind mit Leinwandsäcken überzogen, um eine Verunreinigung des Elektrolyten durch diesen Niederschlag zu verhindern. An dem Blei der Kathoden wird das Gold gefällt, welches dann auf dem Treibherd vom Blei geschieden wird. Freilich enthält das Rohgold auch das in das Cyanidbad ebenfalls übergegangene Silber und Kupfer und bedarf daher der Raffinierung (s. Abschnitt III, Kap. 7).

V. Elektrolyse der Kaliumferrocyanidlösung. Ein geeignetes Beispiel, wie verwickelt die sekundären Vorgänge bei der Elektrolyse sein können, zeigt eine mit wenig Chlorwasserstoffsäure angesäuerte Lösung des Kaliumferrocyanids,

K_4FeCy_6, von solcher Verdünnung, dass auf 10 cm^3 gesättigter Lösung noch 200 cm^3 Wasser kommen. Man leite den Strom von 5 Akkumulatoren zwischen Platinelektroden durch jene in einem **U**-Rohr (Fig. 15) befindliche Lösung. Nach etwa 20 Minuten hat sich im Anodenschenkel Berliner Blau $Fe_4\,(FeCy_6)_3$ gebildet, während die Flüssigkeit im Kathodenschenkel durch die aufsteigenden Wasserstoffbläschen milchig getrübt erscheint. Nach Hittorf *(l. c. S. 72)* geht nämlich K_4 an die Kathode, wo es sich mit dem Wasser nach der Gleichung

$$K_4 + 4\,H_2O = 4\,KOH + H_4$$

umsetzt, und das $FeCy_6$-ion an die Anode. An letzterer würde, wenn der Vorrat von K_4FeCy_6 ausreichte, Kaliumferricyanid K_3FeCy_6 nach der Gleichung

$$3\,K_4FeCy_6 + FeCy_6 = 4\,K_3FeCy_6$$

entstehen. Ist aber die Lösung so verdünnt wie die obige, so erfolgen an der Anode die Processe:

$$FeCy_6 + 2\,H_2O = H_4FeCy_6 + O_2 \text{ und}$$
$$7\,H_4FeCy_6 + O_2 = 24\,HCy + Fe_4\,(FeCy_6)_3 + 2\,H_2O.$$

VI. Elektrolyse der Essigsäure. Dieselbe wurde zuerst im Jahre 1845 von Kolbe ausgeführt und ist, abgesehen von ihrem interessanten Verlauf, insofern von Bedeutung geworden, als sie einen näheren Einblick in die Konstitution der Fettsäuren gewährte.

Die Elektrolyse einer koncentrierten Lösung von essigsaurem Natrium CH_3COONa ergiebt an jeder der Elektroden ein brennbares Gas. Als Zersetzungszelle, wie sie A. W. von Hofmann in seinen Vorlesungen benutzte, dient ein ungefähr 1 Liter fassender Cylinder *C* (Fig. 19). In demselben steht die Thonzelle *z*, über deren oberen Rand das glockenförmige Glasgefäss *g* (Flasche, deren Boden abgesprengt ist) geschoben ist. Der mit dem angenieteten Zuleitungsstreifen k_1 versehene Kupferblechcylinder *K* ist die Kathode, das an den Draht *a* befestigte Platinblech die Anode. Die Gasableitungsröhre r_1

steht mit einer Wasser enthaltenden Waschflasche F_1, und die Röhre r_2 mit einer gleich grossen Waschflasche F_2 in Verbindung. Letztere enthält ein gleiches Volumen Ätzbarytlösung. Die erforderlichen Pfropfen müssen selbstverständlich alle gut schliessen. Der Strom von 5 Akkumulatoren reicht zum Versuch aus. Aus r_1 entweicht Wasserstoff, der sich sekundär nach der Gleichung: $2\,Na + 2\,H_2O = 2\,NaOH + H_2$ entwickelt. An der Anode erfolgen nach JAHN[1]) die Processe

$$2\,CH_3COO + H_2O = 2\,CH_3COOH + O \text{ und}$$
$$2\,CH_3COOH + O = C_2H_6 + 2\,CO_2,$$

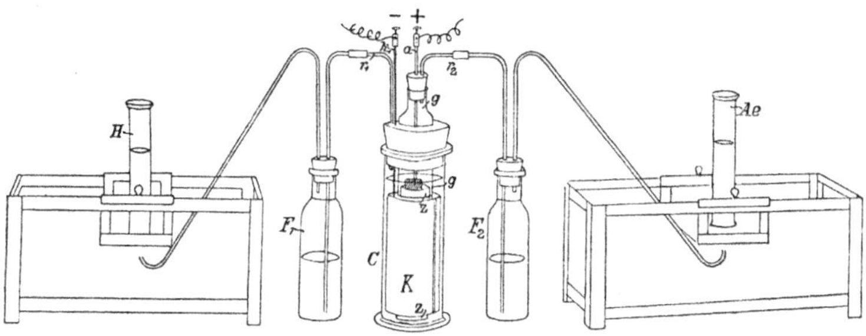

Fig. 19.

von denen der erstere allein stattfinden würde, wenn der Elektrolyt verdünnt wäre. Die beiden Gase C_2H_6 und CO_2 entweichen aus r_2. CO_2 wird von der Ätzbarytlösung absorbiert, wie der weisse Niederschlag von Baryumkarbonat in der Flasche F_2 beweist. Das Äthan C_2H_6 wird in der vorgelegten pneumatischen Wanne im Cylinder *Ae* aufgefangen und nimmt nahezu dasselbe Volumen ein als der in der anderen Wanne im Cylinder *H* gesammelte Wasserstoff. Das Deficit an Äthan rührt nach JAHN daher, dass der Sauerstoff die Essigsäure an der Anode teilweise nach der Gleichung

$$CH_3COOH + O_4 = 2\,CO_2 + 2\,H_2O$$

oxydiert. Durch die Leuchtkraft ihrer Flammen lassen sich Wasserstoff und Äthan unterscheiden, deutlicher noch dadurch,

[1]) Grundriss der Elektrochemie, 1895, S. 292.

dass das Äthan ruhig, der Wasserstoff dagegen unter schwacher Verpuffung verbrennt.

VII. Die Elektrolyse in der organischen Chemie. Auch in der Technologie der organischen Verbindungen hat man in den letzten Jahren vielfach versucht, von der Elektrolyse Gebrauch zu machen, um rationeller arbeitende Darstellungsmethoden zu erzielen. Freilich hat man hier mit grösseren Schwierigkeiten zu kämpfen, da die organischen Verbindungen mit Ausnahme der Salze den elektrischen Strom wenig oder gar nicht leiten, und ferner gerade dasjenige Lösungsmittel, welches die anorganischen Verbindungen zu Leitern macht, nämlich das Wasser, gegen die meisten organischen Verbindungen indifferent ist. Daher war bisher die Elektrolyse in der organischen Chemie wesentlich darauf beschränkt, an der Kathode Reduktionen und an der Anode Oxydationen dadurch hervorzurufen, dass man die umzuwandelnden organischen Substanzen mit geeigneten anorganischen Leitern mischte und deren Kationen bezw. Anionen diejenigen Arbeiten verrichten liess, die sonst auf rein chemischem Wege erreicht wurden. Noch mehr aber, als es bei der Elektrolyse der anorganischen Verbindungen der Fall ist, sind hier die Ergebnisse von der Temperatur und der Koncentration sowie der mit letzterer in inniger Beziehung stehenden Stromstärke abhängig, und daher ist es schwierig, den Moment wahrzunehmen, bei welchem die beabsichtigte Reaktion ihr Maximum erlangt. Trotz dieser Schwierigkeiten haben die elektrolytischen Verfahren auf dem Gebiete der organischen Chemie schon interessante Erfolge zu verzeichnen, die zu weiteren Hoffnungen berechtigen und zu allgemeinen Gesichtspunkten führen werden.

Nur wenige Beispiele mögen das Gesagte veranschaulichen.

Ersetzt man in einer Groveschen Zelle die Salpetersäure durch Essigsäure, so wird diese durch den an die Platinkathode wandernden Wasserstoff teilweise zu Alkohol reduciert. Auf Reduktionen beruht ferner die Herstellung von Zwischenprodukten in der Anilinfarbenindustrie. So werden die Nitrokörper der aromatischen Reihe in schwefelsaurer Lösung zu Amidokörpern, in alkalischer Lösung zu Hydrazokörpern verwandelt.

Als ein Beispiel der oxydierenden Wirkung, wenn es auch einen praktischen Wert noch nicht erlangt hat, sei die Überführung des Anilins in Anilinschwarz:

$$2\,C_6H_5NH_2 + O_2 = 2\,H_2O + C_{12}H_{10}N_2$$

angeführt. Man imprägniere einen Streifen Fliesspapier mit einer Lösung von 19 g Anilin und 22 g Rohtoluidin in 24 g Eisessig und bringe ihn in noch feuchtem Zustand in den Anodenschenkel eines U-Rohres (Fig. 15), in welchem gesättigte Kochsalzlösung elektrolysiert wird. In wenigen Minuten tritt die Schwärzung ein. Noch deutlicher ist der Versuch, wenn man jenes Acetatgemisch in starker Verdünnung der Anodenflüssigkeit sorgfältig aufschichtet.[1])

Elektrolysiert man ferner im Apparat Fig. 13 eine Lösung von Sulfocyankalium (1 : 5) mittels eines Stromes von 12 Akkumulatoren, so entweicht an der Kathode Wasserstoff, während an der Anode der Sauerstoff die Sulfocyansäure zu Kanarin, einem gelben, in der Färberei verwendeten Farbstoff, der als Persulfocyan angesehen wird, wahrscheinlich nach der Gleichung

$$6\,HCNS + O_{11} + H_2O = C_6N_4O_2H_4S_5 + H_2SO_4 + 2\,HNO_3$$

oxydiert. Das Kanarin scheidet sich bald in gelben Flocken ab, und nach 15 Minuten reicht die Menge desselben zu einem Färbungsversuch aus, für welchen es in Alkali zu lösen ist.

Das Jodoform bildet sich bekanntlich durch die Einwirkung von freiem Jod auf eine mit Alkohol versetzte Natriumkarbonatlösung bei 60—80^0:

$$2\,C_2H_6O + 20J + 2\,H_2O = 2\,CHJ_3 + 2\,CO_2 + 14\,HJ$$
$$14\,HJ + 7\,Na_2CO_3 = 14\,NaJ + 7\,H_2O + 7\,CO_2.$$

Auf elektrischem Wege entsteht es demnach, wenn aus Kaliumjodid an die Anode Jod geführt, und diesem hier Gelegenheit geboten wird, sekundär auf Alkohol bei Gegenwart von Natriumkarbonat zu reagieren. Als Zelle ist zum Versuch der

[1]) Siehe auch die interessanten Versuche von GOPPELSRÖDER, Elektrochem. Ztschr. 1, 3 u. 21. 1894.

Apparat Fig. 4 zu benutzen. Man fülle ihn mit einer Lösung, welche auf 100 g Wasser 5 g Natriumkarbonat und 20 g Jodkalium enthält und mit 20 cm^3 Alkohol versetzt ist, senke ihn in ein Becherglas mit warmem Wasser und schliesse ihn in den Stromkreis einer Batterie von 4 Akkumulatoren ein. Schon nach fünf Minuten macht sich im Anodenschenkel der Jodoformgeruch bemerkbar, und nach 20 Minuten ist die Kugel des U-Rohres teilweise mit Jodoformpulver gefüllt. Das fabrikmässig auf elektrolytischem Wege hergestellte Jodoform[1]) zeichnet sich besonders durch seine Reinheit aus.

---

2. Kapitel.

Das Faradaysche Gesetz.

Im Jahre 1833 gelang es Faraday, die in einer elektrolytischen Zelle stattfindenden chemischen Veränderungen der Quantität nach zu der aufgewendeten Menge des elektrolysierenden Stromes in Beziehung zu setzen und dasjenige Gesetz aufzustellen, welches für die Elektrochemie und die Elektricitätslehre überhaupt von grundlegender Bedeutung werden sollte. Das Gesetz ergab sich unmittelbar durch das Experiment, welches darin bestand, dass er mehrere hintereinander verbundene Zersetzungszellen, welche Elektrolyte verschiedener Art enthielten, in den Kreis einer und derselben Batterie einschaltete. Auf diese Weise wurden die Elektrolyte sämtlicher Zellen der Wirkung gleicher Strommengen ausgesetzt.

§ 1. Versuch zur Demonstration des Gesetzes.

Für den Unterricht hat sich folgende Versuchsanordnung zweckmässig erwiesen. In den Kreis eines von 5 Akkumulatoren gelieferten Stromes schalte man einen Rheostaten, mittels dessen der Strom anfangs abzuschwächen ist, einen Hofmannschen

---

[1]) Elbs u. Herz. Ztschr. f. Elektrochemie 4, 113—118. 1897.

Wasserzersetzungsapparat und 4 prismatische Tröge ($8 \times 3 \times 10$ cm) ein, von denen zwei, nämlich G_1 und G_2, nebst dem HOFMANNschen Apparat in der Fig. 20 dargestellt sind. In jeden der Tröge ragen die Elektrodenbleche *a* und *k* hinab, deren Zuleitungsdrähte mit den Kupferblechstreifen *SS* mittels Klemmschrauben befestigt sind. Die Kathoden bestehen sämtlich aus Platin; sie sind vor dem Versuch mit rauchender Salpetersäure sorgfältig zu reinigen und auf cg (Centigramme) genau zu wägen. Als Anodenmetall ist entweder ebenfalls Platin oder das im Elektrolyten enthaltene Metall zu verwenden. Bei der Auswahl der Elektrolyte ist zu berücksichtigen, dass die Metallniederschläge an den Kathoden fest haften müssen und wenigstens während der Dauer des Wägens nicht oxydiert werden dürfen, und dass ferner die Wertigkeit ihrer Atome möglichst verschieden ist. Dementsprechend sind zu empfehlen:

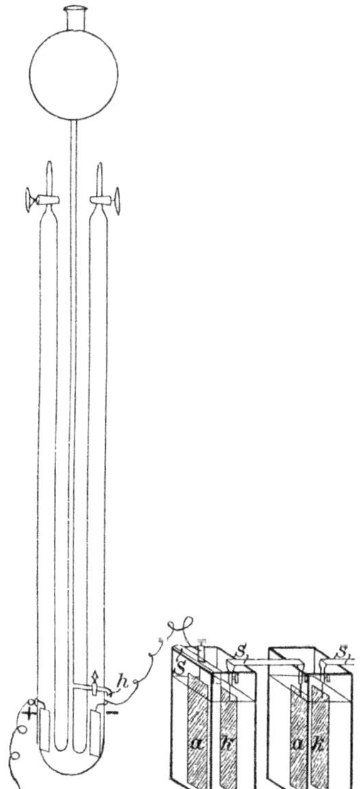

Fig. 20.

1) eine Kaliumsilbercyanidlösung, erhalten aus 200 g Wasser, 3 g Silbernitrat und 5 g Kaliumcyanid,
2) eine Kupferchlorürlösung, die man durch Auflösen von 3 g des käuflichen, mit Wasser auf dem Filter zu waschenden Salzes in Chlorwasserstoffsäure und Verdünnen auf 200 cm^3 darstellt,
3) eine Kupfersulfatlösung, die aus 100 cm^3 gesättigter Lösung, 100 cm^3 Wasser und 15 cm^3 Salpetersäure besteht,
4) eine Zinntetrachloridlösung, die man erhält, indem

man 1 g Stanniol in Chlorwasserstoffsäure löst, die freie Säure nach Hinzufügung einiger Tropfen Brom fast vollständig abdampft und dann 100 cm³ Wasser und 100 cm³ gesättigter Ammoniumbioxalatlösung zusetzt.

Nach der etwa 30 Minuten dauernden Elektrolyse sind die Kathodenbleche mit Wasser abzuspülen, mit Alkohol und Äther gut zu trocknen und zu wägen. In Tabelle I sind die Resultate eines Versuchs übersichtlich geordnet.

Tab. I.

Elektrolyt:	I. Verd. Schwefelsäure 1 : 12	II. $KAgCy_2$	III. CuCl	IV. $CuSO_4$	V. $SnCl_4$
Elektrodenmaterial	Pt — Pt +	Pt — Ag +	Pt — Cu +	Pt — Cu +	Pt — Pt +
Menge der abgeschiedenen Kationen . .	67 cm³ H = 6,002 mg H	650 mg Ag	380 mg Cu	190 mg Cu	170 mg Sn
Auf 1 mg H kommen	1 mg H	108,2 mg Ag	63,6 mg Cu	31,8 mg Cu	28,3 mg Sn
Atomgewichte .	1	107,6	63,3	63,3	117,8
Fehler in Proc.	—	+ 0,6%	+ 0,4%	+ 0,4%	— 4%

Die Zahlen für die abgeschiedenen Mengen der Kationen ergeben, wenn sie auf einen Gewichtsteil Wasserstoff bezogen werden, nahezu diejenigen Mengen der Metalle, welche einer einzelnen Valenz ihrer Atommenge[1]) entsprechen, denn in den Lösungen II und III sind die Silber- bezw. Kupfer-

[1]) Es sei an dieser Stelle gestattet, einige Grundbegriffe der Chemie zu wiederholen. Der Valenzwert des Atoms eines chemischen Elementes oder einer Atomgruppe ist identisch mit der Zahl des Äquivalentgewichts, d. h. derjenigen Zahl, welche die analytisch zu ermittelnde Stoffmenge des Atoms oder der Atomgruppe angiebt, die sich mit 1 Gew.-Teil Wasserstoff oder 35,453 Gew.-Teilen Chlor (Atomgewicht des Chlors) verbinden würde. Enthält die (nach gewissen Methoden zu bestimmende) Molekel der Chlorverbindung eines Elementes auf 35,453 Gew.-Teile Chlor die Atommenge des Elementes, so ist das Äquivalentgewicht gleich dem Atomgewicht, und das Element heisst einwertig (z. B. KCl, AgCl).

atome einwertig, in IV sind die Kupferatome zweiwertig, und in V die Zinnatome vierwertig. Weiter liesse sich zeigen, dass die Quantitäten der abgeschiedenen Kationen auch der Dauer der Stromwirkung proportional sind.

Wie für die Kationen könnte man für die Anionen nachweisen, dass die chemischen Umsetzungen an den einzelnen Anoden der hintereinander geschalteten Zellen der Quantität nach sich wie die Werte einer Valenzmenge der Anionen verhalten. Ferner liesse sich darthun, dass auch an den Elektroden der nämlichen Zersetzungszelle die Reaktionen der Kationen und die der Anionen eines Elektrolyten nach den Valenzwerten verlaufen. Würden sich in den Lösungen III und IV die Anionen Cl und SO_4 abscheiden, so würden sich deren Mengen wie

$$35,453 : \frac{32 + 4 . 16}{2}$$

Kommen aber auf die Atommenge des Elementes zweimal, dreimal, viermal 35,453 Gew.-Teile Chlor, so ist das Äquivalentgewicht die Hälfte, bezw. ein Drittel oder ein Viertel des Atomgewichts, und das Element heisst zwei-, drei- oder vierwertig. Da die Molekel Zinkchlorid durch die Formel $ZnCl_2$, die des Wismutchlorids durch die Formel $BiCl_3$, die des Platinchlorids durch die Formel $PtCl_4$ ausgedrückt wird, so sind die Atome Zn, Bi und Pt bezw. 2-, 3-, 4-wertig, und der Valenzwert dieser Metalle beträgt

$$\frac{65,38}{2}, \frac{208,01}{3}, \frac{194,83}{4},$$

wenn die Zähler dieser Brüche die Atomgewichte bedeuten.

Es giebt nun einige Metalle, welche mehrere Chloride bilden können. So bilden die Metalle Kupfer, Eisen und Zinn je zwei Chloride, das Cuprochlorid CuCl und das Cuprichlorid $CuCl_2$, das Ferrochlorid $FeCl_2$ und das Ferrichlorid $FeCl_3$, das Stannochlorid $SnCl_2$ und das Stannichlorid $SnCl_4$. Die Atome dieser Metalle haben demnach zwei Valenzwerte, die für das Kupfer $\frac{63,44}{1}$ und $\frac{63,44}{2}$, für das Eisen $\frac{56}{2}$ und $\frac{56}{3}$, für das Zinn $\frac{118,10}{2}$ und $\frac{118,10}{4}$ betragen.

Ähnliches gilt von den Anionen, die zumeist Atomgruppen sind. Die Anionen NO_3, ClO_3 und $C_2H_3O_2$ sind einwertig, denn sie bilden die Säuren HNO_3, $HClO_3$ und $HC_2H_3O_2$. Die Anionen SO_4, SeO_4 und C_2O_4 sind zweiwertig, da die Molekeln der betreffenden Säuren die Formeln H_2SO_4, H_2SeO_4 und $H_2C_2O_4$ haben. Demnach sind die Valenzwerte der NO_3- und SO_4-ionen

$$\frac{14,041 + 3 \cdot 16}{1} \text{ und } \frac{32 + 4 \cdot 16}{2}.$$

verhalten. In der Lösung III würden die Kupfer- und Chlormengen im Verhältnis 63,44 : 35,453, in der Lösung IV die Kupfer- und SO_4-mengen im Verhältnis

$$\frac{63{,}44}{2} : \frac{32 + 4 . 16}{2}$$

stehen. Thatsächlich oxydiert in der Lösung III das Chlor in der Umgebung der Anode das CuCl zu $CuCl_2$, und zwar werden, während 63,44 Gew.-Teile Kupfer an der Kathode gefällt werden, 63,44 + 35,453 Gew.-Teile CuCl in 63,44 + 2 . 35,453 Gew.-Teile $CuCl_2$ übergeführt. In der Lösung IV wird an der Anode Kupfer gelöst, nämlich ebenso viel, als an der Kathode abgeschieden wird. Bestände hier aber die Anode aus Platin, so würde Sauerstoff an derselben frei, und zwar würde sich die Menge des letzteren auf 8 Gew.-Teile in derjenigen Zeit belaufen, in welcher sich 63,44/2 Gew.-Teile Kupfer an der Kathode absetzen.

Nunmehr dürfte der Wortlaut des Faradayschen Gesetzes in der kurzen Fassung, welche ihm H. v. Helmholtz gegeben hat, verständlich sein: Die nämliche Strommenge macht in den verschiedenen Elektrolyten gleichviel Valenzen frei oder führt sie in andere Kombinationen über.

§ 2. Die elektrochemischen Äquivalente.

Es war vorher nur von den Verhältniszahlen der Mengen die Rede, nach denen die Ionen an den Elektroden frei werden. Diese Zahlen aber nehmen absolute Werte an, sobald die Mengen des elektrolysierenden Stromes zahlengemäss bestimmt sind.

Die Einheit der Strommenge, das Coulomb (Coul.), scheidet aus Silberlösungen 1,1181 mg Silber an der Kathode aus. Betrüge also in einem Fall die Gewichtszunahme der letzteren 300 mg, so würden 300/1,1181 = 268 Coul. durch die Zersetzungszelle geflossen sein. Beliefe sich hierbei die Zeitdauer der Elektrolyse auf 10 Min., so hätten die Zelle pro Sek. 0,447 Coul. passiert. Man sagt dann, die angewendete Stromstärke sei 0,447 Ampère (Amp.). Die Stromstärke oder Stromintensität bedeutet also die Anzahl der

Coul., welche pro Sek. durch den (ganzen) Querschnitt der Strombahn gehen. Sind die Elektroden einer Zelle gross, so strömt durch die Einheit der Fläche (1 cm^2 oder 1 dcm^2 oder 1 m^2) eine geringere Strommenge, als wenn bei Anwendung derselben Stromquelle die Elektroden klein sind. Man nennt die Anzahl Coul., die in 1 Sek. die Querschnittseinheit der Strombahn passiert, die Stromdichte. Dieselbe ist an beiden Elektroden gleich, falls diese gleich gross sind. Aber an der kleineren Elektrode einer Zelle ist die Stromdichte grösser als an der grösseren Elektrode, da durch beide die gleiche Strommenge hindurchgehen muss. Die Stromintensität ist von der Grösse der Elektroden in weiten Grenzen unabhängig. Wird bei einem elektrolytischen Versuch die Stromdichte an der einen Elektrode stark abgeändert, indem man die letztere durch eine andere, viel grössere oder kleinere Elektrode ersetzt, so kann die Elektrolyse, trotzdem die sonstigen Bedingungen dieselben bleiben, andere Resultate ergeben als zuvor, weil die Anzahl der in der Flächeneinheit der Elektrode zusammentreffenden Ionen erheblich ab- oder zunimmt.

Mit den eben erläuterten Begriffen ist die Stromenergie oder Stromarbeit nicht zu verwechseln. Die Einheit der Stromenergie, das Watt, ist gleich dem Produkt 1 Amp. $\times$ 1 Volt, und ein Volt ist die Einheit des Potentials oder der elektromotorischen Kraft, welche die Strommenge von 1 Coul. pro Sek. durch den Widerstand eines Ohms, d. i. durch denjenigen Widerstand zu treiben vermag, welchen ein Quecksilberfaden von 106,3 cm Länge und 1 mm^2 Querschnitt dem Durchfliessen der Elektricität entgegensetzt. Die Grösse der elektromotorischen Kraft, welche der in einer elektrolytischen Zelle arbeitenden Stromenergie zukommen muss, lässt das Faradaysche Gesetz unberücksichtigt. Offenbar kann dieselbe und somit der Aufwand an Stromarbeit bei der Elektrolyse verschiedener Elektrolyte sehr verschieden sein, wenn auch gleiche Strommengen dazu gehören, um gleiche Valenzmengen der Ionen an den Elektroden frei zu machen oder in andere Kombinationen überzuführen (Näheres s. Abschn. III, Kap. 6 u. 10). Die Strommenge ist einer Masse vergleichbar, die an sich nicht schwer ist, sondern dies erst wird vermöge der von örtlichen Verhältnissen abhängigen Schwerkraft, die der elektromotorischen Kraft analog ist. So wie eine Masse erst dann, wenn an ihr eine Kraft, wie die Schwerkraft, wirkt, Arbeit leisten kann, so vermag auch eine Strommenge erst dann zu arbeiten, wenn sie von einer elektromotorischen Kraft in Bewegung gesetzt wird. Gleiche Strommengen werden aber in den elektrolytischen Zellen, wenn in denselben gleiche Valenzmengen verschiedener Ionen eine Umsetzung erfahren sollen, verschiedener elektromotorischer Kräfte bedürfen, und daher werden auch die Mengen der aufzuwendenden Stromenergie verschieden sein.

Da 1 Coul. 1,1181 mg Silber ausfällt, so sind zur Ausfällung der Valenzmenge des Silbers, nämlich 107,938 g,

$$\frac{107{,}938}{0{,}0011181} = 96537 \text{ Coul.}$$

erforderlich. Derselben Anzahl Coul. bedarf es daher auch zur Abscheidung oder Überführung einer Valenzmenge irgend eines anderen Ions. Andrerseits erhält man die durch 1 Amp. (pro Sek.) in Freiheit gesetzte oder übergeführte Gewichtsmenge (in Grammen ausgedrückt) eines Ions, wenn man die Valenzmenge oder das Äquivalentgewicht desselben durch 96537 dividiert resp. mit 0,0000103588 multipliciert. Die sich so ergebenden Zahlen heissen die elektrochemischen Äquivalente der Elemente oder Atomgruppen. Dieselben sind für die wichtigsten chemischen Elemente auf Grund der von Ostwald[1]) angenommenen Atomgewichte berechnet und in der Tabelle II zusammengestellt. A bedeutet das Atomgewicht, V die Valenz des Atoms, a das Äquivalentgewicht, e das elektrochemische Äquivalent pro Amp.-Sek. in mg (Milligrammen) und E dasselbe pro Amp.-St. in g (Grammen).

Tab. II.

Name des Elementes	Symbol	A	V	a	e	E.
Aluminium . . .	Al	27,08	3	9,0267	0,09351	0,0337
Antimon	Sb	120,29	3	40,0967	0,41535	1,4953
Arsen	As	75,00	3	25,0000	0,25897	0,9323
Blei	Pb	206,911	2	103,4555	1,07165	3,8580

[1]) W. Ostwald. Lehrbuch der allgemeinen Chemie I, 126. 1893.

Name des Elementes	Symbol	A	V	a	e	E
Brom	Br	79,963	1	79,9630	0,82831	2,9819
Cadmium	Cd	112,08	2	56,0400	0,58050	2,0908
Chlor	Cl	35,453	1	35,4530	0,36724	1,3221
Eisen { Ferroverb.	Fe	56,00	2	28,0000	0,29004	1,0442
Eisen { Ferriverb.			3	18,6667	0,19336	0,6961
Gold	u	197,25	3	65,7500	0,68109	0,2452
Jod	J	126,864	1	126,8640	1,31415	4,7309
Kalium	K	39,136	1	39,1360	0,40540	1,4594
Kupfer { Cuproverb.	Cu	63,44	1	63,4400	0,65715	2,3658
Kupfer { Cupriverb.			2	31,7200	0,32858	1,1829
Magnesium . . .	Mg	24,38	2	12,1900	0,12627	0,4546
Natrium	Na	23,058	1	23,0580	0,23885	0,8599
Nickel	Ni	58,50	2	29,2500	0,30300	1,0908
Platin	Pt	194,83	4	48,7075	0,50455	1,8164
Quecksilber { Merkuroverb.	Hg	200,40	1	200,4000	2,07590	7,4732
Quecksilber { Merkuriverb.			2	100,2000	1,03795	3,7366
Sauerstoff	O	16,00	2	8,0000	0,08287	0,2983
Silber	Ag	107,938	1	107,9380	1,11810	4,0252
Stickstoff	N	14,041	3	4,6803	0,04848	0,1745
Wasserstoff . . .	H	1,0032	1	1,0032	0,010368	0,037325
Wismut	Bi	208,01	3	69,3367	0,71824	2,5857
Zink	Zn	65,38	2	32,6900	0,33863	1,2196
Zinn { Stannoverb.	Sn	118,10	2	59,0500	0,61028	2,2020
Zinn { Stanniverb.			4	29,5250	0,30514	1,1010

§ 3. Messung der Stromstärke mit den Voltametern.

Auf der genauen Proportionalität der Strommenge und der Ionenreaktionen beruht die Messung der Stromintensität (des einen Faktors der Stromarbeit) in den Voltametern. Dieselben sind auch unentbehrlich zur Aichung der bequemeren Strommessinstrumente, des Galvanometers oder Ampèremeters, deren Konstruktion die Gesetze der Einwirkung des elektrischen Stromes auf Magnete zu Grunde liegen. In den Voltametern werden entweder Metallsalze, wie Kupfersulfat und Silbernitrat, oder verdünnte Schwefelsäure durch den auf seine Intensität zu prüfenden Strom elektrolysiert. Die Apparate der ersten Art enthalten als Anode einen Kupfer- bezw. Silberstab, als Kathode dient eine Platinschale, deren Gewichtszunahme nach Verlauf einer gewissen Zeit zu bestimmen ist. Werden z. B. im Silbervoltameter nach 1 Std. 15 Min. 3,05 g Silber abgeschieden, so ist also die Stromstärke

$$i = \frac{3050}{1{,}1181 . 4500} = 0{,}6062 \text{ Amp.}$$

Als Wasserstoffvoltameter ist der HOFMANNsche Apparat mit Platinelektroden (Fig. 5) geeignet. Nach dem Versuch hat man die Flüssigkeitssäulen im Anodenschenkel und im Steigrohr gleich der im Kathodenschenkel zu machen und das Volumen v des Wasserstoffs abzulesen. Letzteres ist dann zunächst nach der Formel

$$V_{0_{760}} = \frac{V\,(b - h)}{760\,(1 + 0{,}00366\,t)},$$

in welcher t die Versuchstemperatur, b der jeweilige Barometerstand und h die Spannkraft des Wasserdampfes in mm Quecksilber bei jener Temperatur bedeuten, auf 0^0 und 760 mm Barometerstand zu reducieren. Da ferner nach Tabelle II das elektrochemische Äquivalent des Wasserstoffs $e = 0{,}010368$ mg ist, und diese Gasmenge im Normalzustand den Raum von 0,116 cm^3 einnimmt, so lässt sich die Ampèrezahl *i* leicht berechnen. Werden z. B. bei 18^0 und 752 mm Barometerstand durch den Strom in 2 Min. 23,6 cm^3 Wasserstoff entwickelt, so ist

$$V_{0_{760}} = \frac{23{,}6\,(752 - 15{,}357)}{760\,(1 + 0{,}00366 . 18)} = 21{,}5482 \text{ cm}^3,$$

und da $0{,}116 . 120 . i = 21{,}5482$ ist, so ist

$$i = \frac{21{,}5482}{0{,}116 . 120} = 1{,}548 \text{ Amp.}$$

Zur Benutzung der Voltameter diene ferner die Tabelle III.

Tab. III.

	in			
1 Ampère erzeugt	1 Sek.	1,1181 mg Ag	0,3284 mg Cu	0,116 cm^3 H
	1 Min.	67,0100 „ „	19,7000 „ „	6,960 „ „
	1 Std.	4026,0000 „ „	1182,0000 „ „	417,000 „ „

§ 4. Die Stromintensitäten bei Stromverzweigungen.

Stehen drei nahezu gleiche Wasserzersetzungsapparate A_1, A_2 und A_3, deren Widerstände gleich, z. B. 10 Ohm, sind, zur Verfügung, so kann man in wenigen Minuten die Gesetze der Stromverzweigung, soweit nur die Stromintensitäten und Widerstände in Betracht kommen, experimentell ableiten, wenn man sich der Versuchsanordnung Fig. 21 bedient.[1]) B ist eine Batterie von 12 Akkumulatoren. Der Widerstand w_2 in der Strombahn $b w_2 A_2 a$ beträgt 100 Ohm, der Widerstand w_3 in der Strombahn $b w_3 A_3 a$ 460 Ohm. Das Resultat eines Versuchs ergab in A_1 42,5, in A_2 34,5 und in A_3 7,5 cm³ Knallgas. Daraus folgt

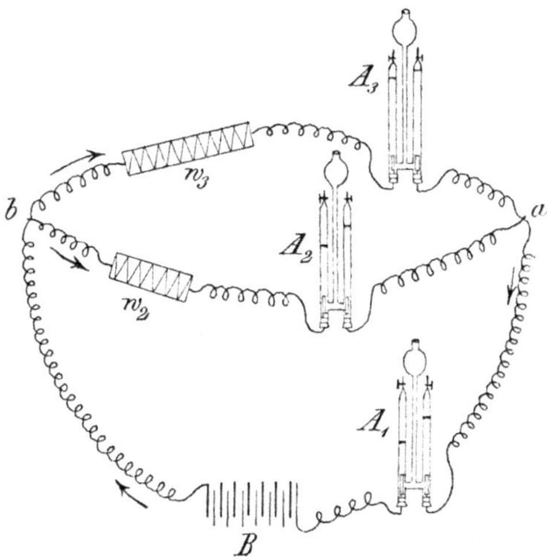

Fig. 21.

$$i_1 = i_2 + i_3,$$

wenn i_1 die Strommenge in der Bahn $a A_1 B b$, i_2 diejenige in der Bahn $b w_2 A_2 a$ und i_3 diejenige in der Bahn $b w_3 A_3 a$ bedeutet. Bezeichnet man ferner den gleichen Widerstand der Zersetzungsapparate mit W, so muss die Gleichung

$$i_2 (w_2 + W) = i_3 (w_3 + W)$$

gelten. In der That wird dieselbe durch die Versuchsergebnisse ungefähr bestätigt, denn es ist $i_2 (w_2 + W) = 379,5$ und $i_3 (w_3 + W) = 352,5$. Die Differenz ist dadurch bedingt, dass die Apparate A_1, A_2 und A_3 nicht genau gleich sind.

[1]) Grätz, die Elektricität und ihre Anwendungen 1895, S. 127.

Ferner muss den Gesetzen gemäss

$$i_2 = i_1 \frac{w_3 + W}{w_2 + W + w_3 + W} = 42{,}5 \frac{460 + 10}{100 + 10 + 460 + 10} = 34{,}425$$

und

$$i_3 = i_1 \frac{w_2 + W}{w_2 + W + w_3 + W} = 42{,}5 \frac{100 + 10}{100 + 10 + 460 + 10} = 8{,}032$$

sein, wie es auch der Versuch mit geringen Abweichungen zeigt.

§ 5. Erklärung des Faradayschen Gesetzes durch die Helmholtzsche Theorie.

In seiner zu London am 5. April 1881 gehaltenen Faraday-Rede hat H. v. Helmholtz für die von dem Faradayschen Gesetz umfassten Thatsachen eine Erklärung gegeben und hierdurch einen wesentlichen Beitrag zum Aufbau der neuen elektrochemischen Theorie geliefert.

Er nimmt an, dass **jeder Valenzwert eines elementaren oder zusammengesetzten Ions mit der nämlichen Elektricitätsmenge, die gleichsam wie ein elektrisches Atom sich nicht weiter teilen lässt, geladen ist,** und zwar derjenige der Kationen mit positiver, derjenige der Anionen mit negativer Elektricität. Da in der Molekel eines Elektrolyten die Anzahl der Valenzmengen der Kationen stets gleich derjenigen der Anionen, so ist die gesamte Lösung des Elektrolyten elektrisch neutral. Sobald nun die Pole einer Stromquelle an die Elektroden einer Zersetzungszelle angeschlossen sind, werden die Kationen von der Kathode (— Pol), die Anionen von der Anode (+ Pol) angezogen. Liegt die Möglichkeit vor, dass die Ionen frei werden, so geschieht dies bei gehöriger Klemmenspannung, und zwar immer nur an den Elektroden, nicht durch die ganze Masse des Elektrolyten. Der Vorgang der Entionisierung besteht darin, dass die Ladungen der Ionen durch die den Elektroden seitens des Stromes zugeführten Elektricitätsmengen der entgegengesetzten Art neutralisiert werden. Dies ist der Fall bei der Abscheidung der Schwermetalle an der Kathode, sowie des Chlors an der Anode, wenn sie indifferent ist. Vermag aber das Anion im freien Zustand nicht zu existieren, muss es also als Ion in der Lösung verbleiben, so wird die äquivalente Menge des Anodenmetalles positiv geladen und so in den Ionenzustand versetzt. In diesem Fall geht also positive Elektricität an der Anode in den Elektrolyten über, und zwar der Menge nach so viel, als an der Kathode infolge der Entionisierung der Kationen den Elektrolyten verlässt. Löst z. B. das SO_4-ion an einer Kupferanode 1 Gramm-Atom Kupfer (63,44 g) auf, so werden hier zwei positive Ladungsmengen, d. h. 2×96537 Coul. verbraucht, und die Gramm-Atommenge des metallischen Kupfers nimmt Ionengestalt an. Wenn somit eine Kupfersulfatlösung zwischen Kupferelektroden elektrolysiert wird, bildet der Strom an der Anode durch Ladung der metallischen Kupferatome neue Kationen, und an die Kathode wird dieselbe positive Elektricitätsmenge abgegeben, wobei die Kationen zu metallischen Atomen entionisiert werden. Reagieren ferner die Ionen auf das Wasser, so werden aus den Molekeln des letzteren auf Kosten des elektrolysierenden Stromes Hydroxyl- oder Wasserstoffionen gebildet, und zwar an der Kathode negative OH-ionen und an der Anode positive H-ionen. Wenn demnach das Anion SO_4 an einer Platinanode erscheint, so verläuft der Process so, wie wenn aus einer Wassermolekel zwei Wasserstoffatome positiv geladen, und das Sauerstoffatom frei wird; und tritt ein Kalium- oder Natriumion an der Kathode auf, so wird hier je ein Hydroxyl (OH) negativ geladen und übernimmt die Rolle des zu dem Ion eines Alkalimetalles gehörigen Anions, während ein Wasserstoffatom an der Kathode entbunden wird. Bei denjenigen Metallen, deren Atome mit verschiedener Valenz auftreten, kann endlich, wenn der Elektrolyt und die Elektrodensubstanz es zulassen, einerseits der Fall eintreten, dass die mit höherer Valenz ausgestatteten Kationen an der Kathode nur einen Teil ihrer Ladung verlieren (aus Merkuriionen werden Merkuroionen), und dass andrerseits an der Anode Kationen von niedrigerer Valenz höher geladen werden (aus Ferroionen werden Ferriionen). Allgemein gesagt, werden also vom Elektrolyten an die Kathode solche Mengen positiver Elektricität abgegeben, oder durch den Strom an der Kathode solche Mengen negativer Elektricität dem Elektrolyten zugeführt, als die Anode negative Elektricität aus dem Elektrolyten empfängt oder positive Elektricität diesem zuleitet.

So hat es H. v. Helmholtz anschaulich gemacht, worin der Vorgang der Elektricitätsleitung durch einen Leiter zweiter Ordnung, der nach Obigem immer eine chemische Verbindung sein muss, besteht. Gleichzeitig hat er aber auch durch die Annahme, dass einer Valenzmenge jedes Ions die gleiche Elektricitätsmenge anhaftet, erklärt, warum die durch gleiche Strommengen hervorgerufenen chemischen Veränderungen immer in äquivalenten Gewichtsverhältnissen erfolgen. Ferner ist es verständlich, wieso isomere Ionen von verschiedener Qualität, z. B. von verschiedener Farbe, sein können, wieso also das Ferroion grün, das Ferriion gelbrot, ferner das MnO_4-ion der Übermangansäure, $HMnO_4$, violett, und das MnO_4-ion der Mangansäure, H_2MnO_4, grün ist. Die Qualitäten hängen eben von dem Energieinhalt der Ionen ab, und dieser wird wiederum durch die Zahl der Valenzen, also auch durch die Ladungsmengen bedingt. (Näheres s. I. Abschnitt 5. Kapitel.)

Die einem Wasserstoffion zukommende positive Ladung kann man annähernd berechnen, wenn man bedenkt, dass 1 mg Wasserstoff durch 96,537 Coulomb ausgeschieden wird, und auf Grund gewisser Thatsachen annimmt, dass diese Wasserstoffmenge $1,2 \,.\, 10^{21}$ Atome enthält. Ein Wasserstoffion muss demnach mit $96,537 : (1,2 \,.\, 10^{21}) = 8 \,.\, 10^{-20}$ Coulomb $= 8 \,.\, 10^{-21}$ absoluten Einheiten geladen sein, und diese Grösse würde allgemein als die absolute Valenzladung angesehen werden müssen.

Unentschieden bleibt freilich noch, wie man sich den Vorgang der Neutralisation der Ionen an den Elektroden des näheren zu denken hat. Hierüber bestehen zwei Ansichten. Entweder wird das Ion nach Abgabe der ihm gehörigen Ladung wirklich elektricitätslos, oder es wird infolge des an der Elektrode stattfindenden Verbrauchs der doppelten Ladungsmenge mit der entgegengesetzten Ladung versehen, um mit einem noch nicht veränderten Ion zu einer Molekel aus zwei entgegengesetzt geladenen Atomen (z. B. $H_2 = H + H -$) zusammenzutreten. Die letztere Annahme ist mit der jetzt allgemein anerkannten Einatomigkeit der Metallmolekeln schwer zu vereinigen und führt überhaupt schliesslich dazu, wie BERZELIUS that, elektrische und chemische Energie zu identificieren. Da aber unser Wissen über das Wesen beider Energieformen noch sehr lückenhaft ist, so ist es zu empfehlen, sich der ersteren Hypothese anzuschliessen, die übrigens einfacher ist und bei den obigen Auseinandersetzungen bereits zu Grunde gelegt wurde.[1])

---

3. Kapitel.

Die Überführungszahlen von Hittorf.

Wenn ein nicht zu starker Strom zwischen Kupferelektroden durch eine Kupfersulfatlösung geht, so scheint keine weitere Veränderung einzutreten, als dass das Kupfer mit dem positiven Strom von der Anode zur Kathode wandert, die Anode also so viel an Kupfer verliert, als die Kathode an Gewicht zunimmt. Indessen beobachtet man, wofern man die Elektroden nach längerem Stromdurchgang mit einem Galvanoskop verbindet, einen von der Zersetzungszelle gelieferten Sekundärstrom, welcher der Richtung des Primärstromes entgegengesetzt ist. Der Sekundärstrom kann nun nicht, wie es bei der Elektrolyse der verdünnten Schwefelsäure zwischen Platinelektroden der Fall ist, von Gasen herrühren, da solche bei hinreichend schwachem Primärstrom an jenen Kupferelektroden nicht erscheinen. Es muss daher der Primärstrom in der Kupfersulfatlösung selbst noch gewisse Veränderungen bewirkt haben, die den Sekundärstrom bedingen. Man erkannte bald, dass dieselben darin bestehen, dass die Koncentration der Lösung an der Anode zunimmt und an der Kathode abnimmt, wobei aber der Gesamtgehalt der Lösung an Kupfersulfat konstant bleibt.

Diese Erscheinungen können mittels des Apparates Fig. 22 leicht sichtbar gemacht werden. Ein 30 cm langes und 3 cm

[1]) Vergl. H. KAUFFMANN, Über elektrisch konjugierte Valenzen, Habilitationsschrift, Stuttgart, 1898.

weites Glasrohr ist an den beiden Enden mit Pfropfen verschlossen, durch welche die dicken Zuleitungsdrähte *a* und *k*, an welche durchlöcherte Kupferelektroden angenietet sind, befestigt werden. Letztere sind 2 cm von einander entfernt. Das Niveau der mit etwas Salpetersäure versetzten, koncentrierten Kupfersulfatlösung befindet sich $1^1/_2$ cm oberhalb der Kathode und ist besonders zu markieren. Die dem Beobachter abgewendete Hälfte der Röhre ist mit einer rotgefärbten Gelatinelösung wiederholt zu bestreichen, so dass das Licht einer hinter der Röhre auf- und abbewegten Kerzenflamme nur oberhalb des Flüssigkeitsniveaus gesehen, unterhalb desselben vollkommen absorbiert wird. Schliesst man nun die Pole einer Batterie aus 2 Akkumulatoren an, so nimmt man an der Kathode aufsteigende, an der Anode absteigende Schlieren wahr. Nach 20 Min. bereits schimmert das Kerzenlicht durch die obere, immer heller werdende Partie des Elektrolyten deutlich hindurch, und nach 40 Min. ist hier die Entfärbung fast vollständig.

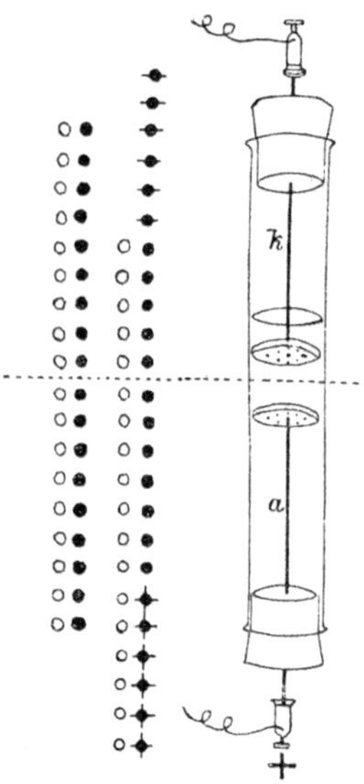

Fig. 22.

In den Jahren 1853—1859 hat Hittorf diese an den Elektroden auftretenden Änderungen der Koncentrationen bei sehr vielen Elektrolyten quantitativ studiert.[1]) Die Resultate seiner mühevollen, musterhaften Untersuchungen erfuhren bei den damaligen Physikern nicht die ihnen gebührende Würdigung. Erst der Neuzeit ist es vorbehalten gewesen, sie in ihrer ganzen Bedeutung zu erkennen und für die Theorie der Stromleitung zu verwerten.

Hittorf elektrolysierte die Salzlösungen in Gefässen, deren Kathodenabteil sich von dem Anodenabteil derartig trennen liess, dass eine Mischung der Flüssigkeitsinhalte ver-

---

[1]) W. Hittorf. Über die Wanderungen der Ionen. 1. u. 2. Teil. Ostwald's Klassiker Nr. 21 u. 23.

mieden wurde. In dem Stromkreis befand sich noch ein Silbervoltameter. Nach der Elektrolyse wurde der Inhalt des Kathodenabteils quantitativ untersucht, und das Ergebnis mit der Analyse eines gleichen Volumens der der Elektrolyse nicht unterworfenen Lösung verglichen. Zur weiteren Orientierung möge einer der HITTORFschen Versuche[1]) näher betrachtet werden. Die angewendete Kupfersulfatlösung enthielt auf 1 g $CuSO_4 . 5$ aq. 24,99 g Wasser. Die Kathode im oberen Raum des zerlegbaren Gefässes bestand aus Platin, die Anode im unteren aus Kupfer. Das den Kathodenraum ausfüllende Volumen der Lösung ergab bei der quantitativen Analyse

vor der Elektrolyse	0,6765 g CuO
nach der Elektrolyse	0,5118 „ „
es verlor also . . .	0,1647 g CuO = 0,1315 g Cu.

An der Kathode wurden nach der Messung im Voltameter während der Elektrolyse 0,2043 g Cu gefällt. Folglich waren 0,2043—0,1315 = 0,0728 g Cu aus dem Anoden- in den Kathodenraum gewandert. Wäre also 1 g Cu gefällt worden, so würden 0,356 g Cu nach oben transportiert sein. 0,356 nennt HITTORF die Überführungszahl des Kupfers.

Da im Kupfersulfat auf 63,44 Gew.-Teile (Atomgewicht) Kupfer 96 Gew.-Teile SO_4 (Gewicht des SO_4-radikals) kommen, so werden für je 100 Gew.-Teile ausgeschiedenen Kupfers $96 \times 100/63,44$ Gew.-Teile SO_4 im Kathodenraum verfügbar. Die 35,6 Gew.-Teile des herbeigewanderten Kupfers nehmen $96 \times 35,6/63,44$ Gew.-Teile SO_4 in Anspruch. Es müssen sich also in der Zeit, in welcher 35,6 Gew.-Teile Kupfer nach oben treten,

$$\frac{96}{63,44}(100-35,6)=\frac{96}{63,44}\cdot 64,4 \text{ Gew.-Teile } SO_4$$

nach unten begeben. Nun repräsentieren 35,6 Gew.-Teile Kupfer 35,6/63,44 Cu-ionen, und $96 \times 64,4/63,44$ Gew.-Teile SO_4 entsprechen der Anzahl nach 64,4/63,44 SO_4-ionen. Demnach verhalten sich die Zahlen der nach entgegengesetzten Richtungen wandernden Cu- und SO_4-ionen wie 35,6 : 64,4. Die Bewegung der Ionen in einem Volumteil des Elektrolyten

[1]) *l. c.* S. 18. 1. Teil.

erfolgt also ungefähr in der Weise, dass sich in der Zeit, in welcher 1 Cu-ion an die Kathode wandert, 2 SO_4-ionen nach der Anode bewegen. 0,644 muss die Überführungszahl des SO_4-ions sein.

Da die beiden Ionenarten eines Elektrolyten im allgemeinen mit verschiedenen Geschwindigkeiten wandern, so könnte man meinen, dass die schneller wandernden Ionen sich in dem betreffenden Abteil anhäufen und daselbst der Anzahl nach den anderen Ionen überlegen sein müssten. Indessen würde sich dann in diesem Teil des Elektrolyten freie Elektricität ansammeln, was von vornherein ausgeschlossen ist. Die Ionenverschiebungen dürfen immer nur so stattfinden, dass in einem Volumteil der Lösung die Anzahl der positiven Elektricitätseinheiten gleich ist derjenigen der negativen. Dass dieser Forderung im Fall der Elektrolyse des Kupfersulfats trotz der so verschiedenen Wanderungsgeschwindigkeiten beider Ionen genügt wird, wird man begreifen, wenn man auf das der Fig. 22 beigegebene Schema achtet, welches gleichzeitig die jenem HITTORFschen Versuch entsprechenden Koncentrationsänderungen anschaulich darstellen soll. Die weissen Kugeln o bedeuten die Anionen, die schwarzen die Kationen. Der horizontale Strich scheidet die Kathoden- von der Anodenschicht. Vor der Elektrolyse ist die Lösung gleichmässig, und es mögen in beiden Schichten je 9 Kationen und 9 Anionen vorhanden sein. Nach einer gewissen Zeit der Stromwirkung seien an der Kathode 6 Kupferatome -•- ausgeschieden, und an der Anode ebenso viele Cu-ionen -+- geschaffen. Während sich aber an der Kathodenseite nur 5 Cu-ionen und 5 SO_4-ionen befinden, sieht man an der Anodenseite ausser den 6 ergänzten Sulfatmolekeln $CuSO_4$ noch 7 Cu-ionen und 7 SO_4-ionen. Würde während der Elektrolyse nur eine Wanderung der Anionen erfolgt sein, so hätte man in der Anodenschicht im ganzen $9 + 6 = 15$ $CuSO_4$ und in der Kathodenschicht $9 - 6 = 3$ $CuSO_4$ finden müssen. Wenn andererseits nur die 6 Cu-ionen von der Anoden- nach der Kathodenschicht zu den hier disponibel gewordenen 6 SO_4-ionen gewandert wären, so wären in beiden Schichten wieder je 9 Cu-ionen und 9 SO_4-ionen vorhanden gewesen, wie vor der Elektrolyse. Thatsächlich aber befinden sich 5 Cu-ionen und

5 SO_4-ionen an der Kathode, 7 + 6 Cu-ionen und 7 + 6 SO_4-ionen an der Anode. Also sind gleichzeitig beide Arten der Ionen, die Cu-ionen nach der Kathode, und die SO_4-ionen nach der Anode transportiert, und zwar 2 Cu-ionen von unten nach oben, und 4 SO_4-ionen von oben nach unten. Auf je 6 an der Kathode frei werdende Kupferatome kommen mithin 2 Cu-ionen, die nach oben befördert werden. Oben werden also 4 SO_4-ionen disponibel, sie gehen nach unten, wo dann 6 SO_4-ionen (die anderen beiden rühren von dem Fortgang der 2 Cu-ionen her) vorhanden sind, für welche auf Kosten der Anode 6 Cu-ionen + geschaffen werden müssen. Von 6 Wegstrecken legt folglich ein Cu-ion je 2, und ein SO_4-ion je 4 zurück, ohne dass ein Überschuss der positiven oder negativen Elektricität auftritt.

Bedeutet n die Überführungszahl des Anions, so ist 1 — n die des Kations. Das Verhältnis (1 — n) : n ist dann das Verhältnis der Geschwindigkeiten u und v, mit denen sich die Kationen bezw. Anionen im Elektrolyten bewegen. Es gilt somit die Beziehung

$$\frac{u}{v} = \frac{1-n}{n}.$$

Den Wert u/v für die Ionengeschwindigkeiten eines Elektrolyten durch die Überführungszahlen ermittelt zu haben, ist das wesentlichste Ergebnis jener Hittorfschen Untersuchungen.

Das Verhältniss u/v hat sich nach Hittorf von der an den Elektroden herrschenden Potentialdifferenz und innerhalb gewisser Grenzen der Koncentration der Lösungen auch von dieser unabhängig erwiesen. Der Einfluss der Temperatur zeigte sich unerheblich, wenn bei gewöhnlicher Temperatur gearbeitet wird. Bei gesteigerter Temperatur dagegen verschwindet der Unterschied von u und v mehr und mehr.

Das folgende Kapitel führt zur Kenntnis der Summe u + v und mit Hilfe des Wertes u/v zu den Grössen u und v selbst.

4. Kapitel.

Das Gesetz von Kohlrausch.

§ 1. Messung des Widerstandes elektrolytischer Lösungen.

In seinen Abhandlungen über die Wanderungen der Ionen hatte HITTORF wiederholt darauf hingewiesen, dass die Bestimmung der specifischen Leitfähigkeit der Elektrolyte, d. h. des reciproken Wertes des specifischen Widerstandes derselben, weitere Aufschlüsse über das Wesen der Elektrolyse ergeben müsste. Da aber beim Durchgang des Stromes durch einen Elektrolyten meistens Gase auftreten, und durch diese eine elektromotorische Gegenkraft erregt wird (s. III. Abschnitt, 6. Kapitel), deren Grösse Schwankungen unterworfen ist, so fehlte es lange Zeit an einer brauchbaren Methode zur Messung des Widerstandes der Lösungen. Erst 1880 ist eine solche von F. KOHLRAUSCH gefunden worden. Sein Verfahren ist im Princip dasselbe, nach welchem die Widerstände von Metallen mittels der WHEATSTONEschen Anordnung bestimmt werden. Doch wird die Wirkung der Polarisation durch Benutzung eines von einem Induktionsapparat gelieferten Wechselstromes eliminiert, und im Brückendraht statt eines Galvanometers ein Telephon, welches durch das Tonminimum die Stromlosigkeit im Brückendraht angiebt, als Indikator angewendet. In der Zelle befindet sich die zu prüfende Lösung zwischen platinierten Platinelektroden.

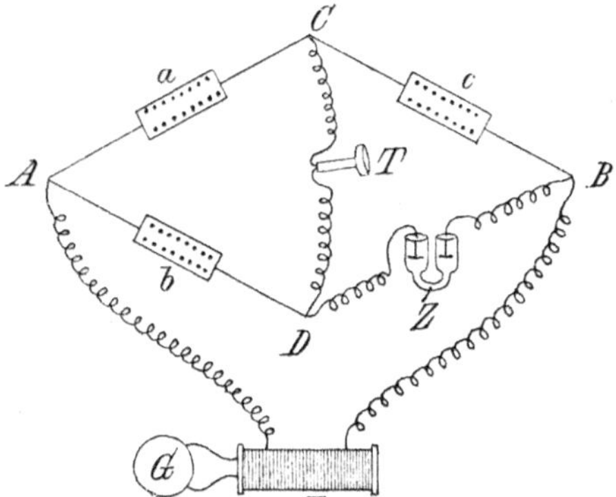

Fig. 22a.

Durch die Fig. 22a wird diese Messmethode nur ganz schematisch erläutert. G ist eine Akkumulatorzelle, welche den Induktionsapparat *J* betreibt. *ABCD* ist das Parallelogramm der Stromverzweigung. *a*, *b* und *c* sind Rheostaten. Die Widerstände in *a* und *b* bleiben unverändert, sie mögen sich verhalten wie 1 : 100. *Z* ist die mit dem zu prüfenden Elektrolyten gefüllte Zersetzungszelle. Verändert man nun den Widerstand *c* so lange, bis das in der Brücke *CD* befindliche Telephon *T* schweigt, so ist der Widerstand in *Z* das Hundertfache von dem in *c*.

Das Tonminimum im Telephon wird mit befriedigender Genauigkeit ermittelt, wenn die Elektroden nach den Angaben von Lummer und Kurlbaum (s. I. Abschnitt, 1. Kapitel § 7) platiniert sind. Die Kohlrauschsche Methode hat hierdurch erheblich an Zuverlässigkeit gewonnen. Trotzdem hat man vielfach versucht, die Gleichstrommethode (mit Galvanometer), wie sie zur Bestimmung der Widerstände der Leiter erster Ordnung üblich ist, auch für die Elektrolyte anwendbar zu machen. So empfiehlt Malmström[1]) als Zersetzungszellen Kapillarröhren. Sowohl der Widerstand als auch die Potentialdifferenz der an den Enden des Flüssigkeitsfadens befindlichen Elektroden sind dann so gross, dass die elektromotorische Gegenkraft wenig zur Geltung kommt.

§ 2. Die Leitfähigkeit der Elektrolyte.

Die mit dem Kohlrauschschen Apparat ausgeführten Messungen ergeben den Widerstand w des Elektrolyten, wie er den Dimensionen der angewendeten Zelle Z entspricht. Um aus der Zahl w den specifischen Widerstand *s* zu finden, d. h. die Anzahl der Widerstandseinheiten eines Flüssigkeitsfadens von normalen Dimensionen (1 m Länge und 1 mm^2 Querschnitt), verglichen mit einem gleich grossen Quecksilberfaden,[2]) ist noch die Kapacität der Zelle Z zu bestimmen. Man versteht darunter den Widerstand W, den in der Versuchszelle Z eine Normalflüssigkeit (z. B. 5-procentige Kalium-

---

[1]) Ztschr. f. physikal. Chem. 22, 331. 1897.

[2]) Dass die für Elektrolyte ermittelten Widerstände sämtlich auf Quecksilbereinheiten bezogen sind, ist ein Mangel, da den sonstigen Messungen der Elektricitätslehre das Ohm zu Grunde gelegt ist, und man daher jene Werte durch Multiplikation mit der Zahl 0,94 auf Ohm umzurechnen hat. Siehe Kohlrausch, Holborn u. Diesselhorst, Wied. Ann. 64, 417—455. 1898.

chloridlösung) zeigt, deren specifischer Widerstand S durch Benutzung von Zellen messbarer Dimensionen ein für allemal festgestellt ist.[1]) Es verhält sich dann $S : W = s : w$.

Den reciproken Wert des specifischen Widerstandes bezeichnet man als die specifische Leitfähigkeit L,

$$L = {}^1/s.$$

Sie ist gleich der in Metern ausgedrückten Länge eines 1 mm^2 dicken Fadens des betreffenden Elektrolyten, welcher den Widerstand einer Quecksilbereinheit zeigt. Da ferner nach dem OHMschen Gesetz zwischen der Stromstärke i eines Leiterstückes, der Potentialdifferenz π an den Enden desselben und dem Widerstand s (falls der Leiter 1 m lang und 1 mm^2 dick angenommen, und s in Ohm gemessen ist) die Beziehung $i = \pi/s$ besteht, so ist

$$\frac{i}{\pi} = \frac{1}{s} = L.$$

Es würde also L auch die Stromstärke in Amp. bezeichnen, mit welcher ein Strom den Flüssigkeitsfaden von normalen Dimensionen durchfliesst, wenn an den Enden die Potentialdifferenz von 1 Volt besteht.

Die Leitfähigkeit elektrolytischer Lösungen ist weit geringer als die der Metalle. Zur Orientierung diene Tabelle IV, die nach den Messungen von KOHLRAUSCH und GROTRIAN zusammengestellt ist. Unter 1 ist der in Wasser gelöste Elektrolyt, unter 2 der Procentgehalt p der Lösung, unter 3 der Widerstand r eines Kubikcentimeters der Lösung bei 18^0 in Ohm, unter 4 die Leitfähigkeit l bei 18^0, auf Quecksilber $= 10000000$ bezogen, und unter 5 die Zunahme $\triangle l$ derselben pro Temperaturgrad in Procenten von l.

Demnach ist der Widerstand eines 30 m langen Fadens einer 10-procentigen Kupfersulfatlösung so gross als der eines 550000 km langen Kupferdrahtes von demselben Querschnitt.

Da nun im Hinblick auf das FARADAYsche Gesetz anzunehmen war, dass ein die Leitfähigkeit der verschiedenen

[1]) Hierbei ist das Gesetz zu beachten, dass der Widerstand der Länge des Leiters direkt und dem Querschnitt desselben umgekehrt proportional ist.

Tab. IV.

1	2	3	4	5
Elektrolyt	p	r	l	$\triangle l$
H_2SO_4	5	4,8	195	1,21
„	30	1,4	691	1,62
HCl	5	2,5	369	1,59
„	10	1,6	590	1,57
„	20	1,3	713	1,55
„	30	1,5	620	1,53
NaCl	5	15,0	63	2,20
„	10	8,3	113	2,10
„	15	6,1	153	2,10
„	25	4,7	200	2,30
NaOH	17	2,9	326	—
$CuSO_4$	5	53,3	18	2,20
„	10	31,4	30	2,20
Quecksilber . .		0,0000943	10 000 000	
Kupfer		0,0000017	550 000 000	

Elektrolyte beherrschendes Gesetz sich nicht ableiten liesse, so lange die Koncentrationen der Lösungen nur in Procenten bestimmt würden, so bezog Kohlrausch die Werte von L auf äquimolekulare Lösungen. Es ergab sich so die molekulare Leitfähigkeit λ. Ein Beispiel wird diesen Begriff verständlicher machen. Für eine Kaliumchloridlösung, welche in 100 cm³ 5 g des Salzes enthält, sei bei 0⁰ $s = 160256$ Quecksilbereinheiten ermittelt. Dann ist $L = 62,4 \,.\, 10^{-7}$. Da nun 5 g Kaliumchlorid in 100 cm³ der Lösung enthalten sind, so wäre bei gleicher Koncentration 1 g-Molekel K Cl, nämlich 74,5 g, in 1490 cm³ gelöst. Aus dem Werte für L folgt nun, dass die Leitfähigkeit von 1 cm³ jener Lösung $62,4 \,.\, 10^{-3}$ (denn L bezieht sich auf einen Flüssigkeitsfaden von 1 m Länge und 1 mm² Querschnitt), und also $\lambda = 62,4 \,.\, 1490 \,.\, 10^{-3} = 93$ ist. Befänden sich also in der Zelle 1490 cm³ jener Lösung zwischen zwei Elektroden, die 1490 cm² gross und 1 cm voneinander entfernt sind, so würde sich als Widerstand $^1/_{93}$ Quecksilbereinheit ergeben. Man schreibt für die molekulare Leitfähigkeit einer Kaliumchloridlösung, die in 1,49 Litern 1 g-Molekel Salz enthält, $\lambda_{1,49} = 93$. Bedeutet allgemein V die

Anzahl Liter, in welchen 1 g-Molekel des Elektrolyten vorhanden ist, so ist

$$\lambda_V = L \,.\, V \,.\, 10^7.$$

Nach den Untersuchungen von KOHLRAUSCH haben sich nun für Kaliumchloridlösungen verschiedener Koncentration bei 18⁰ ergeben:

Tab. V.

74,5 g KCl auf:	s	L	λ
0,33 Liter	$0{,}00399 \,.\, 10^7$	$250{,}000 \,.\, 10^{-7}$	82,7
1 „	$0{,}01088 \,.\, 10^7$	$91{,}900 \,.\, 10^{-7}$	91,9
2 „	$0{,}02087 \,.\, 10^7$	$47{,}900 \,.\, 10^{-7}$	95,8
10 „	$0{,}09360 \,.\, 10^7$	$10{,}500 \,.\, 10^{-7}$	104,7
100 „	$0{,}87184 \,.\, 10^7$	$1{,}150 \,.\, 10^{-7}$	114,7
1000 „	$8{,}38223 \,.\, 10^7$	$0{,}119 \,.\, 10^{-7}$	119,8

Aus diesen Zahlen ersieht man, dass die specifische Leitfähigkeit eines Elektrolyten mit Abnahme der Koncentration abnimmt, aber nicht so schnell als diese, denn z. B. L_{10} ist grösser als der zehnte Teil von L_1. Ergänzt man daher den 10. Teil eines Flüssigkeitsfadens durch Hinzufügung von reinem Wasser auf die ganze Länge des Fadens, so wird die Leitfähigkeit nach der Verdünnung nicht auf 0,10, sondern etwa nur auf 0,11 des vorherigen Wertes vermindert; oder löst man dieselbe Menge KCl das eine Mal in 1 Liter, das andere Mal in 10 Litern Wasser und bringt die erste Lösung zwischen 1000 cm^2 grossen, die zweite zwischen 10000 cm^2 grossen und 1 cm von einander entfernten Elektroden, so ist die Leitfähigkeit im letzteren Fall grösser. Infolge zunehmender Verdünnung wird also eine Lösung derartig verändert, dass sie den Strom besser leitet, als man erwarten sollte. Es hat sich, im Sinne der im nächsten Kapitel zu erörternden Theorie von ARRHENIUS, die relative Zahl der aktiven Molekeln vermehrt. Dieselbe Erscheinung kommt für die sämtlichen obigen Werte von λ zum Ausdruck. Aus diesen ergiebt sich also der Satz: Die molekulare Leitfähigkeit eines Elektrolyten wächst mit der Verdünnung und erreicht bei einer bestimmten Grenze das Maximum λ_∞.

§ 3. Das Kohlrauschsche Gesetz der unabhängigen Wanderungsgeschwindigkeiten der Ionen.

Indem Kohlrausch die Differenzen der bei starken Verdünnungen gefundenen Werte von λ einerseits für zwei Elektrolyte mit einem gemeinsamen Anion und verschiedenen Kationen, andrerseits für zwei Elektrolyte mit einem anderen gemeinsamen Anion und denselben verschiedenen Kationen berechnete, fand er diese Werte, wie ein unten folgendes Beispiel ergeben wird, nahezu konstant. Er schloss daraus, dass der Wert λ_∞ eines Elektrolyten sich additiv aus zwei Konstanten zusammensetze, die nichts anderes bedeuten können als die Wanderungsgeschwindigkeiten u und v der Ionen. Unter dieser Voraussetzung stellte er die Gleichung auf

$$\lambda_\infty = u + v.$$

Die Berechnung der Grössen u und v ist aber nunmehr leicht ausführbar. Da $u : v = (1 - n) : n$ ist, wo n die Hittorfsche Überführungszahl des Anions bedeutet, so ist $u = (1 - n)\lambda_\infty$ und $v = n\lambda_\infty$. Für Kaliumchlorid z. B. ist bei 25° $\lambda_\infty = u + v = 140$, $u : v = 0{,}491 : 0{,}509$, folglich $u_K = 68{,}6$ und $v_{Cl} = 71{,}4$.

In der Tabelle VI (s. S. 62) sind unter I einige Elektrolyte, unter II die (meistens von Hittorf herrührenden) Überführungszahlen der Kationen, unter III die von Kohlrausch für die Temperatur von 18° ermittelten Werte λ_∞ und unter IV und V die berechneten Werte von u und v verzeichnet.

Bildet man in der oben angegebenen Weise die Differenzen der λ_∞-Werte, z. B.

$$\left.\begin{array}{l}\lambda_{KCl} - \lambda_{NaCl} = 19\\ \lambda_{KOH} - \lambda_{NaOH} = 20\end{array}\right\} \text{ und } \left.\begin{array}{l}\lambda_{KNO_3} - \lambda_{AgNO_3} = 12\\ \lambda_{KClO_3} - \lambda_{AgClO_3} = 14\end{array}\right\},$$

so ergeben je zwei Differenzen nahezu konstante Zahlen, und daraus folgt, dass nicht allein jedem Anion, sondern auch jedem Kation eine (nur noch von der Temperatur abhängige) Konstante v bezw. u zukommen muss, welche die Wanderungs-

Tab. VI.

I. Elektrolyt	II. 1—n	III. λ_∞ bei 18⁰	IV. u bei 18⁰	V. v bei 18⁰
KCl	0,491	122	K— 59,9	Cl— 62,1
KNO_3	0,513	121	K— 62,0	NO_3— 58,9
$KClO_3$	0,546	115	K— 62,8	ClO_3— 52,2
K_2SO_4	0,501	256	K— 64,0	$\frac{1}{2}SO_4$— 63,8
KOH	0,260	220	K— 57,2	OH—162,8
NaCl	0,376	103	Na— 38,7	Cl— 64,3
$NaNO_3$	0,387	98	Na— 37,9	NO_3— 60,1
NaOH	0,160	200	Na— 32,0	OH—168,0
$AgNO_3$	0,474	109	Ag— 51,7	NO_3— 57,3
$AgClO_3$	0,499	101	Ag— 50,4	ClO_3— 50,7
$MgSO_4$	0,251	216	$\frac{1}{2}$Mg— 27,1	$\frac{1}{2}SO_4$— 80,9
$ZnSO_4$	0,240	216	$\frac{1}{2}$Zn— 26,0	$\frac{1}{2}SO_4$— 82,0
$CuSO_4$	0,356	220	$\frac{1}{2}$Cu— 39,1	$\frac{1}{2}SO_4$— 71,0
HCl	0,837	350	H—293,0	Cl— 58,0
H_2SO_4	0,794	740	H—293,0	$\frac{1}{2}SO_4$— 76,2

geschwindigkeit des Ions bezeichnet. Wenn aber diese additive Eigenschaft der molekularen Leitfähigkeit wirklich zurecht besteht, so muss ferner das für einen Elektrolyten empirisch ermittelte λ_∞ übereinstimmen mit der Summe der Mittelwerte von u und v, welche aus den empirischen Daten von n und λ_∞ anderer Elektrolyte berechnet sind. Diese Mittelwerte sind nach der Tabelle VI folgende:

bei 18⁰:

	H	K	Na	Ag	$\frac{1}{2}$Mg	$\frac{1}{2}$Zn	$\frac{1}{2}$Cu
u =	293	60,7	38,3	51,0	27,1	26,0	39,1

	OH	Cl	ClO_3	NO_3	$\frac{1}{2}SO_4$
v =	165	63,2	51,4	58,8	74,7.

Ostwald nimmt nachstehende Werte an:

bei 25⁰:

	H	K	Na	Ag
u =	325	70,6	49,2	59,1

		Cl	ClO_3	NO_3
v =		70,2	58,1	65,1.

Die Bedeutung dieser Zahlen für die Berechnung von λ_∞ ist aus der folgenden Tabelle VII ersichtlich.

Tab. VII.

Elektrolyt	λ_∞ bei 18°		λ_∞ bei 25°	
	$= u + v$	beobachtet	$= u + v$	beobachtet
KCl	123,9	122,0	140,8	140,0
NaCl	101,5	103,0	119,4	120,0
$AgNO_3$	109,8	109,0	124,2	124,2

Sehr gut fügen sich dem KOHLRAUSCHschen Gesetz schon bei mittleren Koncentrationen die aus zwei einwertigen Ionen bestehenden Neutralsalze, sowie einige starke einsäurige Basen und einbasische Säuren. Für die Elektrolyte mit mehrwertigen Ionen und namentlich für die organischen Säuren und Basen erwies sich die experimentell gefundene molekulare Leitfähigkeit selbst bei starken Verdünnungen kleiner, als jenem Gesetz entspricht, und OSTWALD drückte daher das Gesetz durch die allgemeinere Formel

$$\lambda = \alpha (u + v)$$

aus, in welcher α den Wert eines echten Bruches hat. Immerhin zeigte sich an dem (freilich noch sehr dürftigen) Beobachtungsmaterial, dass diese Abweichungen um so geringer werden, je verdünnter die bei der Messung verwendeten Lösungen sind, und dass sich α bei unendlich grosser Verdünnung schliesslich der Einheit nähert. So sind z. B. bei 14° für Essigsäurelösungen die Werte von α 0,018 und 0,205, wenn auf 1 g-Mol. CH_3COOH 18 bezw. 3010 Liter Wasser kommen. Nun darf aber der Verdünnungsgrad für die Praxis der Messung eine gewisse Grenze nicht überschreiten. In solchen Fällen hat man den Wert von u mit Hilfe des Wertes von λ_∞, wie er sich aus dem Chlorid oder Nitrat des betreffenden Kations sicher feststellen lässt, und den Wert v mit Hilfe des aus einem Kalium- oder Natriumsalz des fraglichen Anions leicht bestimmbaren Wertes von λ_∞ zu ermitteln. Durch Addition von u und v ergiebt sich dann das λ_∞ des fraglichen Elektrolyten, und aus diesem Wert und dem experimentell gefundenen λ kann man α feststellen. Ein Beispiel wird dies erläutern. SCHALLER[1]) beobachtete bei 25⁰ für eine Benzoësäurelösung (1 g Mol. auf 1024 Liter Lösungsmittel) $\lambda = 80{,}02$ und für die stark verdünnten Lösungen des benzoësauren Natriums $\lambda_\infty = 75{,}57$. Setzt man nun $u_{Na} = 49{,}2$, so beträgt das v des Benzoësäureanions $75{,}57 - 49{,}2 = 26{,}37$, und da $u_H = 325$ ist, so ist für die Benzoësäure $\lambda_\infty = 325 + 26{,}37 = 351{,}37$. Nun ist aber nach der OSTWALDschen Formel $80{,}02 = \alpha(325 + 26{,}37)$, also $\alpha = 0{,}226$.

§ 4. Einfluss der Temperatur auf die Leitfähigkeit der Elektrolyte.

Die Erhöhung der Temperatur vermehrt die Leitfähigkeit der Elektrolyte, wie aus der Tabelle VII zu ersehen ist. Indessen ist ein allgemein giltiges Gesetz, welches die Beziehung beider Grössen zum Ausdruck bringt, noch nicht bekannt. Man beschränkt sich daher auf die Interpolationsformel

$$\lambda_{t^0} = \lambda_{0^0} + a t + b t^2,$$

in welcher die Konstanten a und b für jeden Elektrolyten und jede Koncentration desselben besonders zu ermitteln sind. Hierzu sind ausser dem Wert λ_{0^0} noch zwei Werte von λ bei verschiedenen Temperaturen experimentell zu bestimmen. Für $^1/_{1000}$ Normal-Salzsäure ist nach EULER[2]) $\lambda_{0^0} = 241{,}60$, $\lambda_{25^0} = 384{,}73$ und $\lambda_{50^0} = 518{,}10$. Demnach gelten die Gleichungen

$$384{,}73 = 241{,}60 + a \cdot 25 + b \cdot 25^2 \text{ und}$$
$$518{,}10 = 241{,}60 + a \cdot 50 + b \cdot 50^2,$$

woraus sich $a = +5{,}92$ und $b = -0{,}0078$ berechnet. Die Interpolationsformel für $^1/_{1000}$ n. Salzsäure lautet also:

$$\lambda_{t^0} = 241{,}60 + 5{,}92 \cdot t - 0{,}0078\, t^2.$$

Bei 30^0 muss also $\lambda = 241{,}60 + 5{,}92 \cdot 30 - 0{,}0078 \cdot 900 = 412{,}18$ sein, und thatsächlich fand EULER einen ähnlichen

[1]) Ztschr. f. physikal. Chem. 25, 497—525. 1898.
[2]) Ztschr. f. physikal. Chem. 21, 263. 1896.

Wert, nämlich 412,55. Wo es auf grosse Genauigkeit nicht ankommt, kann man die Zunahme der Leitfähigkeit verschiedener verdünnter Lösungen pro Temperaturgrad zu 2,5 % ansetzen.

Bei fortschreitender Abkühlung muss sich die Leitfähigkeit der Elektrolyte immer mehr verringern, so dass anzunehmen ist, dass sich beim absoluten Nullpunkt alle Elektrolyte als Nichtleiter erweisen würden.

Es besteht somit in Hinsicht auf den Einfluss der Temperatur zwischen elektrolytischer und metallischer Leitung ein direkter Gegensatz.

§ 5. Versuche zur Demonstration der Wanderungsgeschwindigkeiten der Ionen.

Um die theoretischen Erörterungen dieses Kapitels einigermassen anschaulich zu machen, mögen folgende Versuche dienen. Als Zersetzungszelle für den ersten Versuch verwende man ein mit Platinelektroden versehenes **U**-Rohr (Fig. 15) und leite einen Strom unter Einschaltung eines weniger empfindlichen, mit vertikaler Nadel versehenen Galvanoskops durch die äquimolekularen Lösungen zweier Natriumsalze, deren Anionen möglichst verschiedene Wanderungsgeschwindigkeiten haben, und zwar zunächst durch eine Lösung von Natriumacetat 81 : 100 ($v_{C_2H_3O_2} = 38{,}4$), hierauf unter Benutzung des nämlichen **U** Rohres durch eine Lösung von Kochsalz 36 : 100 ($v_{Cl} = 62$). Im letzteren Fall zeigt die Nadel einen ungefähr dreimal so grossen Ausschlag, was wesentlich durch die grössere Wanderungsgeschwindigkeit des Chlorions gegenüber derjenigen des Anions $C_2H_3O_2$ bedingt ist.

Durch den zweiten Versuch lässt sich das Verhältnis der Ionengeschwindigkeiten objektiv darstellen. Fig. 23 zeigt im Princip die Anordnung von Lodge,[1]) dessen zahlreichen Versuchen zur direkten Ermittlung der Wanderungsgeschwindigkeiten der Ionen der folgende mit einigen Abänderungen nachgebildet ist. Ein 8 mm weites, 40 cm langes Glasrohr *r* wird mittels eines Diamanten mit einer Centimeterteilung versehen

[1]) Rep. of the Brit. Assoc. 1887, S. 389. Vergl. auch W. C. Dampier Whetham, Phil. Trans. 186, 507—522. 1895.

und 1,5 cm vor jedem Ende rechtwinklig umgebogen. Ferner erhitze man über einem Wasserbad 140 g Wasser mit 10 g reiner Gelatine, bis sich letztere eben gelöst hat, und füge 7 g Kochsalz und einige Tropfen der roten, schwach alkalischen Phenolphtaleïnlösung hinzu, so dass die Flüssigkeit deutlich rosa gefärbt ist. Letztere wird warm durch Fliesspapier filtriert und in die Röhre *r* gegossen, worin sie bald erstarrt. Hierauf wird das eine Ende der Röhre *r* durch die eine Durchbohrung eines Pfropfens gesteckt, dessen beide andere Durchbohrungen den Hahntrichter *t* und das massive Glasstäbchen *s* tragen. Dieser Pfropfen schliesst das obere

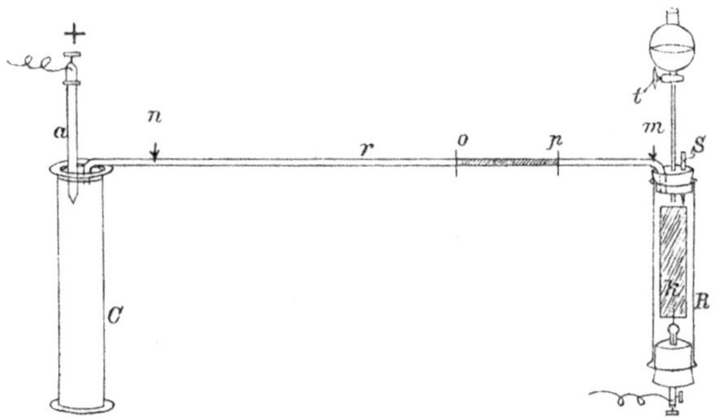

Fig. 23.

Ende der Röhre *R*. Im unteren Ende derselben ist mittels eines Pfropfens das zur Kathode bestimmte Platinblech *k* befestigt. Mit Hilfe des Trichters *t* und des Stäbchens *s* gelingt es leicht, die Röhre *R* unter gänzlicher Verdrängung der Luft mit einer Lösung von Kupferchlorid 1 : 10 zu füllen und luftdicht abzuschliessen. Ohne diese Massregel würde die Gelatine unter der Einwirkung des Stromes aus *r* teilweise herausgedrängt werden. Das andere Ende der Röhre *r* wird in einen mit verdünnter Salzsäure gefüllten Cylinder *C*, in welchem sich die aus Gaskohle bestehende Anode *a* befindet, eingesenkt. Die ganze Anordnung hat nun den Zweck, zu zeigen, dass während des Stromdurchgangs der Wasserstoff von *C* aus, und das Chlor von *R* aus in der Röhre *r* vordringt, was sich durch die Entfärbung der Gelatine zu erkennen giebt. Indessen muss man, bevor man die Pole anlegt, den Apparat mindestens 25 Stunden sich selbst überlassen. Denn schon der Vorgang der Diffusion der beiden Flüssigkeiten in die Gelatine bewirkt, dass sich letztere von den Enden her entfärbt, und zwar wird das in der Gelatine enthaltene Alkali durch die Salzsäure direkt neutralisiert, während es auf das vordringende Kupferchlorid nach der Gleichung $CuCl_2 + 2 NaOH = CuO_2H_2 + 2 NaCl$ reagiert, so dass anstatt der Rotfärbung die schwach blaue Trübung des Kupferhydroxyds auftritt. Nun rückt bei 20°

in der Zeit von	1 Stunde,	4 Stunden,	25 Stunden,	36 Stunden
die Salzsäure um	1 cm,	2 cm	5 cm	6 cm
die Kupferchloridlösung um	0,5 cm	1,0 cm	2,5 cm	3,0 cm

vor. Es entspricht dieser Vorgang dem Gesetz von STEFAN: $h = a\sqrt{t}$, wenn h den Weg, um welchen die diffundierende Flüssigkeit vorrückt, a eine Konstante und t die Stundenzahl bedeutet. Für die verdünnte Salzsäure würde $a = 1$, für die Kupferchloridlösung $a = {}^1/_2$ sein. Nach 25 Stunden, nach welcher Zeit noch die Strecke *mn* rot ist, schliesse man an die Elektroden 10 Akkumulatoren an. Die Entfärbung schreitet jetzt ungleich schneller vor. Während an *a* und *k* die Chlor- bezw. Kupferionen entionisiert werden und so dem Strom den Durchgang durch den Apparat ermöglichen, wandern unter Entfärbung der Gelatine von *a* nach *k* die Wasserstoffionen der Chlorwasserstoffsäure und von *k* nach *a* die Chlorionen des Kupferchlorids, nämlich in je 2 Stunden erstere um 3 cm, letztere um 0,5 cm. Nach 10 Stunden ist nur noch die Strecke *op* rot gefärbt. Von der Anode her nimmt also in dieser Zeit die Entfärbung um 18,8 cm, von der Kathode her um 3,7 cm zu, und zwar erscheint die Strecke *mp* nicht bläulich getrübt, sondern ebenso farblos wie die Strecke *no*. Zwischen den Teilstrichen 31 und 32 würde die rote Zone schliesslich ganz verschwinden. Die durch den Strom herbeigeführte Entfärbung beruht darauf, dass die von der Anode kommenden H-ionen mit dem Hydroxyl der in der Gelatine vorhandenen Base Wasser bilden, und sich die überschüssigen Natriumatome mit den vom Kathodenende anrückenden Cl-ionen zu neutralem Salz verbinden. Somit wird in dem Masse, als die Ionen wandern, beiderseits das Alkali dem Phenolphtaleïn entzogen, und infolgedessen die Gelatine entfärbt. Subtrahiert man von 18,8 und 3,7 cm die Strecken 0,9 bezw. 0,4 cm, um welche die Entfärbung während der Dauer des Stromdurchgangs durch die Diffusion allein zugenommen hätte, so restieren die Strecken 17,9 und 3,3 cm. Diese aber geben das Verhältnis der Geschwindigkeiten an, in denen die Ionen H und Cl durch die Einwirkung des Stromes wandern. Der Versuch lehrt also, dass das H-ion ungefähr fünfmal so schnell nach der Kathode vorrückt, als das Cl-ion nach der Anode. Dass nun in wässrigen Lösungen der Befund derselbe ist als in der steifen Gelatine, ist nach GRAHAMS Untersuchungen sicher anzunehmen, nach denen die Diffusion eines Salzes in einer Gallertmasse mit kaum geringerer Geschwindigkeit erfolgt als in reinem Wasser.

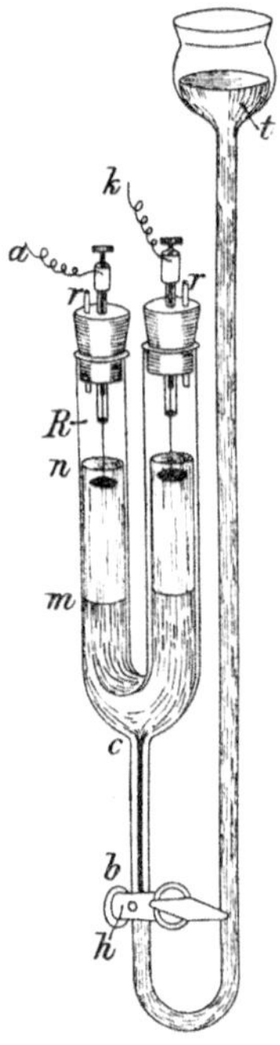

Fig. 24.

Endlich ist noch ein sehr instruktiver und leicht anzustellender Versuch vorzuführen, durch welchen NERNST[1]) die Wanderungsgeschwindigkeit der violett gefärbten MnO_4-ionen demonstriert. Dem kleinen, mit Millimeterskala versehenen U-Rohr *R* (Fig. 24), dessen Schenkel 8 cm lang und 12 mm weit sind, ist die 4 cm lange und 1 mm weite Thermometerröhre *cb* angeschmolzen. An *b* schliessen sich der Hahn *h* und das mit einem Trichter versehene Steigrohr *t* an. Die Platinelektroden *a* und *k* sind in Pfropfen befestigt, die für den Austritt der Gase aus *R* noch je ein beiderseits offenes Röhrchen *r* tragen und den Schenkeln des Rohres *R* aufzusetzen sind. Durch den Trichter giesse man eine 0,003n-Kaliumpermanganatlösung, welcher man, um sie dickflüssiger zu machen, vor dem Gebrauch auf je 100 cm^3 5 g Harnstoff zuzufügen hat, öffne kurze Zeit den Hahn *h*, damit die Per-

[1]) Ztschr. für Elektrochemie 3, 308. 1897.

manganatlösung bis *c* aufsteigt, fülle in das Rohr *R* bis zum Niveau *m* eine 0,003 n Kaliumnitratlösung und lasse endlich durch langsames Öffnen des Hahnes *h* die Permanganatlösung in das Rohr *R* vordringen, bis sie das Niveau *m* erreicht und die Kaliumnitratlösung bis *n* gehoben hat. Die Trennungslinie beider Flüssigkeiten ist eine so scharfe, dass sie sich leicht bis auf $^1/_2$ mm ablesen lässt. Man lege nun an *a* und *k* eine Batterie von 18 Akkumulatoren an. Infolgedessen steigt das Niveau der Permanganatlösung im Anodenschenkel pro Min. um 1 mm und fällt um eben so viel im Kathodenschenkel, so dass bereits nach 5 Min. der deutlich erkennbare Niveauunterschied von 10 mm zu bemerken ist. Da die Elektroden 11 cm von einander entfernt sind, so kommt im vorliegenden Fall auf die Flüssigkeitsstrecke von 1 cm ein Spannungsabfall von $^{36}/_{11}$ Volt.[1]) Unter dem Einfluss des letzteren wandern die MnO_4-ionen $^1/_{600}$ cm pro Sek., also würden sie, wenn der Spannungsabfall pro cm 1 Volt betrüge,

$$\frac{11}{600 \, . \, 36} = 0{,}00051 \text{ cm pro Sek.}$$

zur Anode vorwärts dringen.

§ 6. Die absoluten Wanderungsgeschwindigkeiten der Ionen.

Die im § 3 dieses Kapitels für u und v angegebenen Zahlen sind, wie auch die Atomgewichte der chemischen Elemente, relative Grössen. Die absoluten Werte derselben U und V, die man nach den eben erläuterten Versuchen annähernd direkt messen kann, und die in cm/sek. die Geschwindigkeiten der Ionen bedeuten, wenn die Potentialdifferenz an den Grenzflächen eines Centimeters der Strombahn 1 Volt beträgt, werden nach BUDDE und KOHLRAUSCH[2]) durch Multiplikation der Werte u und v mit $110 \, . \, 10^{-7}$ berechnet. Bei 18^0 ist also:

---

[1]) Die elektromotorische Kraft von 18 Akkumulatoren ist rund 36 Volt.

[2]) Wied. Anm. 50, 403.

U_H	= 0,00352	cm	V_{NO_3}	= 0,00063	cm
U_K	= 0,00066	„	V_{Cl}	= 0,00069	„
U_{Na}	= 0,00045	„	V_{ClO_3}	= 0,00057	„
U_{Ag}	= 0,00057	„	V_{OH}	= 0,00181	„

Für mehrwertige Ionen lassen sich, wie bereits bemerkt ist, die Wanderungsgeschwindigkeiten bis jetzt nicht mit gehöriger Sicherheit feststellen.

---

5. Kapitel.

Die Dissociationstheorie von Arrhenius.

§ 1. Die elektrolytische Dissociation der Ionen.

Nach der Ansicht Hittorfs (S. 25) sind die Ionen der Elektrolyte in wässrigen Lösungen identisch mit denjenigen Stoffteilchen, die sich auch bei den chemischen Reaktionen der gelösten Substanzen einander austauschen. Deutete schon diese durch die Thatsachen genügend gestützte Theorie darauf hin, dass zwischen den Ionen in der Lösung nur ein lockerer Zusammenhang bestehen könnte, so führte das Gesetz der unabhängigen Wanderungsgeschwindigkeiten der Ionen noch einen Schritt weiter. Da sich hiernach jedes Ion unter der Einwirkung des galvanischen Stromes bei bestimmter Temperatur mit einer ihm eigentümlichen, nur durch seine chemische Natur bedingten Geschwindigkeit bewegt, also letztere keineswegs von dem Charakter der anderen entgegengesetzten Ionenart beeinflusst wird, so durfte Svante Arrhenius (im Jahre 1887) die Behauptung offen aussprechen, **dass die Molekeln eines Elektrolyten in der Lösung gar nicht als solche vorhanden, sondern bereits in ihre Ionen gespalten sind.** Die Möglichkeit aber, dass die Ionen die ihnen nach der Helmholtzschen Theorie (S. 48) zukommenden entgegengesetzt elektrischen Ladungen in der Lösung beibehalten, ergiebt sich aus der Erwägung, dass ihre Anzahl gegenüber derjenigen der zwischen ihnen liegenden Wassermolekeln gering ist, so dass letztere als Isolationsmittel wirken, und zwar um so mehr, je mehr die Wassermenge die Menge des Elektrolyten überwiegt. Befinden sich bei gehöriger Verdünnung mehrere Elektrolyte in der Lösung, wie es z. B. in den natürlichen Wässern der Fall ist, so stehen die verschiedenen Kationen und Anionen in keiner weiteren Beziehung zu einander, als dass die Gesamtheit der positiven Ladungen gleich der der negativen sein muss, und es ist daher der Analytiker nicht berechtigt, in dem Ergebnis seiner Analyse solcher Lösungen bestimmte Säuren und Basen als aneinander gebunden anzusehen.

§ 2. Mechanik der Stromleitung in elektrolytischen Lösungen.

Während sich für gewöhnlich die Ionen in dem Lösungsmittel regellos hin- und herbewegen, schlagen sie nach Arrhenius, falls zwischen den eingesenkten Elektroden eine Potentialdifferenz besteht, bestimmte Bahnen ein, das Kation nach der Kathode, das Anion nach der Anode, und beschleunigen ihre Bewegungen.

Die erste Arbeit, welche der elektrolysierende Strom auszuführen hat, besteht also darin, dass er die Reibungswiderstände, welche die Ionen an den ihnen im Wege stehenden Wassermolekeln erfahren, überwinden muss. Diese Widerstände sind nach der Natur der Ionen verschieden gross und für die einzelnen Ionen ebenso charakteristische Grössen als die Wanderungsgeschwindigkeiten, deren Wert sie wesentlich bestimmen. Je grösser sie sind, um so geringer ist die Beweglichkeit der Ionen. Nach Kohlrausch[1]) sind die Reibungen der Ionen sehr beträchtlich. Damit 1 g-Ion in verdünnter Lösung mit der Geschwindigkeit 1 cm/sec fortbewegt wird, bedarf es, wenn A das Äquivalentgewicht des Ions ist, einer Zugkraft von $984000/(A \,.\, U)$ bezw. $984000/(A \,.\, V)$ kg-Gew. Demnach bedürfen 39,1 g Kaliumionen einer Kraft von $984000/(39{,}1 \,.\, 0{,}00066) = 38 \,.\, 10^6$ kg-Gew. Diese zum Trans-

[1]) Wied Ann., 50. 407.

port der Ionen verbrauchte, sehr bedeutende Arbeit, die einen wesentlichen Teil der zugefügten Stromenergie absorbiert, geht in Joule-Wärme über, ebenso wie in einem metallischen Leiter, je nach dem specifischen Widerstand desselben, ein Teil der Stromenergie in Wärme verwandelt wird.

An den Elektroden aber hat der Strom, falls er dauernd den Elektrolyten passieren soll, eine zweite Arbeit zu leisten, sei es, dass er die angezogenen Ionen neutralisiert, also im unelektrischen Zustand abscheidet, indem er die ihnen mit einer gewissen Intensität[1]) anhaftende Ladungsmenge entzieht, sei es, dass er (wofür im I. Abschn. 1. Kapitel mehrere Beispiele gebracht wurden) aus dem Material der Elektroden oder des Wassers neue Ionen bildet, und zwar für die ankommenden Kationen neue Anionen, für die ankommenden Anionen neue Kationen.

Demgemäss ist die Stromleitung einer elektrolytischen Lösung durch das Vorhandensein freier Ionen bedingt, während etwa anwesende, noch nicht dissociierte Molekeln sich an der Leitung überhaupt nicht beteiligen.

§ 3. Der Dissociationskoëfficient und das Verdünnungsgesetz.

Jener Faktor α giebt an, welcher Bruchteil des theoretischen Wertes λ_∞ der gefundene Wert λ ist. Nach der Dissociationstheorie erhält aber α eine bestimmtere Bedeutung. Wenn nur die freien Ionen die Stromleitung ermöglichen, so bezeichnet α denjenigen Bruchteil der Molekeln des Elektrolyten, welche die Dissociation erlitten haben, und heisst daher der Dissociationskoëfficient oder Ionisationskoëfficient. Sind z. B. in 1 Liter Wasser 100 g-Molekeln des Elektrolyten gelöst, und sind 80 g-Molekeln dissociiert, so ist $\alpha = 0{,}80$. Die merkwürdige Thatsache nun, dass bei zunehmender Verdünnung die Grösse λ wächst, d. h. die auf die gleiche Gewichtsmenge des Elektrolyten bezogene Leitfähigkeit zunimmt, erklärt sich nach Arrhenius daraus, dass

[1]) Näheres im III. Abschnitt, 6. Kapitel.

bei fortgesetztem Zusatz des Lösungsmittels eine weitere Dissociation der Molekeln, mithin eine Vermehrung der die Elektricität transportierenden Ionen erfolgt, oder dass, wie ARRHENIUS sich ausdrückt, eine grössere Anzahl der Molekeln aktiv wird. Sind schliesslich von einer bestimmten Verdünnung an alle Molekeln dissociiert, so hat die Leitfähigkeit, die nunmehr als λ_∞ bezeichnet wird, ihr Maximum erreicht. Für diesen Fall ist $\alpha = 1$. Aus den Gleichungen $\lambda = \alpha (u + v)$ und $\lambda_\infty = u + v$ berechnet sich

$$\alpha = \lambda / \lambda_\infty .$$

Es hat sich gezeigt, dass schon bei mässigen Verdünnungen der Wert des Dissociationskoëfficienten α für die in einwertige Ionen zerfallenden Salze von dem Maximum nicht weit abweicht. Mit der Zunahme der Valenz der Ionen der Salze wird er, wenn relativ gleiche Koncentrationen der Lösungen vorausgesetzt werden, erheblich geringer. Unter den Säuren ist α am grössten bei der Chlorwasserstoffsäure und Salpetersäure, etwas kleiner bei der Schwefelsäure. Dagegen erreicht die Dissociation der entsprechend koncentrierten Lösungen der Phosphorsäure und der meisten organischen Säuren kaum 10%, und für die Lösungen der Cyanwasserstoffsäure, Kohlensäure und Borsäure geht sie überhaupt nicht über 1% hinaus. Das Phenolphtaleïn, ein weisses Pulver, ist eine zweibasische organische Säure, $C_{20}H_{12}O_2(OH)_2$, die sich im Wasser nur wenig löst und durch dasselbe fast gar nicht dissociiert wird. Tritt nun in der Lösung eine Spur freies Alkali auf, so entsteht das Natriumsalz jener Säure. Dieses aber zerfällt fast vollständig in seine Ionen, und da die Anionen $C_{20}H_{12}O_4$ intensiv rot gefärbt sind, so ist das Phenolphtaleïn ein vorzügliches Mittel, freies Alkali zu erkennen. Von den Basen sind die der Alkalien sehr stark, und die der alkalischen Erden nur wenig schwächer dissociiert. Hingegen ist der α-Wert für die Ammoniaklösungen auffallend gering (für $^1/_{10}$ n-Lösungen ist $\alpha = 0{,}015$), und für die Basen der Schwermetalle ganz verschwindend.

Die Kenntnis der α-Werte und ihrer Beziehung zum Volumen V, d. h. der Anzahl der Liter des Lösungsmittels, in welchen 1 g-Molekel des Elektrolyten gelöst ist, ist aus verschiedenen Gründen von Interesse (s. § 6 dieses Kapitels). Das beide Grössen beherrschende Gesetz ist von OSTWALD für binäre Elektrolyte theoretisch abgeleitet. Da man annehmen muss, dass die beiderlei einwertigen Ionen derselben in der Lösung sich öfter begegnen und wieder von einander trennen, so ist dieser reversible Vorgang durch die Gleichung auszudrücken:

$$C \rightleftarrows K + A,$$

worin *C* die undissociierte Molekel, *K* und *A* das Kation bezw. Anion bezeichnen. Von derartigen Processen besagt nun das Gesetz der Massenwirkung von GULDBERG und WAAGE, dass das Verhältnis des Produktes der in einem Liter enthaltenen Anzahl der Kationen und Anionen c_k und c_a zu der Anzahl c der nichtdissociierten Molekeln für eine bestimmte Temperatur gleich einer Konstanten k ist, welche von der chemischen Zusammensetzung des Elektrolyten abhängt, also

$$\frac{c_k \cdot c_a}{c} = k.$$

Da 1 g-Molekel des Elektrolyten in V Litern Wasser gelöst, und der Bruchteil α dissociiert, also $1-\alpha$ nicht dissociiert ist, so ist

$$c = \frac{1-\alpha}{V} \text{ und } c_k = c_a = \frac{\alpha}{V}.$$

Folglich gelten die Gleichungen

$$\text{a) } \frac{\alpha^2}{(1-\alpha)V} = k \text{ und b) } \frac{\lambda^2}{(\lambda_\infty - \lambda)\lambda_\infty \cdot V} = k.$$

Dieses Verdünnungsgesetz genügt der Thatsache, dass für $V = \infty$ das $\lambda = \lambda_\infty$ und $\alpha = 1$ wird. Die Konstante k ist für jede Substanz aus der Gleichung b) als Mittelwert festzustellen, wenn für verschiedene Werte von V die zugehörigen λ-Werte experimentell ermittelt, und zur Bestimmung von λ_∞ die Grössen u und v bekannt sind. Ein Beispiel wird dies erläutern. Die erforderlichen Daten sind bei 14^0

für drei Essigsäurelösungen, für welche $\lambda_\infty = 316$ ist, in der Tabelle VIII verzeichnet.

Tab. VIII.

V	λ gefunden	k berechnet	$\alpha = \frac{\lambda}{\lambda_\infty}$
18,1	5,63	0,00001786	0,01782
1500,0	46,60	0,00001701	0,14797
3010,0	64,80	0,00001757	0,20506

Die Werte k stimmen befriedigend überein und ergeben den Mittelwert 0,00001750. Mit Hilfe dieser Grösse erhält man aus Gleichung a) für jeden Koncentrationsgrad

$$\alpha = \frac{-kV + \sqrt{k^2 V^2 + 4kV}}{2}.$$

Für $V = 7480$ ist also $\alpha = 0{,}29801$, und aus der Beziehung $\lambda = \alpha . \lambda_\infty$ findet man $\lambda = 94{,}2$, während das Experiment den Wert $\lambda = 95{,}1$ liefert. Die Zahlen der vierten Kolumne der Tabelle VIII bestätigen, dass α mit der Zunahme der Verdünnung wächst.

Das Verdünnungsgesetz von Ostwald hat sich für schwach dissociierte Elektrolyte, namentlich für organische Säuren und Basen, wohl bewährt. Auf die gut leitenden Lösungen ist es nicht anwendbar, und zwar wesentlich deshalb, weil die hier an sich hohen λ-Werte wegen der nicht ausreichenden Sicherheit der Messmethoden nicht scharf genug zu ermitteln sind. Für die binären Salze sowie für die starken binären Säuren und Basen hat van't Hoff[1]) die Gleichung

$$\frac{\lambda^3}{(\lambda_\infty - \lambda)^2 \lambda_\infty . V} = k$$

aufgestellt, welche die Änderungen der molekularen Leitfähigkeit mit der Koncentration befriedigend wiedergiebt.

[1]) Vorlesungen über theoretische und physikalische Chemie. 1. Heft. 118. 1898.

Doch beruht sie nur auf empirischer Grundlage, und daher ist es ratsam, die α-Werte für diese Fälle nach einer anderen Methode zu bestimmen, welche im II. Abschnitt 5. Kapitel erörtert werden wird.

Der Dissociationsgrad des reinen Wassers ist ein sehr geringer. Denn das von KOHLRAUSCH und HEYDWEILLER im Vakuum destillierte Wasser zeigt bei 18^0 einen specifischen Widerstand von $24{,}75 \,.\, 10^{10}$ Quecksilbereinheiten.[1]) Eine Säule solchen Wassers von 1 mm Höhe würde dem Strom einen noch etwas grösseren Widerstand entgegensetzen als eine gleich dicke, dreihundertmal um den Erdäquator geführte Kupferdrahtleitung. Die molekulare Leitfähigkeit von einem Liter jenes Wassers würde $0{,}404 \,.\, 10^{-4}$ sein, und da $u_H = 290$ und $v_{OH} = 165$ gesetzt wird, so würde die Dissociation desselben so gering sein, dass 1 g H-ionen und 17 g OH-ionen erst in $12^1/_2$ Millionen Litern enthalten wären. Solches Wasser kann daher als Nichtleiter angesehen werden, und man darf annehmen, dass das Wasser an der Elektrolyse der Lösungen primär wenig Anteil nimmt. Der Umstand, dass das sorgfältig destillierte Wasser nicht vollkommen isoliert, ist nach WARBURG[2]) zufolge genauerer Beobachtungen des Vorgangs der Elektrolyse auf das Vorhandensein minimaler elektrolytischer Beimengungen zurückzuführen, die sehr schwer zu beseitigen sind. Auf dieselbe Weise findet auch das geringe Leitungsvermögen mit allen Vorsichtsmassregeln gereinigter organischer Verbindungen, wie Anilin, Xylol, Terpentinöl etc. seine Erklärung. WARBURG empfiehlt übrigens, derartige Verunreinigungen durch Elektrolyse zu entfernen und so die Substanzen elektrisch zu reinigen.

Ferner sei darauf hingewiesen, dass man mittels der KOHLRAUSCHschen Methode der Widerstandsmessung mit Erfolg versucht hat, die minimalen Mengen anorganischer Substanz im Zucker quantitativ festzustellen.

§ 3. Das Dissociierungsvermögen der Lösungsmittel.

Den beiden Thatsachen gegenüber, dass weder die blossen Elektrolyte noch das reine Wasser den elektrischen Strom

[1]) Sitzungsber. d. K. preuss. Akad., physik.-math. Kl., 295. 1894.
[2]) Wied. Ann. 396. 1895.

merklich leiten, muss es im höchsten Grade auffällig erscheinen, dass sich die wässrigen Lösungen der Elektrolyte als Leiter verhalten. Demnach haftet an dem Wasser das Vermögen, die Molekeln des Elektrolyten in die Ionen zu spalten. Es ist gleichsam das Medium, in welchem die Ionen fähig sind, elektrische Ladungen anzunehmen und mit einer gewissen Intensität festzuhalten.

Ausser dem Wasser zeigen noch einige andere Flüssigkeiten ein Dissociierungsvermögen. Doch ist ihnen darin das Wasser weit überlegen. Damit eine Jodkaliumlösung den Dissociationsgrad 0,92 erreicht, sind nach CARRARA[1]) pro g-Molekel JK nur 42 Liter Wasser, dagegen 436 Liter Methylalkohol oder 512 Liter Aceton erforderlich.

Die Messungen der Diëlektricitätskonstanten organischer Flüssigkeiten haben nun, worauf NERNST hinwies, das merkwürdige Resultat ergeben, dass zwischen diesen Grössen und dem Dissociierungsvermögen ein gewisser Parallelismus besteht. Bekanntlich ist die Diëlektricitätskonstante D gleich dem Quadrat des elektrischen Brechungsexponenten, d. h. des Verhältnisses der Wellenlängen, mit denen sich die von einem Erreger erzeugten elektrischen Wellen an einem metallischen Leiter einerseits in der Luft, andrerseits in der betreffenden Flüssigkeit fortpflanzen. Wenn also bei einer bestimmten Versuchsanordnung die elektrischen Wellen an der Luft 36 cm lang sind, so haben sie im Wasser nur die Länge von 4 cm, so dass für das Wasser $D = (36/4)^2 = 81$ ist. Diese D-Werte sind bei gewöhnlicher Temperatur

für Ameisensäure,	Methylalkohol,	Aceton,
58,5	33,2	20,7
für Äthylalkohol,	Äthyläther,	Chloroform
23,0	4,4	4,9.

Da die Anziehung zweier entgegengesetzt geladener Ionen offenbar um so geringer ist, je höher die D-Werte des Lösungsmittels sind, so ist es erklärlich, wieso im Wasser den Ionen eine höhere Existenzfähigkeit zukommt, als in jenen anderen Flüssigkeiten. Freilich dürften nach VAN'T HOFF für das

---

[1]) Gazz. chim. ital. 27, 207—222.

Dissociierungsvermögen ausser der Diëlektricitätskonstanten noch andere Eigenschaften der Lösungsmittel wirksam sein, denn die Reihenfolge, in welcher sich die Elektrolyte nach den α-Werten in dem einen Lösungsmittel ordnen lassen, stimmt mit derjenigen in anderen Lösungsmitteln nicht überein.

Das hohe Dissociierungsvermögen des Wassers lässt sich durch zahlreiche Versuche anschaulich machen. Man sättige Chloroform mit gut getrocknetem Chlorwasserstoffgas, bringe die Lösung in das U-Rohr Fig. 15 und schalte letzteres nebst einem Galvanoskop in einen Stromkreis ein. Die Nadel zeigt nicht den geringsten Ausschlag, selbst wenn die Batterie aus 10 Akkumulatoren besteht. Schüttelt man aber die Lösung mit Wasser, so schlägt die Nadel kräftig aus.

Die Lösung des Ammoniaks in absolutem Alkohol giebt mit Phenolphtaleïn keine Farbenreaktion. Erst auf Zusatz von Wasser wird das Ammoniumsalz des Phenolphtaleïns dissociiert, was an der eintretenden intensiven Rötung zu erkennen ist.[1])

Eine kleine Menge Eosin $(C_{20}H_6Br_4O_5)K_2$ schüttele man mit einem Gemisch von 20 cm^3 Äther und 1 cm^3 Alkohol und filtriere die Flüssigkeit durch bestes schwedisches Filtrierpapier. Das Filtrat ist vollkommen farblos, obwohl es Spuren jenes Kaliumsalzes gelöst enthält. Wird es aber mit 2 cm^3 Wasser geschüttelt, so erscheint letzteres, nachdem es sich am Boden des Gefässes abgesetzt hat, im durchgehenden Lichte rosa gefärbt und zeigt im auffallenden Lichte die prächtige grüne Fluorescenz. Offenbar ist diese Farbenerscheinung auf die durch das Wasser bewirkte Dissociation der salzartigen Substanz des Eosins zurückzuführen. Nach den Untersuchungen von E. Buckingham[2]) sind es thatsächlich die komplicierten Anionen jenes Stoffes, welche die Fluorescenz bewirken, denn diese wird um so stärker, je mehr die Dissociation befördert wird.

Auch am Methylenblau $(C_{16}H_{18}N_3S)Cl$, dem Chlorid eines komplicierten Kations, lässt sich die dissociierende Kraft des Wassers durch eine Farbenerscheinung deutlich demonstrieren.

---

1) Jones and Allen. Americ. chem. J. 18, 337—381. 1896.
2) Ztschr. f. physik. Chem. 14, 129—148, 1894.

Dieses Salz löst sich in dem Äther-Alkoholgemisch ebenfalls nur spurenweise, ohne das Lösungsmittel zu färben. Sobald man aber jene Lösung mit 5 cm^3 Wasser ausschüttelt, wird die Substanz dissociiert. Nunmehr sind die freien Kationen $C_{16}H_{18}N_3S$ vorhanden, und diese erteilen dem Wasser die blaue Farbe, die bei obigen Koncentrationsverhältnissen so intensiv ist wie etwa die einer gesättigten Kupfersulfatlösung.

Methylorange ist eine ziemlich schwache, organische, in Wasser lösliche Säure, deren Dissociation unter deutlich sichtbaren Farbenänderungen sich nach Belieben hervorrufen oder aufheben lässt. Infolge der Dissociation des Methylorange nimmt das Wasser eine intensiv gelbe Farbe an, die dem Anion angehört. Fügt man der Lösung einige Tropfen Essigsäure zu, so wird die Zahl der Wasserstoffionen vermehrt, die der Anionen muss gemäss der Gleichung $c_k \cdot c_a / c = k$ zurücktreten, und daher wird die Dissociation des Methylorange rückgängig gemacht. Die Folge davon ist der sofortige Farbenumschlag der Lösung in Karmoisinrot, nämlich in die Farbe der nicht dissociierten Molekeln des Methylorange. Werden aber nun die von der Dissociation der Essigsäure herrührenden Wasserstoffionen verdrängt, was infolge jener Gleichung durch Zufügung einiger Krystalle von Natriumacetat leicht geschieht, so tritt die Dissociation des Methylorange von neuem hervor, und die Lösung wird wieder gelb.[1]) Ähnliche Erscheinungen wie Methylorange zeigt auch die Violursäure.[2])

§ 4. Mechanik der Dissociation. Energetik der Ionen.

War nach dem vorigen § die Möglichkeit des Nebeneinanderbestehens entgegengesetzt geladener Ionen im Wasser begreiflich gemacht, so drängt sich nunmehr die Frage auf, aus welchen Energiequellen denn die Ladungen der Ionen selbst hervorgehen? Eine definitive Antwort lässt sich hierauf noch nicht geben. Berücksichtigt man aber, dass die Energielehre selbst erst in den ersten Stadien der Ausbildung begriffen ist, und trotzdem ihren Resultaten grosses

---

[1]) F. W. Küster. Ztschr. f. Elektrochemie 4, 105—113. 1898.

[2]) Donnan. Ztschr. f. physik. Chem. 19, 465—488. 1896.

Vertrauen gebührt, so darf man eine befriedigende Lösung jenes Problems für die Zukunft wohl erwarten. Immerhin haben bereits jetzt einerseits die thermochemischen, andrerseits die photochemischen und photoelektrischen Studien die vorliegende Frage mit einigem Erfolg bearbeitet.

Der Vorgang der Lösung eines Elektrolyten im Wasser besteht zunächst in einer Scheidung der Substanz in noch nicht dissociierte Molekeln, worauf dann die Dissociation der letzteren in die Ionen erfolgt. Nach den kalorimetrisch bestimmbaren Wärmeänderungen ist der gesamte Lösungsprocess in der Regel von einer Abkühlung begleitet. So werden bei der Lösung einer Gramm-Molekel Kaliumnitrat im Wasser im ganzen 8500 cal. gebunden, und ein Teil dieser Wärme muss sich auf die Dissociation beziehen. Auf Grund thermodynamischer Erörterungen hat VAN'T HOFF[1]) für die Wärme Q, welche beim Zerfall einer Gramm-Molekel eines Elektrolyten in die Ionen für den zwischen den absoluten Temperaturen T_1 und T_2 liegenden, mittleren Temperaturgrad absorbiert wird, die Gleichung

$$Q = \frac{4,560 (\log \lambda_2 - \log \lambda_1) T_1 T_2}{T_2 - T_1}$$

aufgestellt. Darin bedeuten λ_1 und λ_2 die molekularen Leitfähigkeiten der Lösung von bestimmter Koncentration bei den absoluten Temperaturen T_1 und T_2. Nach KRANNHALS sind für eine Kaliumnitratlösung, die in 32 Litern Wasser 1 g-Mol. = 101 g KNO_3 enthält,

$$\begin{array}{llll} \text{bei} & T_1 = 291,0, & T_2 = 323,3, & T_3 = 355,0, \\ & \lambda_1 = 104,3, & \lambda_2 = 180,5, & \lambda_3 = 255,4. \end{array}$$

Folglich muss die absorbierte Dissociationswärme bei $t = (323,3 + 291,0)/2 - 273 = 34,3^0$

$$Q = \frac{4,560 (\log 180,5 - \log 104,3)\, 291,0 \,.\, 323,3}{323,3 - 291,0} = 3163,6 \text{ cal.},$$

und bei $t = 66^0$ $Q = 2488$ cal. ausmachen.

---

[1]) Siehe O. DAMMER, Handbuch der anorgan. Chemie. I, 308 u. 315. 1892.

In manchen Fällen ist die Dissociationswärme der Elektrolyte, wenn auch nur indirekt, messbar und hat sich dann mit dem theoretischen Wert übereinstimmend erwiesen. Bekanntlich werden bei der Neutralisation von molekularen Mengen starker einbasischer Säuren und Basen stets gleiche Wärmemengen entbunden, eine Erscheinung, welche die Ionentheorie mit Leichtigkeit dadurch erklärt, dass diese Wärmeentwickelung nur die Folge der Vereinigung der Wasserstoffionen der Säure und der Hydroxylionen der Base zu neutralem Wasser ist. Beim Vermischen verdünnter, molekularer Lösungen von Salpetersäure und Natriumhydroxyd werden bei 25^0 13680 cal. frei, und diese Grösse stellt allgemein die auf 1 Valenz bezogene Neutralisationswärme dar, falls der α-Wert der Lösungen nicht weit von 1 abweicht. Bezeichnet man, wie es in der Folge nach OSTWALDS Vorgang immer geschehen soll, die Zahl der positiven Ladungen der Kationen durch Punkte, die der negativen der Anionen durch Striche, so ist also bei 25^0

$$H^{\cdot} + OH' = H_2O + 13680 \text{ cal.},$$

und umgekehrt werden bei der Ionisierung einer Wassermolekel (18 g) 13680 cal. bei 25^0 verbraucht:

$$H_2O = H^{\cdot} + OH' - 13680 \text{ cal.}$$

Wenn aber die zu neutralisierende Säure oder Base schwach dissociiert ist, so muss die Neutralisationswärme einen anderen Wert ergeben, und zwar ist die Differenz dem Vorgang der Ionisierung zuzuschreiben. Die Essigsäure, deren α-Wert in der Normallösung sehr gering ist, entwickelt mit normaler Natronlauge bei 25^0 pro g-Mol. nur 13400 cal. Da nun das entstehende Natriumacetat sich vollständig dissociiert, so hat der Neutralisation erst die Ionisierung der Essigsäure voranzugehen, und für diesen Zerfall einer Gramm-Molekel der Säure in die Ionen werden mithin jene 280 cal. verbraucht. Nach der VAN'T HOFFschen Gleichung berechnet sich diese Dissociationswärme bei 35^0 zu 220 cal., und wenn man erwägt, dass die Dissociationswärme, wie es das Kaliumnitrat zeigte, mit der Zunahme der Temperatur geringer wird, so wird durch dieses Beispiel die VAN'T HOFFsche Gleichung aufs beste bestätigt.

Das Kaliumnitrat und die Essigsäure sind einige von den zahlreichen Fällen, wo die Ionisierung unter Wärmeabsorption stattfindet, also die Ionen der Elektrolyte einen grösseren Energieinhalt haben als im freien Zustand. Indessen tritt eine Wärmeaufnahme bei der Dissociation nicht immer ein. Bei der Phosphorsäure z. B. erfolgt letztere unter der Entbindung von 1820 cal. pro g-Mol.

In aller Kürze möge ferner auseinander gesetzt werden, auf welchem Wege OSTWALD zu der Ionisierungswärme Q der Gramm-Atommengen der Metalle gelangte. Geht ein Strom zwischen Kupferelektroden durch eine Kupfersulfatlösung, so wird an der Anode das Metall gelöst. Hierbei wird pro g-Atom Cu insgesamt die Wärmemenge von 10200 cal. entbunden, welche indirekt aus der Änderung gefunden ist, die der Potentialunterschied zwischen einer Kupferelektrode und einer Kupfersulfatlösung mit der Temperatur erfährt. Für eine gramm-molekulare Kupfersulfatlösung beträgt dieser Potentialunterschied bei gewöhnlicher Temperatur nach den (mittels eines Kapillarelektrometers vorgenommenen) Messungen — 0,6 Volt, wobei das Potential des Metalles $= 0$ gesetzt ist, der Elektrolyt sich also auf einem tieferen Potential befindet. Auf 1 g-Atom Cu würde demnach infolge der Lösung die Energiemenge $E = 2 \,.\, 96\,540 \,.\, 0{,}6$ Volt-Coulomb $= 27\,700$ cal. frei werden. Da aber thatsächlich nur 10200 cal. entbunden werden, so müssen $Q = 17\,500$ cal. während der Ionisierung vom Kupfer aufgenommen sein; mithin ist

$$Cu = Cu^{\cdot\cdot} - 17\,500 \text{ cal.}$$

Nun folgt ferner aus der thermochemischen Gleichung

$$Zn + Cu^{\cdot\cdot}\,SO_4'' = Zn^{\cdot\cdot}\,SO_4'' + Cu + 50\,100 \text{ cal.},$$

dass 50100 cal. frei werden, wenn 1 g-Atom Kupferionen den Ionenzustand aufgeben, und gleichzeitig 1 g-Atom Zn ionisiert wird. Hierbei geben die Kupferionen 17500 cal. ab. Mithin muss 1 g-Atom Zn bei der Ionisierung 50100 — 17500

= 32 600 cal. verlieren, so dass die Ionen $Zn^{..}$ um diese Energiemenge ärmer sind als metallisches Zn:

$$Zn = Zn^{..} + 32\,600 \text{ cal.}$$

Geht man von der Ionisierungswärme des Zinks, die für je eine Valenzmenge + 16 300 cal. beträgt, aus, so lassen sich, entsprechend wie oben, die Ionisierungswärmen der andern Metalle berechnen, wenn man noch die Wärmetönung ermittelt, welche sich bei dem Process der Ausfällung des Metalles aus der wässrigen Lösung eines seiner Salze durch ein anderes Metall geltend macht. Mit Hilfe der im Lehr- und Handbuch der Thermochemie von A. NAUMANN verzeichneten Daten ist die Tabelle IX aufgestellt. Die Zahlen bedeuten diejenigen Wärmemengen, welche beim Übergang einer Valenzmenge eines Gramm-Atoms der Metalle in den Ionenzustand entwickelt (+) oder aufgenommen (—) werden.

Tab. IX.

Metall	Ionisierungswärme ermittelt aus dem			Metall	Ionisierungswärme ermittelt aus dem		
	Chlorid	Nitrat	Sulfat		Chlorid	Nitrat	Sulfat
K	+ 61050	+ 61095	+ 61180	Sn Stanno	+ 450	—	—
Mg	+ 53345	+ 53280	+ 53345	H	— 800	—	—
Al	+ 39140	—	+ 38550	Pb	—	— 920	—
Zn	+ 16300	+ 16300	+ 16300	Cu Cupri	— 8765	— 8750	— 8765
Fe Ferro	+ 9855	+ 9880	+ 9855	Hg Mercuri	—	— 16295	—
Cd	+ 8005	+ 8045	+ 8005	Ag	—	— 26565	— 26550
Ni	+ 6730	+ 6730	+ 6755	Au	— 31033	—	—

Aus diesen Zahlen geht hervor, dass die Ionisierung eines Metallatoms bald mit einer Abgabe, bald mit einer Aufnahme von Energie verknüpft ist, und dass im Ionenzustand diejenigen Metalle energieärmer sind, welche eine höhere chemische Aktivität zeigen, während den chemisch trägeren Metallen von aussen Energie zuzufügen ist, wenn ihre Atome Ionen werden sollen. Umgekehrt wird die Neutralisierung der Ionen jener Metalle nur mit Aufwendung grösserer Energiemengen möglich sein, während die Ionen der letzteren Metalle sich mit Leichtigkeit aus den Lösungen abscheiden.

Nach dem Gesetz der thermischen Konstanten von Tommasi[1]) ist die Wärmemenge, welche entbunden wird, wenn ein Metall ein anderes aus der Lösung seines Salzes verdrängt, stets dieselbe, welches auch das Säureradikal dieses Salzes ist. Demgemäss muss für ein Metall die nämliche Ionisierungswärme gefunden werden, möge man die Wärmetönung der Chloride oder die der Nitrate oder Sulfate der Rechnung zu Grunde legen. Die Tabelle IX bestätigt diese Folgerung in befriedigender Weise. Wenn aber bei jenen Metallausscheidungen die Natur des Anions auf die Wärmeänderungen ohne Einfluss ist (obwohl die Verbindungswärmen der Salze bezogen auf wässrige Lösungen verschieden sind), wenn also der Vorgang nur darin bestehen kann, dass das eine Metall den Ionenzustand aufgiebt, das andere ihn annimmt, so folgt, dass der Elektrolyt in der Lösung dissociiert sein muss. In dem Gesetz von Tommasi liegt also eine vorzügliche Bestätigung der Dissociationstheorie. Mittels des Looserschen Doppelthermoskops (Fig. 74) lässt sich leicht ein Beispiel für dieses Gesetz experimentell vorführen. Man bringe in die beiden, 25 cm^3 fassenden Recipienten des Apparates je 20 cm^3 der Normallösungen von Kupferchlorid und Kupfersulfat, füge denselben je 0,2 g dünne Zinkdrehspäne (deren Streifen möglichst gleiche Breite und Dicke haben müssen) hinzu und bedecke die Gefässe mit Korkscheiben. Mit einem Holzstäbchen rühre man die Massen wiederholt um. Das Manometer des ersten Thermoskops zeigt nach 3 Min. den Maximalstand von 4,7 cm, das des zweiten nach 4 Min. den höchsten Stand von 4,3 cm an. Der kleine Unterschied beruht darauf, dass das aus dem Sulfat gefällte Kupfer auf dem Zink fester haftet, so dass letzteres der Lösung weniger leicht zugänglich ist.

Die thermochemischen Ergebnisse dieses Paragraphen lehren, dass der Ionisierungsvorgang mit Wärmeänderungen verknüpft ist. Entweder wird Wärme aufgenommen (—) oder

---

[1]) Compt. rend. 287, 1882. — Moniteur industrie 24, 57—58. 1897.

abgegeben (+). Offenbar erfährt bei dem Übergang eines chemischen Elementes in die Ionenform die ihm innewohnende Energie eine Umformung bezw. Änderung. Letztere aber bedingen den Wechsel der Qualitäten, bewirken also, dass sich die Ionen, obwohl sie der Theorie nach in der Lösung frei sind, anders verhalten als sonst die Elemente. Die K reagieren nicht auf das Wasser, die Cl′ sind geruchlos, die Cu·· haben eine blaue, die Fe·· eine grüne, die Co·· eine rote Farbe. Die H geben bei der Vereinigung mit dem OH′ nur 13680 cal. ab, während die Verbindungswärme des Wassers aus den Gasen 68000 cal. beträgt. Überhaupt ist die chemische Reaktionsfähigkeit der Ionen gegenüber den nicht ionisierten Elementen durchaus geändert. Erklärt man doch auch die verschiedene Reaktionsfähigkeit der allotropischen Modifikationen der Elemente, wie des Phosphors, Sauerstoffs, Kohlenstoffs[1]) u. s. w. durch die experimentell begründete Annahme eines ungleichen Energieinhaltes.

Wenn nun allgemein der Energieinhalt einer Substanz das gesamte Verhalten derselben bedingt, so sind auch die elektrischen Zustände der Ionen als eine Thatsache hinzunehmen, obwohl die Einzelheiten des Ladungsvorgangs des näheren einstweilen nicht auseinandergesetzt werden können. Sind doch auch die Details der durch die Reibung erfolgenden Elektrisierung eines Glasstabes ebenso wenig bekannt.

Wie in der Thermochemie, so sind auch auf dem Gebiete der strahlenden Energie bisher vielfach Beziehungen zur Elektricität zu Tage getreten, von denen ebenfalls eine Förderung des Problems der Ionenladungen zu hoffen ist. Man weiss, dass sich die Metalle im ultravioletten Licht positiv laden. Selen und Phosphor gehen infolge der Belichtung in Modifikationen über, welche die Elektricität leiten. Überhaupt lassen sich zahlreiche Beispiele[2]) beibringen, welche deutlich

---

[1])

Gewöhnl. Phosphor (31 g)	= roter Phosphor	+ 28246	cal.
Ozon (48)	= gewöhnl. Sauerstoff	+ 36200	„
Amorphe Kohle (12 g) .	= Diamant	+ 3720	„
„	= Graphit	+ 3400	„

[2]) J. Gibson, On photo-chemical action. Edinb. Proc. 21, 303—309 1896/97.

zeigen, dass die Lichtwirkung auf eine Erhöhung der Leitfähigkeit hinzielt. So wird das Silberchlorid in das besser leitende Subchlorid verwandelt, das Silberoxyd wird zu Silber reduciert, das Bleioxyd erfährt am Licht eine Oxydation zu leitendem Superoxyd. Durch die Belichtung treten im Chlorwasser $H^{\cdot}$ und Cl', in der wässrigen Lösung des Schwefeldioxyds (selbst bei Ausschluss von Sauerstoff) $H^{\cdot}$ und SO_4'' auf. Die Jodkaliumlösung zersetzt sich am Licht:

$$4\,JK + 2\,H_2O + O_2 = 4\,KOH + 2\,J_2,$$

so dass der starke Leiter KOH entsteht.

§ 5. Anwendungen der Dissociationstheorie in der Physik.

Der neuen Theorie der elektrolytischen Dissociation der Ionen ist es anfangs nicht leicht gewesen, sich Bahn zu brechen. Aber dank des Eifers ihrer Vertreter ist die Zahl der Anhänger schnell gewachsen, und es giebt kaum noch Physiker und Chemiker, die sich nicht zur neuen Lehre bekennen. Denn dieselbe hat nicht allein die rein elektrochemischen Vorgänge zu erklären vermocht, sondern sich auch auf den verschiedensten Gebieten der Naturwissenschaften als reformatorische Führerin bewährt.

Die aus dem Jahre 1805 stammende GROTTHUSSsche Theorie der Stromleitung in Lösungen, die bis in die jüngste Zeit massgebend war, nahm an, die Arbeit des Stromes bei der Elektrolyse bestünde darin, die in der Lösung befindlichen Molekeln des Elektrolyten in Reihen zu ordnen und an den Elektroden die Bestandteile aus dem Verband der Molekeln zu trennen. Man glaubte so erklärt zu haben, wie die elektrische Energie verbraucht würde und in chemische überginge. Gegen diese Ansicht wendete CLAUSIUS[1]) schon 1857 ein, dass sich nach derselben die Lösung eines Elektrolyten erst dann als Leiter verhalten dürfte, wenn die Stromenergie (Volt × Amp.) denjenigen Grad erreicht hätte, der zur Zerlegung der Molekeln erforderlich wäre, und dass von

---

1) CLAUSIUS. Mechanische Behandlung der Elektricität, 1879. Abschnitt VI.

diesem Moment an, der an dem plötzlich erfolgenden Ausschlag eines eingeschalteten Galvanometers zu erkennen wäre, sehr viele Molekeln mit einem Male zersetzt werden müssten. Thatsächlich aber vermag schon ein sehr schwacher Strom eine Lösung zu passieren, wofern die Elektroden aus demselben Metall bestehen als die Kationen des Elektrolyten. Bei Einschaltung eines Galvanoskops findet man hierbei, dass der Nadelausschlag in dem Masse wächst, als der Spannungsunterschied an den Elektroden zunimmt, und dass überhaupt die Leiter zweiter Ordnung dem Ohmschen Gesetz vollkommen genügen, was auf Grund der Grotthussschen Theorie nicht der Fall sein könnte.

Wenn wirklich die Stromenergie zur Spaltung der Molekeln des Elektrolyten aufgewendet würde, so müssten ferner gerade diejenigen Elektrolyte ein grösseres Leitungsvermögen zeigen, deren Ionen im chemischen Sinne durch eine schwache Verwandtschaft zusammengehalten werden. Die Erfahrung widerspricht auch dieser Folgerung, denn eine Lösung von Mercurichlorid leitet (wegen geringerer Dissociation) weit schlechter als eine solche von Kaliumchlorid, und bei der Elektrolyse des Kaliumsilbercyanids geht gerade das Kalium, das doch fester gebunden sein müsste, an die Kathode, während das Silber nebst dem Cyan an die Anode wandert.

Es ist hier nicht am Platze, näher darauf einzugehen, in wiefern die Dissociationstheorie in den übrigen Teilen der Physik, soweit es sich um Lösungen handelt, fruchtbringend gewirkt hat. Daher sei nur angedeutet, dass sich die Eigenschaften elektrolytischer Lösungen wiederholt als die Summe zweier Konstanten erwiesen haben, die nur den Ionen zuzuerkennen sind. Beispiele hierfür liefern die Absorption (Farbe), Refraktion und Dispersion des Lichtes. Ganz besonders wichtig für die Ionenlehre selbst ist die Dissociation bei den Erscheinungen des Gefrierens, Verdampfens und Siedens, wovon im II. Abschnitt die Rede sein wird.

§ 6. Anwendungen der Dissociationstheorie in der Chemie.

Das klassische Werk von W. Ostwald: Die wissenschaftlichen Grundlagen der analytischen Chemie, 2. Aufl. 1897, giebt eine vortreffliche Übersicht, welch weitgehende Bedeutung der Dissociationslehre bei der Erklärung chemischer Reaktionen zuzuschreiben ist. Dass die Metalle aus den Mineralsäuren leicht Wasserstoff in Freiheit setzen, während sie gegen Kohlenwasserstoffe indifferent sind, dass sich ferner die Hydroxylgruppen der Ätzalkalien bei der Einwirkung auf die Salze der Schwermetalle leicht abspalten, während diese Gruppen aus den Alkoholen, z. B. aus Glycerin, welches mit Kupfersulfat keine Fällung giebt, auf diese Weise nicht verdrängt werden, liesse sich nicht einsehen, wenn in den Molekeln jener Säuren und Basen im gelösten Zustand ein festerer Zusammenhang vorausgesetzt würde, als in den organischen Körpern. Die hohe Reaktionsfähigkeit derjenigen anorganischen Verbindungen, welche Elektrolyte sind, die Geschwindigkeit, mit welcher ihre Wirkungen eintreten, gegenüber der Langsamkeit, mit welcher die Nichtelektrolyte, namentlich die Kohlenstoffverbindungen, reagieren, wird erst durch die Dissociationstheorie verständlich. In gelöster Form sind gerade diejenigen Stoffe die chemisch aktivsten, in deren Molekeln die Bestandteile am meisten dissociiert sind. Denn die Massenteilchen tauschen sich Ion für Ion aus, und dies um so schneller, je grösser die Beweglichkeit der Ionen, und je vollkommener die Dissociation vorgeschritten ist. Der OSTWALDsche Dissociationskoëfficient α gewinnt daher um so mehr an Bedeutung, als er zugleich der Aktivitätskoëfficient bei chemischen Reaktionen ist und vielleicht auf den Weg führen wird, auf dem eine Bestimmung der chemischen Affinität gelingt.

So ist die Grösse α für die Säuren und Basen geradezu als ein Mass ihrer Stärke anzusehen, wie es besonders die Vorgänge der Verseifung der Ester und der Inversion des Zuckers nahe legen. Die Ester werden durch Säuren und Basen gleich schnell verseift, falls der Dissociationsgrad dieser Substanzen der nämliche ist, also gleichviel $H^{\cdot}$ bezw. OH' zugegen sind. Die Inversion des Zuckers erfolgt proportional der Anzahl der $H^{\cdot}$, und so erklärt es sich, wie die Geschwindigkeit dieses Vorganges in dem Grade verringert wird, wie der α-Wert der invertierenden Säure (z. B. durch Hinzufügung von Salzen dieser Säure) zurückgeht.

Überhaupt nehmen die chemischen Reaktionen einen mehr oder weniger langsamen Verlauf, falls die Ionen ausgeschlossen sind, und keine anderen Energieformen in Aktion treten, als bloss die chemische. Der in Chloroform gelöste Chlorwasserstoff wirkt auf Marmorpulver nicht ein. Wohl aber genügt ein geringer Zusatz von Wasser, die Kohlensäureentwicklung hervorzurufen. Die koncentrierte Schwefelsäure, die auch den elektrischen Strom nur wenig leitet, greift das Zink nicht an. Erst bei der Verdünnung mit Wasser wird Wasserstoff entbunden. Während ferner die Ionen $H^{\cdot}$ und OH' sich bei gewöhnlicher Temperatur leicht vereinigen, sobald sie zusammentreffen, bedarf das Gemisch von Wasserstoff und Sauerstoff einer Temperaturerhöhung, bevor die Reaktion erfolgt. Kupfer und Schwefel reagieren erst nach gehöriger Wärmezufuhr auf einander, dagegen tritt die Sulfidbildung beim Zusammengiessen wässriger Lösungen von Kupfersulfat und Schwefelwasserstoff sofort ein. So liesse sich die Zahl derartiger Beispiele ausserordentlich vermehren. Stets würden sie die hohe Aktivität der Ionen beweisen, und somit auch die Bedeutung des Dissociationsvermögens des Wassers für chemische Umsetzungen begreiflich machen.

Es leuchtet ferner ein, dass die Reagentien, welche die Erkennung eines Elementes ermöglichen, wenn es sich im Ionenzustande befindet, nicht mehr verwendbar sind, sobald es mit anderen Elementen ein zusammengesetztes Ion bildet. So ist in dem ClO_3' des Kaliumchlorats, ferner im $C_2Cl_3O_2'$ der Trichloressigsäure das Chlor nicht mehr durch Silbernitrat nachweisbar. Zur Bildung solcher komplexen Ionen neigen ferner viele Metalle, wie Eisen, Kupfer und Silber. Sie erzeugen zusammen mit dem Cyan komplexe, fast farblose Anionen, in denen sie gegen Schwefelammonium nicht mehr reagieren. Das Kupfer vermag auch in das Anion der Weinsäure einzutreten, welchem es, wie die bekannte Fehlingsche Lösung zeigt, eine tiefblaue Farbe verleiht. Naturgemäss müssen bei der Elektrolyse solche Metalle, welche sich mit anderen Elementen zu Anionen vereinigen, gegen den Strom (zur Anode) wandern, was KÜSTER[1]) mittels der

---

[1]) Ztschr. f. Eloktrochemie 4, 105—113. 1898.

Fehlingschen Lösung in einem lehrreichen Versuch demonstriert. Kupfer und Quecksilber sowie besonders das Kobalt liefern in der Ammoniumgruppe komplexe Kationen, die in ihren Reaktionen von denen der einfachen Kationen ebenfalls abweichen. In den Lösungen des Alauns dagegen haben Aluminium und Kalium ihre normale Reaktionsfähigkeit beibehalten, weil sie beide nebeneinander als selbständige Kationen auftreten. Nur in solchen Fällen, wie sie der Alaun repräsentiert, darf man von wirklichen Doppelsalzen reden, während man früher in diesen Begriff die oben genannten komplexen Verbindungen ebenfalls einschloss.

Auch in die physiologische Chemie hat die Ionenlehre sich Eingang zu verschaffen gewusst. Für die Theorie selbst ist das Resultat der Versuche von PAUL und KRÖNIG[1]) höchst interessant, dass die giftige Wirkung der Metallsalze mit dem Dissociationsgrad parallel läuft. Die alkoholischen Lösungen von Sublimat und Höllenstein sind ohne jeden Einfluss auf Milzbrandbacillen. Die Nichtgiftigkeit des Kaliumferrocyanids ist längst bekannt, aber erst die Dissociationlehre gab die Erklärung hierfür. Man weiss jetzt, dass auch andere Metalle die giftige Wirkung, welche sie als Kationen ($Cu^{\cdot\cdot}$, $Hg^{\cdot\cdot}$, $Ag^{\cdot}$) ausüben, grösstenteils oder ganz verlieren, wenn sie in einen Anionenkomplex (selbst mit Cyan) eintreten. So ist die desinficierende Wirkung des Kaliumsilbercyanids weit geringer, als die des Silbernitrats, und verdünnte Fehlingsche Lösung ist auf Pflanzenkeimlinge ohne schädlichen Einfluss.

§ 7. Experiment zum Nachweis freier Ionen.

Zum direkten Nachweis der Existenz freier Ionen führt OSTWALD[2]) einige Versuche an, von denen einer, und zwar in der folgenden Anordnung, leicht ausführbar erscheint. An die Enden eines 40 cm langen und 1 cm weiten Glasrohres *RR* (Fig. 25) ist rechtwinklig zu demselben je ein Rohr von der Grösse eines Reagensglases angeschmolzen. Das eine ist mit einem Pfropfen dicht verschlossen, in dessen Durchbohrung ein Stab *a* chemisch reinen, amalgamierten Zinks steckt. Dem

[1]) Ztschr. f. physik. Chemie, 21, 414—450. 1897.

[2]) Ztschr. f. physik. Chem. 2, 271, 1888 und 3, 120, 1889.

andern Rohr, in dessen unterem Ende ein Platindraht *k* eingeschmolzen ist, wird, nachdem das Ganze mit verdünnter Schwefelsäure gefüllt ist, ein Pfropfen aufgesetzt, der ein zweimal rechtwinklig gebogenes, mit einer gefärbten Flüssigkeit gefülltes Manometerrohr *M* trägt. Wird nun der Zinkstab mit dem positiven, der Platindraht mit dem negativen Pol

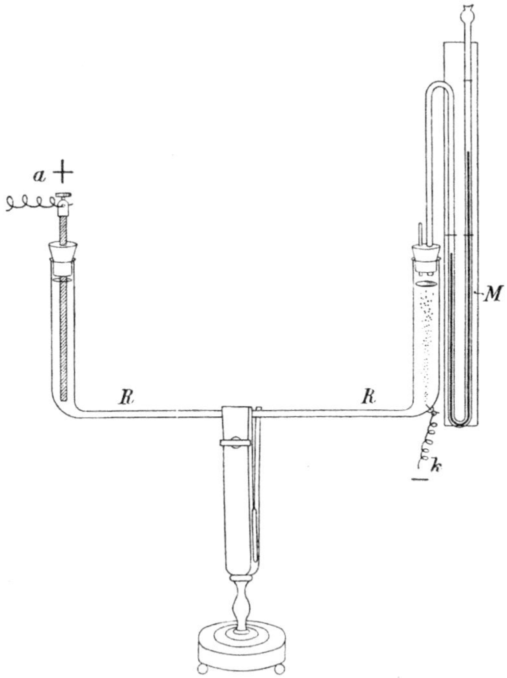

Fig. 25.

einer fünfzelligen Akkumulatorenbatterie verbunden, so tritt am Platindraht sofort Wasserstoff auf und bewirkt, dass die Flüssigkeit im Manometer steigt. Würde nun der Strom die Molekeln der Schwefelsäure erst zu zerlegen haben, so müssten die beiden Wasserstoffatome, denen das SO_4-radikal vom Zink entzogen wäre, durch das horizontale, 40 cm lange Rohr zum Platin wandern. Hierzu wäre, wie einer der früheren Versuche lehrte, eine Zeit von mehreren Stunden erforderlich.

Da aber der Wasserstoff thatsächlich gleich im Momente des Stromschlusses am Platin sichtbar wird, so müssen in der Nähe desselben freie Wasserstoffionen schon vorhanden gewesen, und diese müssen nach der Neutralisierung ihrer Ladungen in Gasform entbunden worden sein.

So erscheint die Dissociationstheorie nicht nur gegen alle Einwände gerechtfertigt, sondern sie wird zur Erklärung mancherlei Vorgänge gefordert. Noch prägnanter aber wird ihre Richtigkeit durch Erscheinungen bewiesen, die einem Gebiete angehören, welches der Elektrolyse etwas ferner liegt. Hiervon soll der nächste Abschnitt handeln.

II. Abschnitt.

Die van't Hoffsche Theorie der Lösungen.

Gleichzeitig mit der Theorie der elektrolytischen Dissociation der Ionen ist die VAN'T HOFFsche Theorie der Lösungen entstanden. Auch diese hat in der physikalischen Chemie seit der kurzen Zeit ihres Bestehens ausserordentliche Erfolge erzielt.

Was hier ganz besonders in Betracht kommt, sind ihre innigen Beziehungen zur Dissociationslehre, welche von ihr aufs kräftigste gestützt wird. Ferner führt sie zur Erläuterung des Begriffs des osmotischen Druckes, einer Grösse, an welche die im III. Abschnitt zu behandelnde NERNSTsche Theorie der Entstehung des galvanischen Stromes direkt anknüpft. Aus diesen Gründen muss hier auf die VAN'T HOFFsche Theorie der Lösungen näher eingegangen werden, wenn sie auch auf den ersten Blick mit der Elektrochemie nichts zu thun hat.

1. Kapitel.

Der osmotische Druck.

§ 1. Diffusion und Osmose.

Wenn ein Körper sich in einer Flüssigkeit löst, ohne dass eine chemische Reaktion zwischen beiden stattfindet, so pflegt man den Vorgang der Lösung als einen rein physikalischen anzusehen und die Lösung selbst als ein molekulares Gemenge zu betrachten. Der Lösungsprocess fester und flüssiger Stoffe ist in der Regel von einer Wärmeabsorption begleitet, die bei fortgesetztem Zusatz des Lösungsmittels so lange andauert, bis die Verdünnung eine Grenze erreicht, wo jene Wärmeänderungen nicht mehr merkbar sind. Das Volumen der gelösten Substanz ist dann gegenüber demjenigen des Lösungsmittels verschwindend klein. Für die folgenden wesentlich theoretischen Betrachtungen dieses Abschnitts handelt es sich um solche Lösungen, deren Koncentrationen sich jenem Grenzfall nähern.[1])

Schichtet man vorsichtig mittels einer an einem Glasstab befestigten Korkscheibe über die koncentriertere Lösung eines gefärbten Salzes, z. B. über eine wässrige Lösung von Kaliumdichromat oder Kupfersulfat, eine verdünntere Lösung desselben Körpers, so beobachtet man, dass die Koncentration der letzteren allmählich wächst, während die der ersteren abnimmt. Es diffundieren die Molekeln des gelösten Stoffes gegen die Richtung der Schwere von Orten höherer nach solchen niedrigerer Koncentration, bis die Flüssigkeit in allen Teilen gleichartig geworden ist. Die Kraft, durch welche die Diffusion betrieben wird, entspricht dem Gasdruck, der die Molekeln eines Gasvolumens zwingt, einen grösseren Raum einzunehmen, wenn ihnen derselbe geboten wird. Denn wie der Gasdruck die Gasmolekeln bis zu den neuen Grenzen treibt, so werden die Molekeln der gelösten Substanz gedrängt, sich in dem zugefügten Lösungsmittel zu verteilen,

---

[1]) Für gewisse Demonstrationsversuche sind freilich höher koncentrierte Lösungen anzuwenden, damit sie intensivere Effekte ergeben.

bis die gesamte Flüssigkeit eine gleichmässige Koncentration erlangt hat.

Dass ein solcher Druck während des Diffusionsprocesses thatsächlich besteht, lässt sich zunächst durch folgenden Versuch darthun. Einen etwa 100 cm^3 grossen Cylinder fülle man bis zum Rand mit einer koncentrierten, sirupartigen Zuckerlösung und verschliesse ihn luftdicht mit einer tierischen Membran. Wird er nun aufrecht in ein Wasser enthaltendes Gefäss gesenkt, so wölbt sich die Membran allmählich in Form einer Kalotte empor, die nach einigen Stunden eine Höhe bis zu 2 cm erlangt. Offenbar beruht diese Erscheinung darauf, dass die Zuckermolekeln das Bestreben haben, in das Wasser ausserhalb des Cylinders zu diffundieren. Hieran werden sie aber durch die Membran grösstenteils gehindert; sie spannen daher die letztere, während Wasser in den infolge dieser Spannung entstehenden Raum der Cylinderzelle eindringt. Jene Spannung der Membran ist eine ganz bedeutende, wie man sogleich erkennt, wenn man den Cylinder aus dem Wasser hebt und die Membran mittels einer feinen Nähnadel durchbohrt. Aus der kleinen Öffnung wird ein etwa 10 cm hoher Flüssigkeitsstrahl emporgeschleudert.

Den an diesem Versuch zu beobachtenden Vorgang, also die Durchdringung einer Membran seitens einer Flüssigkeit, hat man Osmose (ὠϑέω, ich treibe hindurch) und die Kraft, mit welcher die Molekeln des gelösten Körpers gegen die Membran drücken, den osmotischen Druck genannt. Derselbe erweist sich um so stärker, je koncentrierter die Lösung ist.

§ 2. Die Plasmolyse.

Um den genaueren Zusammenhang zwischen dem osmotischen Druck und der Koncentration zu erkennen, müsste die Membran vollkommen semipermeabel, d. h. nur durchlässig für die Molekeln des Lösungsmittels, nicht aber für die der gelösten Substanz sein. Diese Bedingung wird von einer tierischen Haut nicht ganz erfüllt, denn wenn man eine kleine Menge jenes Wassers, in welchem sich die beim vorigen Versuch benutzte cylindrische Zelle mehrere Stunden befand, mit einer Spur verdünnter Schwefelsäure kocht und sie zu einem

Überschuss einer erwärmten Fehlingschen Lösung (10 g Kupfertartrat + 500 g Wasser + 400 g reines Ätznatron) fügt, so entsteht ein roter Niederschlag von Kupferoxydul, durch welchen die Anwesenheit von Zucker konstatiert wird.

Vollkommen semipermeabler Membranen hat die Natur sich beim Bau der Pflanzenzellen bedient. Legt man die Oberhautzellen von der Unterseite des Mittelnerven der Blätter von Tradescantia discolor in 10procentige Salpeterlösung, so beobachtet man mit Hilfe des Mikroskops, dass sich der Plasmaschlauch von der Zellwand loslöst. Der Plasmainhalt der Zellen kontrahiert sich, während die Salzlösung den Raum zwischen Zellwand und Plasma ausfüllt. H. DE VRIES, welcher 1884 die Osmose an Pflanzenzellen studierte, hat diese Erscheinung Plasmolyse genannt. Als semipermeable Membran fungiert hier das zarte Häutchen, welches die Plasmamasse einer Zelle umgiebt. Dasselbe lässt aus dem Inhalt der Zelle Wasser eben dann hindurch, wenn die Koncentration der Salzlösung um ein Minimum grösser ist als diejenige des Zellsaftes. Indem nun DE VRIES diejenigen Koncentrationen der wässrigen Lösungen verschiedener Körper ermittelte, die den plasmolytischen Zustand jener Pflanzenzellen eben noch hervorriefen, fand er, dass jene Lösungen äquimolekular waren, d. h. dass sie die gelösten Körper in solchen Mengen enthielten, die im Verhältnis der Molekulargewichte derselben standen. Äquimolekulare Lösungen zeigen daher gleichen osmotischen Druck, sie sind isotonisch (*ἰσότονος*, gleichgespannt).

Die Grösse des osmotischen Druckes ist somit nur durch die Anzahl der gelösten Molekeln bedingt.

§ 3. Die semipermeablen Niederschlagsmembranen.

So wertvoll das Ergebnis von H. DE VRIES auch ist, so gestattet doch das plasmolytische Verfahren nicht, den osmotischen Druck einer Lösung von bestimmter Koncentration direkt zu messen. Hierzu sind Apparate erforderlich, deren wichtigster Teil eine künstlich hergestellte semipermeable Membran ist. In betreff der Mittel, letztere zu erzeugen, ist man bisher sehr beschränkt gewesen, da man nur wenige geeignete Stoffe hat auffinden können, und die aus ihnen gewonnenen Membranen die gewünschte Eigenschaft nur gegen eine geringe Anzahl gelöster Substanzen gezeigt haben.

Die ersten Versuche rühren von TRAUBE[1]) her. Einer derselben sei hier mitgeteilt. Man bereite sich eine Mischung von 5 cm^3 einer 2,8 procentigen Kupferacetatlösung und 0,5 cm^3 einer 10procentigen Bariumchloridlösung, fülle durch Ansaugen eine etwa 5 mm weite Glasröhre mit jener Mischung teilweise an und verschliesse sie oben mittels eines Gummischlauchs und Quetschhahnes. Alsdann senke man sie, bis die Niveaus gleich sind, in ein Gefäss ein, in welchem sich eine 2,4procentige Kaliumferrocyanidlösung befindet. An der unteren Öffnung der Röhre bildet sich sehr bald der gallertartige Niederschlag von Kupferferrocyanid Cu_2FeCy_6, der wie eine Haut jene Öffnung abschliesst. Diese **Niederschlagsmembran** lässt Wasser, aber fast kein Bariumchlorid hindurch. Es dringt also Wasser in die Glasröhre ein, und die Membran wölbt sich durch den osmotischen Druck, den die Bariumchloridlösung ausübt, in Form einer Blase heraus.

§ 4. Die Messung des osmotischen Druckes nach PFEFFER.

Um osmotische Versuche mit einer Kupferferrocyanidmembran in grösserem Massstabe auszuführen, handelte es sich noch darum, der Membran die gehörige Widerstandsfähigkeit zu geben. Es gelang dies PFEFFER[2]) dadurch, dass er die Membran innerhalb der Wand einer porösen Thonzelle entstehen liess. Die Herstellung einer gehörig festen und zusammenhängenden Membran bietet einige Schwierigkeit, da das Material der Thonzellenwand nicht zuverlässig genug ist. Sie gelingt um so sicherer, je kleiner die Dimensionen der Zelle sind. PFEFFER benutzte Zellen, die nur 4,6 cm hoch und 1,6 cm weit waren. In dem Rand der mit einer Membran ausgestatteten Zelle (Fig. 26) befestigte er ein Verschlussstück aus Glas, brachte in dem seitlichen Tubus desselben ein

[1]) Archiv f. Anatomie und Physiologie, 87. 1867.

[2]) PFEFFER. Osmotische Untersuchungen, Leipzig 1877.

Quecksilbermanometer an, dessen freier Schenkel zugeschmolzen war, und senkte den ganzen Apparat, nachdem er mit der zu prüfenden Lösung vollständig gefüllt und fest verschlossen war, in ein grösseres, Wasser enthaltendes Gefäss ein. Das Quecksilber des Manometers stieg allmählich in die Höhe. Mehrere Wochen aber vergingen, ehe es den Maximalstand erreicht hatte. Von diesem Moment an hielt der Druck der im geschlossenen Manometerschenkel komprimierten Luft dem osmotischen Druck das Gleichgewicht, und PFEFFER war auf diese Weise imstande, letzteren nach Atmosphären zu messen, also anzugeben, mit welcher Kraft die Molekeln des gelösten Körpers auf ein Flächenstück der Zellwand drücken, welches dem Querschnitt des Manometerrohres gleich ist.

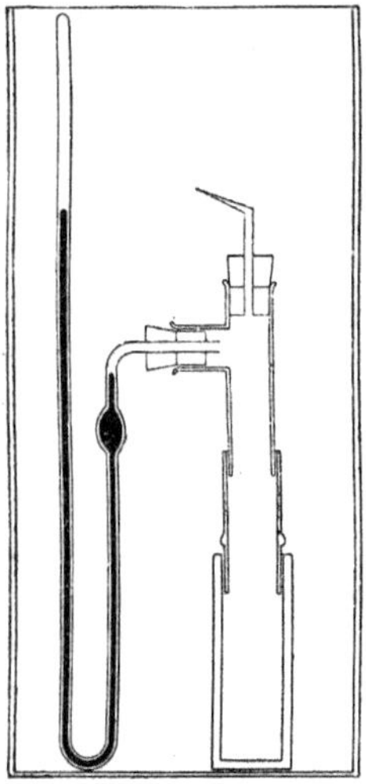

Fig. 26.

Anschaulicher noch wäre der Versuch der Messung des osmotischen Druckes, wenn sich folgender Apparat konstruieren liesse. Man denke sich das untere Ende einer langen, mit einer Skala versehenen Glasröhre von 1 cm^2 Querschnitt mit einer festen, semipermeablen Membran verschlossen und teilweise mit der zu prüfenden, verdünnten Lösung angefüllt. Dicht über der letzteren sei ein für Flüssigkeiten undurchlässiger Stempel angebracht, der sich in der Röhre ohne Reibung verschieben könnte. Man senke die Röhre vertikal in ein grosses, mit Wasser gefülltes Gefäss, so dass das Niveau in der Röhre gleich demjenigen ausserhalb derselben ist. Die Zelle würde dann durch die Membran Wasser aufnehmen. Der Stempel würde nach und nach gehoben werden und schliesslich in einer bestimmten Höhe stehen bleiben, bis nämlich das Gewicht der in der Röhre aufgestiegenen Flüssigkeitssäule dem osmotischen Druck das Gleichgewicht halten würde. Befände sich eine koncentriertere Lösung in der Röhre, so würde die aufgenommene Wassermasse sehr beträchtlich sein. Dadurch würde die Koncentration der Lösung zu sehr geändert werden, und das Gewicht der aufgestiegenen Flüssigkeitssäule würde einen zu kleinen Druck angeben. In diesem Fall hätte man dem Stempel Gewichtsstücke aufzulegen, bis er sich nicht mehr hebt, und diese würden dann als Mass des osmotischen Druckes gelten. Würde die aufgelegte Last noch vermehrt werden, so müsste der Stempel sinken; es würde aus der Röhre durch die semipermeable Membran so viel Wasser austreten, dass der vermehrte osmotische Druck der koncentrierter gewordenen Lösung gleich der aufliegenden Last wäre.

Die PFEFFERschen Versuche sind wegen ihrer hohen Bedeutung im Laufe der Zeit unter mehrfachen Abänderungen der Apparate wiederholt worden. Letztere gingen wesentlich darauf hinaus, die Niederschlagsmembran gegen die häufig nach vielen Atmosphären zählenden Druckkräfte resistenter zu machen. Man hatte Grund anzunehmen, dass hierdurch eine vollkommenere Semipermeabilität erreicht werden würde, und die Möglichkeit geboten wäre, die Untersuchungen auf eine grössere Zahl von Substanzen auszudehnen. Mit Rücksicht hierauf sei besonders auf die Arbeiten von TAMMANN[1]) hingewiesen. Immerhin ist man bis jetzt dem Ziel nur wenig näher gerückt. Gute Resultate lassen sich mittels der von PRINGSHEIM in einem Gelatinesubstrat erzeugten, sehr dauerhaften Kupferferrocyanidmembran erwarten.

Die genaueren PFEFFERschen Messungen des osmotischen Druckes der Lösungen führten zu den beiden Gesetzen, dass der osmotische Druck einer Lösung sowohl der Koncentration als der absoluten Temperatur proportional ist. Bezeichnet P den osmotischen Druck in Atmosphären, c den Procentgehalt, t die Celsiusgrade, T die absolute Temperatur und a eine von dem Molekulargewicht der gelösten Substanz abhängige Konstante, welche den osmotischen Druck bei 0^0 und der Koncentration von $1^0/_0$ angiebt, so ist

$$P = a \cdot c\,(1 + 0{,}00366\,t) = a\,c\,\frac{T}{273}\,.$$

Für Rohrzucker ist nach PFEFFER $a = 0{,}649$ Atm.

---

[1]) Ztschr. f. physik. Chemie 9, 97. 1891.

Über die weiteren Konsequenzen der PFEFFERschen Gesetze wird § 7 dieses Kapitels handeln.

§ 5. Demonstrationsversuche.

Will man die PFEFFERschen Versuche nur qualitativ vorführen, so benutze man eine glockenförmige, 225 cm³ grosse Glaszelle (Fig. 27), deren untere 7 cm weite Öffnung mit einer Thonplatte, dem von einer Thonzelle abgesägten und passend gefeilten Boden, mittels Siegellack fest verschlossen ist. Hat jene Glaszelle stundenlang in siedendem Wasser gelegen, so dass die Thonplatte mit Wasser injiciert ist, so wird sie mit einer 3procentigen Kaliumferrocyanidlösung gefüllt und in ein eine 3procentige Kupfersulfatlösung enthaltendes Gefäss bis zum gleichen Niveau eingesenkt. Die Thonplatte muss dicht schliessen, was man daran erkennt, dass der braune Kupferferrocyanidniederschlag sich weder in der Glocke noch in dem Gefäss ausserhalb derselben zeigt. Die so in der Masse der Thonplatte entstehende Membran hat nach drei Tagen eine genügende Dicke erreicht. Die Glocke ist nunmehr ein für allemal vorbereitet. Zu einem osmotischen Versuch wird sie mit einer 50-procentigen Rohrzuckerlösung gefüllt und mit einem Pfropfen verschlossen, durch den ein mit einer Skala versehenes Thermometerrohr *r* von 1,3 mm lichter Weite gesteckt ist. In das Lumen dieses Rohres wird vorher etwas gepulvertes Alkaliblau geschüttet, welches an den Wandungen der Röhre adhäriert und durch die blaue Farbe, die es der aufsteigenden Zuckerlösung erteilt, das Niveau derseiben besser erkennbar macht. Wird nun der Apparat mittels des Korkes *k* in dem mit Wasser gefüllten Cylinder *C* befestigt, so rückt die Flüssigkeit im Thermometerrohr pro Minute durchschnittlich 1 mm vor. Nach dem Versuch, selbst wenn er fünf Stunden dauert, zeigt das Wasser des Cylinders *C* mit Fehlingscher Lösung nur Spuren einer Zuckerreaktion.

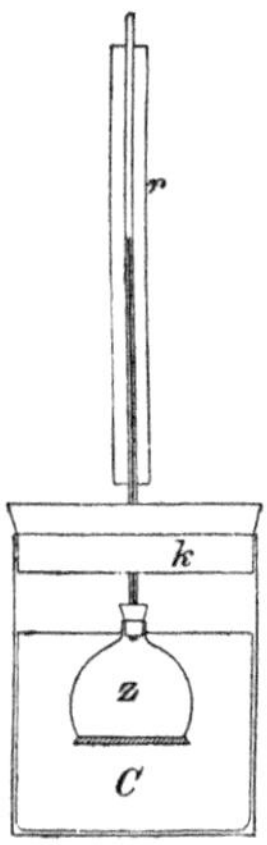

Fig. 27.

Für Demonstrationsversuche liefert ferner eine cylindrische

PUKALLsche Filterzelle,[1]) deren Wand aus gehörig fester, poröser Porzellanmasse besteht, befriedigende Resultate. Eine derartige Zelle von 38 cm^3 Inhalt wurde in folgender Weise präpariert. Durch wiederholtes Evakuieren unter der Luftpumpe wurde sie mit Wasser vollständig durchtränkt. Hierauf wurde sie mit einer 3 procentigen Kaliumferrocyanidlösung gefüllt, mit einem höchstens einen Centimeter tief eingesetzten Pfropfen, der mit einer beiderseits offenen Glasröhre versehen war, verschlossen und bis über den Rand in eine 3-procentige Kupfersulfatlösung getaucht. Nach sieben Tagen hatte sich ungefähr in der Mitte der Zellwand eine genügend feste Kupferferrocyanidmembran gebildet. Zu einem Demonstrationsversuch fülle man die so vorbereitete Zelle mit einer 50-procentigen Zuckerlösung und verschliesse sie mit einem möglichst tief einzudrückenden Gummipfropfen. Letzterer ist, wie bei dem durch die Fig. 28 dargestellten, zum folgenden Versuch gehörenden Apparat, mit einem |—förmigen Glasaufsatz *S* zu versehen. In dem seitlichen Tubus *T* desselben ist mittels eines Gummipfropfens das mit der Kugel *k* und dem Trichterchen *t*, sowie mit einer Skala ausgestattete Manometerrohr *M* befestigt, welches in beiden Schenkeln eine Lackmuslösung enthält. Das Rohr *S* ist nun ebenfalls mit Zuckerlösung zu füllen und mit einem Pfropfen *p* fest zu verschliessen. Um aber hierbei jedwedes Luftbläschen zu beseitigen, steckt man durch *p* ein Glasröhrchen *r* und schmelzt das kapillare Ende desselben in der Flamme eines BUNSENschen Brenners zu. Wird nun die Zelle bis über den Rand in einen Wasser enthaltenden Cylinder gesenkt, so steigt die Lackmuslösung im Manometerrohr pro Minute durchschnittlich 10 mm, wenn das Lumen dieses Rohres 0,79 mm weit ist. Die osmotische Wasseraufnahme erfolgt also etwa viermal so schnell als bei dem vorigen Versuch.

Die mit einer Niederschlagsmembran ausgestattete PUKALLsche Zelle scheint auch für quantitative osmotische Versuche brauchbar zu sein. Als nämlich eine nur 1 procentige Zuckerlösung in den Apparat gebracht, und das Manometer mit

---

[1]) Dieselbe ist zu erhalten in der Kgl. Porzellan-Manufaktur, Berlin, Leipzigerstr. 2. Preis 0,75 M.

Quecksilber gefüllt wurde, stieg letzteres innerhalb mehrerer Wochen bis zu einer Höhe, die dem von PFEFFER gefundenen Druckwerte sehr nahe kam. Im Wasser ausserhalb der Zelle war keine Spur von Zucker zu entdecken.

Folgende Versuchsanordnung hat schon PFEFFER empfohlen. Sie eignet sich zwar nicht zur Druckmessung, hat aber den Vorzug, sich leicht und schnell für Demonstrationszwecke ausführen zu lassen. Anstatt der Thonzelle bediene man sich eines 12 cm langen und 2,5 cm weiten Glasrohres *R* (Fig. 28). Der untere umgelegte und abgeschliffene Rand desselben wird mit Compoundmasse oder Schellack bestrichen und mit festem Pergamentpapier *H* dicht überbunden. In letzterem wird dann auf die angegebene Weise die Niederschlagsmembran hervorgerufen. Im übrigen verfährt man, wie schon oben dargestellt ist, und befestigt schliesslich das Glasrohr *R* mittels eines Korkes in dem Halse der mit Wasser gefüllten Flasche *F*. Nur ist noch zu bemerken, dass man, um die in der sich spannenden Niederschlagsmembran während des Versuchs etwa entstehenden Schäden auszubessern, der Zuckerlösung 0,1 % Kaliumferrocyanid und dem Wasser 0,09 % Kupfernitrat hinzuzufügen hat. Je nach der Dicke der Niederschlagsmembran fällt die Geschwindigkeit, mit welcher die Manometerflüssigkeit steigt, etwas verschieden aus. Nach einer dreitägigen Einwirkung der Kupfersulfat- und Kaliumferrocyanidlösung hob sich der Flüssigkeitsfaden des Manometers in einer Minute durchschnittlich 1 bis 2 mm. Bei Benutzung eines nicht präparierten Pergamentpapiers steigt die Flüssigkeit im Manometer anfangs zwar etwa doppelt so schnell; aber es tritt, was für die Dauer von ungefähr zwei Stunden nicht geschieht, wenn das Papier mit der Niederschlagsmembran versehen ist, Zucker in das Wasser über, und ausserdem ist die maximale Steighöhe im Manometerrohr geringer.

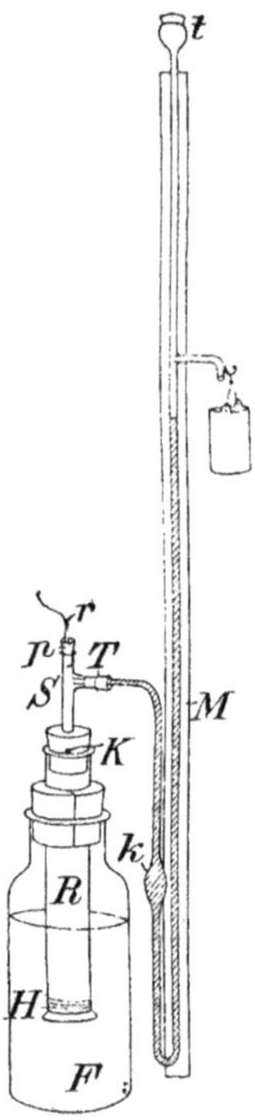

Fig. 28.

§ 6. Die HORSTMANNsche Gasgleichung.

Auf die Analogie der von PFEFFER experimentell gefundenen Gesetze mit den Gasgesetzen von BOYLE-MARIOTTE und GAY-LUSSAC hat zuerst VAN'T HOFF[1]) hingewiesen und hierdurch, wie der folgende § zeigen wird, die so ausserordentlich anschauliche Theorie der Lösungen begründet.

Wenn ein Gas unter dem Druck p_0 bei der Temperatur von 0^0 das Volumen v_0 hat, so hat es nach jenen Gasgesetzen unter dem Druck p und bei der Temperatur von t^0 das Volumen

$$v = \frac{v_0 p_0 (1 + \alpha t)}{p} = \frac{v_0 p_0}{p} \cdot \frac{T}{273},$$

wobei nach REGNAULT $\alpha = 0{,}003665 = \frac{1}{273}$ für Luft und näherungsweise für alle Gase ist.[2]) Indessen ist in der allgemeinen Chemie noch eine einfachere Form der Gasgleichung gebräuchlich. Da jene beiden Gesetze für alle idealen Gase gelten, also von der chemischen Zusammensetzung derselben unabhängig sind, so stellte bekanntlich AVOGADRO den Satz auf: Gleiche Volumina aller Gase enthalten unter den gleichen Bedingungen des Druckes und der Temperatur eine gleiche Anzahl von Molekeln, einen Satz, der sich nicht bloss durch die zahllosen Molekulargewichtsbestimmungen bewährt hat, sondern auch von den Gesetzen der Thermodynamik direkt gefordert wird. 1 Liter Wasserstoff wiegt bei 0^0 und 76 cm Barometerstand 0,08956 g; und 1 g-Molekel, d. h. 2 g Wasserstoff, nimmt somit unter den normalen Verhältnissen den Raum von 22,38 Litern ein. Nach der AVOGADROschen Regel müssen daher die normalen Volumina sämtlicher Gase 22,38 Liter betragen, wenn sie die in Grammen ausgedrückte Molekulargewichtsmenge enthalten. Geht man nun nach HORSTMANN in der Gasformel $pv = p_0 v_0 T/273$ von dem g-Molekularvolumen $v_0 = 22{,}38$ Liter $= 22\,380$ cm^3

---

[1]) Ztschr. f. physik. Chemie 481. 1887.

[2]) Zur Demonstration der Gasgesetze sei auf einen sehr geeigneten Apparat in LORSCHEIDS Lehrbuch der anorganischen Chemie 8, 1887, verwiesen.

aus und berücksichtigt, dass 76 cm^3 Quecksilber 1033,3 g wiegen, misst also p nach Grammen und v nach Kubikcentimetern, so nimmt jene Formel die einfachere Gestalt

$$p\,v = \frac{1033{,}3 \,.\, 22380 \,.\, T}{273} = 84700\, T\, g \,.\, cm,$$

oder wenn man p nach Atmosphären und v nach Litern misst, die Gestalt

$$p\,v = \frac{22{,}38 \,.\, T}{273} = 0{,}0819\ T \text{ Liter-Atmosphären},$$

(1 Liter-Atmosphäre = 1033,3 . 100 . 10 . g . cm = 10,333 kg . m), oder endlich, da 42750 g . cm = 1 g-cal. sind, die Gestalt

$$p\,v = \frac{84700 \,.\, T}{42750} = 2\, T \text{ g-cal.}$$

an. Die Gleichung für pv in der einen oder andern Form lässt sich also allgemein schreiben:

$$p\,v = RT.$$

Wenn man daher die in den nämlichen Einheiten gemessenen Molekularvolumina der Gase mit den betreffenden Drucken multipliciert und das Produkt durch die absoluten Temperaturen dividiert, so erhält man für alle Gase eine konstante Zahl R. Jene Gleichung umfasst nun nicht bloss die beiden Gasgesetze, sondern schliesst in sich auch die Avogadrosche Regel ein.

Folgende Beispiele mögen die Anwendbarkeit jener Gasgleichung darthun.

a) Um zu berechnen, welches Volumen in Litern 5 g Wasserstoff bei 27° und 72 cm Barometerstand = 72/76 Atm. erfüllen, bestimme man zunächst das Volumen von 2 g Wasserstoff

$$v = \frac{0{,}0819 \,.\, (273 + 27)}{72/76}$$

woraus sich das von 5 g Wasserstoff

$$= \frac{0{,}0819\,(273 + 27)}{72/76} \cdot \frac{5}{2} = 64{,}837 \text{ Liter}$$

ergiebt.

b) Soll das Gewicht von 80 Litern Kohlendioxyd bei 78 cm Barometerstand und 30^0 gefunden werden, so ermittele man das Gramm-Molekularvolumen (44 g CO_2) bei 78/76 Atm. und 30^0

$$v = \frac{0{,}0819\,(273 + 30)}{78/76}$$

und nach der Proportion $v : 44 = 80 : x$ das zu suchende Gewicht

$$x = \frac{78/76}{0{,}0819\,(273 + 30)} \cdot 80 \,.\, 44 = 145{,}5 \text{ g}.$$

c) Welche Arbeit vermag 1 kg Sauerstoff zu leisten, wenn er bei Atmosphärendruck um 100^0 erwärmt wird? 1 kg Sauerstoff enthält $1000/32 = 31{,}25$ g-Mol. Folglich beträgt die Arbeit

$$\begin{aligned} 84700 \,.\, 31{,}25 \,.\, 100 &= 264687500 \text{ g . cm} \\ &= 2646 \text{ kg . m}, \\ \text{oder } 0{,}0819 \,.\, 31{,}25 \,.\, 100 &= 256 \text{ Liter-Atmosphären}, \\ \text{oder } 2 \,.\, 31{,}25 \,.\, 100 &= 6187 \text{ g-cal}. \end{aligned}$$

§ 7. Das van't Hoffsche Gesetz der Lösungen.

Der Horstmannschen Gasgleichung bediente sich nun auch van't Hoff bei seinen Spekulationen über den osmotischen Druck. Es ergab sich zwischen diesem Druck P und dem Gasdruck p eine überraschend nahe Beziehung, indem er die Formel $pv = 0{,}0819\,T$ Liter-Atm. auf die Pfefferschen Resultate anwendete. Den osmotischen Druck $P = 0{,}649$ Atm., den eine 1-procentige Rohrzuckerlösung bei 0^0 ausübt, setzte er in jene Gleichung für p ein. Da ferner 100 g Wasser, wenn darin 1 g Zucker gelöst wird, den Raum von 100,6 cm^3 einnehmen, so würde 1 g-Mol., d. h. 342 g Zucker, in 100,6 . 342 cm^3 = 34,4 Litern einer 1-procentigen Lösung enthalten sein. Dieses Volumen setzte er für v und fand $R = 0{,}649 \,.\, 34{,}4/273 = 0{,}0818$ Liter-Atm., also fast denselben Wert, wie ihn die Gasgleichung zeigt. Andrerseits berechnete er den Druck eines Gases, dessen Volumen mit einer 1-procentigen Rohrzuckerlösung äquimolekular ist, also in 34,4 Litern ebenfalls

1 g-Mol. enthält, bei denjenigen Temperaturen, bei denen Pfeffer die osmotischen Drucke bestimmt hatte. In Tabelle X sind die Werte der beiden Drucke zusammengestellt.

Tab. X.

Temperatur T	Gasdruck in Atm. berechnet nach $p = \frac{0,0819}{34,4} T$	Osmot. Druck P in Atm. gefunden von Pfeffer
273,0	0,650	0,649
279,8	0,667	0,664
286,8	0,683	0,686
288,5	0,687	0,691

Die Werte für P beweisen, dass bei Zunahme der Temperatur um 1^0 der osmotische Druck nahezu um 1/273 wächst, dass also diese Druckvermehrung ebenso erfolgt wie bei Gasen.

Tab. XI.

Procente der Zuckerlösung	V die Anzahl Liter, in denen 1 g-Mol. Zucker	Gasdruck berechnet nach $p = \frac{0,0819 \,.\, 288}{V}$ Atm.	Osmot. Druck P in Atm. gefunden von Pfeffer
1	34,4	0,687	0,691
2	17,3	1,349	1,337
4	8,8	2,667	2,739
6	5,9	3,956	4,046

In der Tabelle XI sind neben den bei 15^0 (T = 288) und verschiedenem Procentgehalt der Zuckerlösung von Pfeffer bestimmten osmotischen Drucken P die für 15^0 berechneten Drucke p äquimolekularer Gasvolumina verzeichnet. Die Übereinstimmung der Grössen p und P ist evident, und dasselbe hat sich ausser für Rohrzucker auch für andere organische Substanzen, soweit der osmotische Druck ihrer Lösungen experimentell ermittelt wurde, herausgestellt.

Die Gasgleichung $pv = 0{,}0819\,T$ Liter-Atm. hat somit auch unmittelbar für Lösungen Gültigkeit, wenn anstatt des Gasdrucks p (in Atm.) der osmotische Druck P, und anstatt des Gasvolumens v (in Litern) das Volumen V der Lösung tritt, nämlich die Anzahl Liter, welche 1 g-Mol. der Substanz enthalten. Auf Grund dieser Übereinstimmung kam VAN'T HOFF zu dem Schluss: der osmotische Druck ist gleich dem Gasdruck, den man beobachten würde, wenn man sich das Lösungsmittel entfernt denkt und annimmt, dass die gelöste Substanz in Gasgestalt bei der gleichen Temperatur den gleichen Raum als die Lösung ausfüllt, oder mit anderen Worten: Die Molekeln einer gelösten Substanz üben bei osmotischen Vorgängen gegen eine semipermeable Membran denselben Druck aus, mit welchem sie in Gasform bei der nämlichen Koncentration und der nämlichen Temperatur auf die Wände der gewöhnlichen Gefässe drücken würden.

Indem so VAN'T HOFF auf Grund der PFEFFERschen Versuche die AVOGADROsche Regel auf die Lösungen ausdehnte, bestätigte er zugleich das Gesetz von DE VRIES, nach welchem der osmotische Druck nicht durch die Qualität der Molekeln der gelösten Substanz, sondern nur durch die Anzahl derselben bedingt wird, und knüpfte hieran ferner die Folgerung, dass unter normalen Verhältnissen eine Substanz (Nichtelektrolyt) durch den Vorgang der Lösung in Einzelmolekeln zerlegt wird.

Auch in energetischer Beziehung müssen sich die Lösungen wie die Gase verhalten. Es muss also infolge der durch das Produkt $V \, . \, dP$ gemessenen Änderung der Volumenergie einer Lösung dieselbe Arbeit geleistet werden, wie von einem äquimolekularen Gasvolumen unter entsprechenden Verhältnissen des Druckes und der Temperatur. Hierauf beruht überhaupt die Messung des osmotischen Drucks durch den PFEFFERschen Apparat, insofern die Luft im geschlossenen Schenkel des Manometers so weit komprimiert, und im offenen Manometerschenkel das Quecksilber so hoch gehoben wird, bis der so entstehende Gegendruck dem osmotischen Druck gleich kommt. Im ersteren Fall findet eine blosse Verschiebung der Volumenergie, im zweiten eine Verwandlung der Volumenergie in Distanzenergie statt. In einem offenen Manometerschenkel würde eine 1-procentige Rohrzuckerlösung eine Steigung derselben um 6,7 m veranlassen. Betrüge der Querschnitt dieses Schenkels 1 cm^2, so würde diese osmotische Arbeit $670 . 981 . 670/2 = 219000$ Erg sein, denn 1 cm^3 setzt der Hebung einen Widerstand von 981 Dynen entgegen, und der mittlere Weg ist 670/2 cm. Würde man unterhalb dieser Höhe jenen Schenkel mit einem seitlichen Ausflussrohr versehen, so würde aus demselben so lange Flüssigkeit ausfliessen, bis die Lösung in der Zelle durch die Wasseraufnahme so verdünnt wäre, dass ihrem osmotischen Druck durch den hydrostatischen Druck der Flüssigkeitssäule des Manometers das Gleichgewicht gehalten würde. Auf diese Weise könnte der Apparat als Wasserhebungsmaschine arbeiten (s. Fig. 28 das Eimerchen am seitlichen Zweigrohr des Manometers).

Noch deutlicher wird die Analogie des osmotischen Druckes mit dem Gasdruck, wenn man sich nach VAN'T HOFF folgende Vorrichtung konstruiert denkt. In einem vertikalen, unten geschlossenen und oben offenen Glasrohr befinde sich eine auf und ab bewegliche, dicht schliessende, aus einer semipermeablen Masse bestehende Querwand. Oberhalb derselben sei Wasser, während der Raum unter ihr von einer Lösung eingenommen werde. Wäre nun der Druck der Wassersäule grösser als der osmotische Druck der Lösung, so würde sich die Querwand senken, und die Lösung würde koncentrierter. Wäre er geringer, so würde sie sich heben, und die Lösung würde mehr Wasser aufnehmen, also verdünnt werden. In beiden Fällen würde die Verschiebung der Querwand so lange stattfinden, bis ein osmotischer Druck hergestellt wäre, der durch den Druck der Wassersäule eben kompensiert würde.

Die Arbeitsfähigkeit einer Lösung ist also gerade so wie die eines Gasvolumens um so grösser, je mehr das Volumen verkleinert, d. h. je koncentrierter die Lösung gemacht wird. Dieselbe Arbeit aber, welche der osmotische Druck einer Lösung leistet, falls der letzteren Gelegenheit geboten wird, durch eine semipermeable Wand Lösungsmittel aufzunehmen, muss aufgewendet werden, um den früheren Koncentrationsgrad wiederherzustellen. Zwar kann diese bei der Koncentrierung einer Lösung aufzuwendende Arbeit durch einen osmotischen Versuch direkt nicht gemessen werden, weil jene van't Hoffsche Vorrichtung nicht ausführbar ist. Wohl aber kann die Messung indirekt durch die Vorgänge des Siedens und Gefrierens, die überhaupt eine genauere Bestimmung des osmotischen Druckes ermöglichen (s. II. Abschnitt 3. u. 4. Kapitel), gemacht werden.

Was den Wert des osmotischen Druckes anbetrifft, so muss es auffallen, dass derselbe schon bei verdünnten Lösungen hoch ist. Beträgt er doch bei einer 5-procentigen Rohrzuckerlösung von 0^0 schon $5 . 0{,}649 = 3{,}2$ Atm., und berechnet man den osmotischen Druck einer etwa halb gesättigten Ammoniaklösung, welche in 100 cm^3 ungefähr 51 g NH_3, also in 0,033 Litern 17 g = 1 g-Mol. NH_3 enthält, so ergeben sich bei 0^0 nach der Gleichung $0{,}033\,P = 0{,}0819 . 273$ sogar 671 Atm. Wenn dennoch die Gefässe, in denen man solche Lösungen aufbewahrt, nicht zersprengt werden, so liegt dies daran, dass der nach Tausenden von Atmosphären berechnete Binnendruck die einzelnen Teilchen dieser Flüssigkeiten zusammenhält. Der osmotische Druck könnte erst dann zur Geltung kommen und eventuell die Wände der Gefässe zertrümmern, falls diese semipermeabel wären, und man die Gefässe in das Lösungsmittel einsenken würde.[1])

2. Kapitel.

Der Dampfdruck der Lösungen.

§ 1. Messung des Dampfdruckes der Flüssigkeiten.

Der maximale Dampfdruck einer Flüssigkeit bei bestimmter Temperatur lässt sich nach Dalton in Millimetern Quecksilber messen. Man hat nur nötig, eine etwa 80 cm lange und etwa

[1]) Ostwald, Lehrbuch der allgem. Chemie I, 673. 1891.

1 cm weite Glasröhre mit luftfreiem Quecksilber zu füllen, sie in einer Quecksilberwanne umzukehren und alsdann in ihr ein ungefähr 1 cm^3 grosses Fläschchen aufsteigen zu lassen, welches ganz mit der zu prüfenden Flüssigkeit gefüllt und mit einem lose aufgesetzten Glasstöpsel verschlossen ist. Letzterer wird, wenn das Fläschchen in das barometrische Vakuum gelangt, abgeworfen. Ein Teil der Flüssigkeit verdampft, und der Druck dieses Dampfes drückt das Quecksilber um eine bestimmte Anzahl von Millimetern herab, welche die maximale Dampfspannung der Flüssigkeit bei der Temperatur des Versuchs angiebt. Mit der Ablesung des Quecksilberstandes hat man etwa 10 Minuten zu warten, und ferner ist es nötig, durch wiederholtes Neigen der Röhre ihre Wände gehörig zu benetzen. Die Grösse des barometrischen Vakuums kommt für den gemessenen Dampfdruck nicht wesentlich in Betracht. Sie würde nur das Quantum des entstehenden Dampfes variieren, dessen Gesamtgewicht aber den Stand des Quecksilbers kaum beeinflusst. Das Resultat ist indessen unbrauchbar, wenn das Barometerrohr nicht völlig luftleer bleibt, sowie wenn die in Frage kommende Flüssigkeit Verunreinigungen enthält.

Der Wert der maximalen Dampfspannung einer Flüssigkeit ist ein Mass für die Flüchtigkeit derselben. Bei 16^0 beträgt sie für Wasser nur 13,5, für Äther dagegen 374 mm.

§ 2. Die Raoultschen Gesetze des Dampfdruckes der Lösungen.

Die im Barometerrohr gemessene Depression des Quecksilbers fällt nun geringer aus, wenn in der Flüssigkeit eine Substanz gelöst ist. Dies ist begreiflich, wenn man erwägt, dass die Verdampfung das Volumen der Flüssigkeit verringert, und dass der osmotische Druck, der eher eine Vermehrung des Lösungsmittels herbeizuführen bestrebt ist, die Verdampfung desselben hemmt. Die sich auf die Dampfdruckverminderung der Lösungen beziehenden Gesetze sind am Ende des vorigen Jahrzehnts von Raoult[1]) in

[1]) Ztschr. f. physik. Chemie, 353. 1888.

Grénoble experimentell ermittelt. Die Arbeiten dieses Forschers waren deshalb erfolgreicher als die seiner Vorgänger (Wüllner, Babo), weil er von den flüchtigeren Lösungsmitteln ausging und vor allem die Lösungen solcher indifferenter, den galvanischen Strom nicht leitender Substanzen, deren eigner Dampfdruck minimal ist, untersuchte. Auf Grund der nach der barometrischen Methode ausgeführten Versuche war Raoult zu folgenden Sätzen gelangt.

1. Die relative Dampfdruckverminderung $(p - p_1)/p$, wenn p und p_1 die Dampfdrucke des reinen Lösungsmittels bezw. der Lösung bezeichnen, ist von 0^0 bis 20^0 von der Temperatur unabhängig.

2. Sie wächst der Menge der gelösten Substanz proportional, falls die Koncentrationen nicht zu gross sind.

3. Bezieht man sie diesem Proportionalitätsgesetz gemäss auf 1 g-Mol. Substanz, die in 100 g Lösungsmittel gelöst wäre, so erhält man die molekulare Dampfdruckverminderung

$$\frac{p - p_1}{p} \cdot \frac{m}{l},$$

wenn l die zum Versuch verwendete Substanz in Grammen, und m ihr Molekulargewicht ist. Die molekulare Dampfdruckverminderung ist für die Lösungen der verschiedenen Substanzen, die mit dem nämlichen Lösungsmittel hergestellt sind, konstant, also, wie auch der osmotische Druck, nur durch die vorhandene Anzahl der Molekeln der gelösten Substanzen bedingt.

4. Berechnet man, indem man die Gewichtsmengen der Substanz und des Lösungsmittels durch die zugehörigen Molekulargewichte dividiert, die Anzahl n und N der Molekeln beider, so besteht für alle Lösungsmittel die Gleichung

$$\frac{p - p_1}{p} = \frac{n}{N + n},$$

d. h. die relative Dampfdruckverminderung ist für alle Lösungsmittel gleich dem Verhältnis der Anzahl der Molekeln der Substanz zu der Gesamtzahl der in der Lösung vorhandenen Molekeln der Substanz und des Lösungsmittels.

§ 3. Demonstrationsversuche.

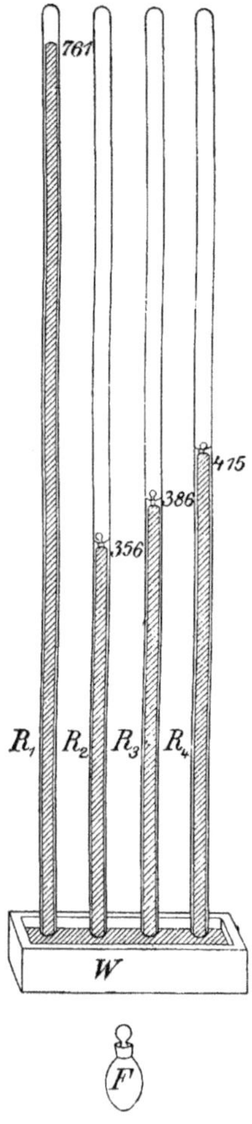

Fig. 29.

Falls man auf genauere Messungen des Dampfdruckes, wie sie RAOULT unter Anwendung sehr sorgfältig gereinigter Materialien, sowie durch kathetometrische Ablesung des Quecksilberstandes und Korrektion desselben erhielt, verzichten will, lässt sich jenes zweite Gesetz, auf das es wesentlich ankommt, durch den nächsten Versuch veranschaulichen. Man fülle vier gleich lange, mit Millimeterskalen versehene Barometerröhren R_1, R_2, R_3 und R_4 (Fig. 29) mit gut gereinigtem Quecksilber und befestige sie gleich weit entfernt in umgekehrter Stellung in einer Wanne W. Waren die Luftbläschen gänzlich beseitigt, so müssen die Quecksilberniveaus gleich sein. Alsdann bringe man in drei Fläschchen F von beistehender Form, wie sie zur HOFMANNschen Dampfdichtebestimmung dienen, reinen Äther bezw. Lösungen von 12,2 und 24,4 g Benzoësäure in 100 g Äther. Die Füllung lässt sich am besten in der Weise bewerkstelligen, dass man die Fläschchen an einem Platindraht in die in der Wägeflasche befindlichen Flüssigkeiten einsenkt und sie, nachdem die letzteren eingedrungen sind, schnell mit dem Stöpsel verschliesst. Sind sie äusserlich durch Aufspritzen von Äther gut gereinigt, so lasse man sie der Reihe nach mit dem Stöpsel nach unten in drei jener Röhren, R_2, R_3 und R_4, aufsteigen. Die vierte Röhre R_1 bleibt zur Messung des Luftdrucks reserviert. Nach einiger Zeit haben sich die Quecksilberniveaus konstant eingestellt, und es zeigt sich, dass dieselben, wenn man sie sich durch Linien verbunden denkt, sämtlich in einer geneigten Geraden liegen, wie es die im zweiten Gesetz ausgesprochene Proportionalität verlangt. Obwohl die an den Skalen direkt abgelesenen Zahlen nur als Näherungswerte gelten können, sind sie doch geeignet, zum Verständnis der RAOULTschen Gesetze beizutragen. Sie mögen daher nebst den Daten zweier anderen Versuche und den sich anschliessenden Berechnungen in der Tabelle XII Platz finden (s. Seite 114 u. 115).

Die Zahlen in den Kolumnen 7 und 8 lassen das zweite bezw. dritte Gesetz von RAOULT annähernd erkennen. Auch stimmen die in der Kolumne 9 mit denen in 7 leidlich überein, wie es das vierte Gesetz fordert. Die Zahlen der Kolumne 10 sind durch Division der Werte der molekularen Dampfdruckverminderung durch das Molekulargewicht des Lösungsmittels (durch 74 für Äther, durch 78 für Benzol) erhalten. Sie geben also die relative Dampfdruckverminderung für den Fall an, dass 1 g-Mol. Substanz in 100 g-Mol. Lösungsmittel gelöst wäre, und gleichen für beide Lösungsmittel fast dem Wert $1/(100+1) = 0,00999$.

§ 4. Bestimmung des Molekulargewichts.

Auf Grund der Formel $(p - p_1)/p = n/(N + n)$ kann nach RAOULT das Molekulargewicht m der gelösten Substanz berechnet werden, und insofern sind die Dampfdruckmessungen geeignet, als Kontrolle der Molekulargewichtsbestimmungen zu dienen. Bezeichnet nämlich M das Molekulargewicht des Lösungsmittels, L die in der Lösung vorhandene Menge desselben in Grammen, m und l die entsprechenden Werte für die gelöste Substanz, so ist

$$\frac{p - p_1}{p} = \frac{l/m}{L/M + l/m} = \frac{l M}{L m + l M},$$

folglich

$$m = M \frac{l}{L} \frac{p_1}{p - p_1}.$$

In der Kolumne 11 der Tabelle XII stehen die aus den Versuchsdaten für Benzoësäure, Salicylsäure und Naphtalin berechneten Molekulargewichte.

Tab. XII.

1	2	3	4	5	6	7
Lösungsmittel	Gelöste Substanz	Versuchstemperatur	Barometerstand	p	p_1	$\frac{p - p_1}{p}$
I. Äther 100 g	Benzoësäure 12,2	17,75	761	405	375	0,0740
II. „ „	„ 24,4	17,75	761	405	346	0,1456
III. „ „	Salicylsäure 13,8	19,00	755	420	388	0,0762
IV. „ „	„ 27,6	19,00	755	420	355	0,1547
V. Benzol 100 g	Naphtalin 12,8	21,00	758	85,5	79	0,0762

§ 5. Beziehung zwischen dem osmotischen Druck und dem Dampfdruck der Lösungen.

Da für äquimolekulare Lösungen desselben Lösungsmittels sowohl der osmotische Druck als auch die relative Dampfdruckverminderung konstant sind, so ist anzunehmen, dass beide Grössen im kausalen Zusammenhang miteinander stehen. In der That hat VAN'T HOFF durch eine thermodynamische Rechnung das eine Gesetz von dem anderen abgeleitet.

Auf einfacherem Wege hat OSTWALD,[1] einer Betrachtungsweise von ARRHENIUS folgend, aus dem Gesetz des osmotischen Druckes das RAOULTsche Gesetz entwickelt. Seine Deduktionen mögen hier kurz wiedergegeben werden. Eine Glocke *g* (Fig. 30), die unten mit einer semipermeablen Membran *m* abgeschlossen und oben mit einem Steigrohr von 1 cm² Querschnitt versehen ist, enthalte eine Lösung aus N g-Mol. Lösungsmittel und n g-Mol. Substanz und sei in ein mit dem reinen Lösungsmittel gefülltes Gefäss *F* bis *f* eingesenkt. Man stelle sich ferner vor, dass der ganze Apparat auf eine Platte *A* gesetzt und mit einer Glocke *G* überdeckt sei, und dass im Innern derselben ein Vakuum erzeugt würde. Infolge des osmo-

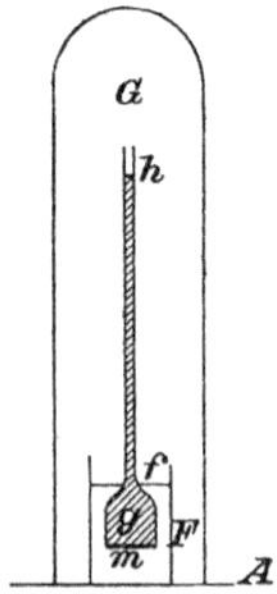

Fig. 30.

[1] W. OSTWALD. Lehrbuch der allgemeinen Chemie, I, 728. 1891.

Tab. XII.

8	9	10	11	12
			Molekulargewicht berechnet	sonst
$\frac{p-p_1}{p}\cdot\frac{m}{l}$	$\frac{n}{N+n}$	$\frac{1}{74(78)}\cdot\frac{p-p_1}{p}\cdot\frac{m}{l}$	$m=M\cdot\frac{l}{L}\cdot\frac{p_1}{p-p_1}$	gefunden
0,740	0,0689	0,00999	113	122
0,728	0,1289	0,00984	106	122
0,762	0,0689	0,01030	124	138
0,773	0,1289	0,01040	112	138
0,762	0,0723	0,00977	121	128

tischen Vorganges möge die Lösung im Steigrohr bis zum Punkte *h* steigen. Der osmotische Druck ist dann nach der Gleichung

$$P=\frac{nRT}{V},$$

wo $R=84700$ ist, wenn P in Grammen und V in Kubikcentimetern gemessen wird. Ist nun M das Molekulargewicht des Lösungsmittels, so wiegt die Lösung, da das Gewicht der Substanz wegen des als gering anzunehmenden Koncentrationsgrades zu vernachlässigen ist, MN Gramm, und ist s das specifische Gewicht der Lösung, welches dem des Lösungsmittels sehr nahe kommt, so muss $V=MN/s$ cm^3 sein. Mithin ist

$$P=\frac{nsRT}{MN}.$$

Giebt ferner H die Strecke *fh* in cm an, so ist $P=Hs$, und folglich

$$H=\frac{nRT}{MN}.$$

Soll aber der Apparat im Gleichgewicht sein, so ist der Dampfdruck p_1 der Lösung im Punkte *h* gleich dem Dampfdruck p des Lösungsmittels vermindert um das Gewicht der Dampfsäule *fh* von 1 cm^2 Querschnitt. Mithin ist, wenn d das Gewicht eines Kubikcentimeters Dampf bedeutet, $p_1 = p - H\,d$, oder $p - p_1 = H\,d$. Es wiegen nun v cm³ Dampf M Gramm, wenn v das Molekularvolumen des Lösungsmittels in Dampfform ist. Also wiegt 1 cm³ Dampf $d = M/v$ Gramm, oder, da nach der Gasgleichung $v = RT/p$ ist, so ist

$$d = \frac{Mp}{RT}.$$

Setzt man schliesslich in die Gleichung $p - p_1 = Hd$ die Werte für H und d ein, so ergiebt sich

$$p - p_1 = \frac{nRT}{MN} \cdot \frac{Mp}{RT} = \frac{n}{N}\,p \text{ oder}$$

$$\frac{p - p_1}{p} = \frac{n}{N}.$$

Dies ist aber die von Raoult empirisch gefundene Gleichung unter der Voraussetzung, dass n gegen N sehr klein, die Lösung also sehr verdünnt ist.

Für endliche Koncentrationen hat H einen nicht unbedeutenden Wert, und es darf daher, weil d nach H sich ändert, der Druck π der Dampfsäule von der Höhe H nicht ohne weiteres $= Hd$ gesetzt werden. Vielmehr ist $\partial\pi/\partial H = -d$, oder da $d = M\pi/RT$ ist, so ist

$$\partial H = -\frac{RT}{M} \cdot \frac{\partial \pi}{\pi}.$$

Integriert man diese Gleichung von 0 bis H, so ist

$$H = -\frac{RT}{M}\int_0^H \frac{\partial \pi}{\pi}, \text{ also } H = \frac{RT}{M}\ln\frac{\pi_0}{\pi_H},$$

und hierin ist $\pi_0 = p$ und $\pi_H = p_1$. Aus dem osmotischen Druck hatte man aber

$$H = \frac{nRT}{MN}$$

gefunden. Folglich ist

$$\frac{RT}{M}\ln\frac{p}{p_1}=\frac{nRT}{MN} \text{ oder}$$

$$\ln\frac{p}{p_1}=\frac{n}{N}.$$

Nun aber ist

$$\ln\frac{p}{p_1}=\ln\left(1+\frac{p-p_1}{p_1}\right)=\frac{p-p_1}{p_1}-\frac{1}{2}\left(\frac{p-p_1}{p_1}\right)^2 + \ldots\ldots = \frac{p-p_1}{p_1}.$$

Somit ergiebt sich

$$\frac{p-p_1}{p_1}=\frac{n}{N}, \text{ oder}$$

$$\frac{p-p_1}{p}=\frac{n}{N+n}.$$

Es ist also die empirische Formel von RAOULT auch theoretisch begründet, und andrerseits die Richtigkeit der Formel $PV = RT$, von welcher jene Betrachtung ausging, aufs neue bestätigt.

---

3. Kapitel.

Siedepunkt und Gefrierpunkt der Lösungen.

§ 1. Das Sieden und Gefrieren der Lösungen.

Beim Sieden einer Lösung verdampft bekanntlich nur das Lösungsmittel und nicht die gelöste Substanz, wofern der Siedepunkt der letzteren ungefähr 130^0 höher liegt, als der des Lösungsmittels. Beim Gefrieren einer Lösung scheidet sich in fester Form immer nur das Lösungsmittel aus, falls die Lösung nicht zu koncentriert ist; denn bringt man ein mit verdünnter Kaliumpermanganatlösung gefülltes Reagensglas in eine Kältemischung, so zeigt sich schliesslich das Gefäss bis auf einen axialen, dunkel violetten Flüssigkeitsfaden mit farblosem Eis erfüllt. Erwägt man nun, dass der Dampfdruck einer Lösung stets geringer ist, als der des Lösungsmittels, so ergiebt sich, dass eine Lösung bei einem höheren Temperaturgrad sieden und bei einem tieferen gefrieren muss, als das reine Lösungsmittel. Denn beim Siedepunkt des Lösungsmittels vermag der Dampfdruck der Lösung den Druck der Luft noch nicht zu überwinden. Damit dies möglich ist, also die Lösung siedet, muss sie bis zu einem höheren Temperaturgrad erhitzt werden. Ferner fängt das Lösungsmittel erst dann an zu gefrieren, wenn der Dampfdruck der Lösung dem Dampfdruck des festen Lösungsmittels gleich ist. Diese Bedingung ist aber erst bei einer Temperatur erfüllt, welche tiefer liegt, als der Gefrierpunkt des reinen Lösungsmittels. Auch durch das Verhalten des osmotischen Druckes, der einer Verringerung des Lösungsmittels, die sowohl beim Sieden als beim Gefrieren erfolgt, entgegenwirkt, sind jene Erscheinungen des Siedens und Gefrierens verständlich.

Stehen aber der Dampfdruck und der osmotische Druck einer Lösung in innigster Beziehung zu ihrer Siedepunktserhöhung und Gefrierpunktserniedrigung, so wird sich auch erwarten lassen, dass den Raoultschen Gesetzen des Dampfdrucks gemäss jene beiden Grössen proportional der Koncentration zunehmen und für äquimolekulare, mit dem nämlichen Lösungsmittel bereitete Lösungen gleichen Wert haben.

In der That hat der Versuch zu diesem Ergebnis geführt, und namentlich gelang es wiederum Raoult, dieses Problem experimentell zu lösen, indem er vor allem die Lösungen organischer Körper untersuchte und die Resultate auf molekulare Mengen bezog.

§ 2. Bestimmung des Siedepunktes.

Da die Siedepunkts- sowie auch die Gefrierpunktsmethode eine weit genauere und bequemere Bestimmung des Molekulargewichts der gelösten Substanzen gestatten, als die Dampfdruckmethode, so sind im Laufe der Zeit zur Bestimmung des Siedepunkts der Lösungen Apparate von grosser Empfindlichkeit und Sicherheit konstruiert. Am meisten sind diejenigen von BECKMANN[1]) im Gebrauch. Um zu Demonstrationszwecken Siedepunktsmessungen an wässrigen Lösungen auszuführen, eignet sich sehr gut der Apparat Fig. 31, der mit einigen Abänderungen, die den Zweck haben, die Resultate in grösserer Entfernung erkennen zu lassen, einem der BECKMANNschen nachgebildet ist. Das Siedegefäss *G* von der Form eines Reagensglases ist 15 cm lang und 4,8 cm weit. Es ist in der ringförmigen Klemme *R* des Stativs *S* befestigt und ruht, unten umgeben von Asbestwolle, auf dem mit Asbesteinlage versehenen Drahtnetz *D*. *M* ist ein 12 cm hoher und 8 cm weiter, beiderseits offener Glascylinder, welcher das Gefäss *G* mantelförmig umgiebt. Oben ist er mit dem Asbestring *A* bedeckt. Der das Gefäss *G* verschliessende Pfropfen *P* trägt den Kühler *K* und das Thermometer *T*. Ersterer ist ein Spiralrohr aus 9 Windungen à 5 cm Durchmesser. Sein unteres Ende ist schräg abgeschliffen und mit einem Loch versehen, damit die Dämpfe in das Kühlrohr gelangen können, ohne durch das sich ansammelnde kondensierte Wasser gehindert zu werden. Der Quecksilberbehälter *Q* des Thermometers[2]) ist 10 cm lang und hat einen Durchmesser

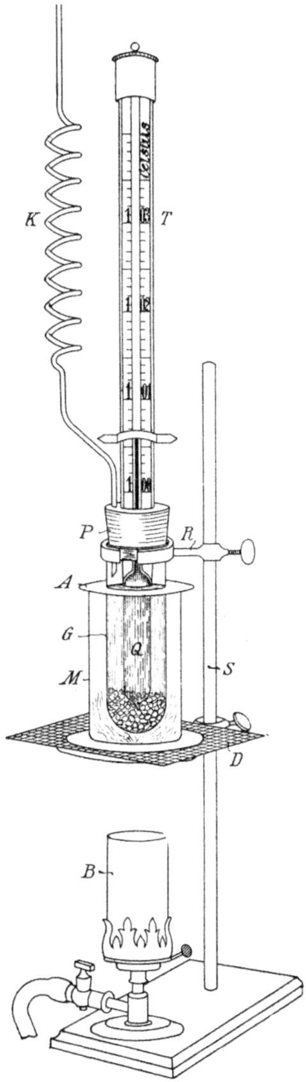

Fig. 13.

[1]) Ztschr. f. physik. Chemie 2, 639, **4**, 543, **21**, 245.

[2]) Zu erhalten bei WARMBRUNN, QUILITZ & Co., Berlin, Rosenthalerstr. 20. Preis M. 18,—.

von 1,8 cm. Die Skala umfasst nur 3 Grade, von 100° bis 103°. Auf jeden Grad kommen 7 cm Skalenlänge, so dass hundertstel Grade abgelesen werden können.

Das Siedegefäss *G* ist vor dem Gebrauch mit Wasser wiederholt auszukochen, um den Einfluss der Löslichkeit der Glassubstanz möglichst zu verringern. Alsdann bestimmt man den Siedepunkt des reinen Wassers, indem man das Siedegefäss mit 50 Gramm gewaschener Tariergranaten und 200 g Wasser beschickt, den Propfen *P* aufsetzt, so dass das Niveau des Quecksilberbehälters mit dem des Wassers zusammenfällt, und den Apparat mit dem leicht regulierbaren Argandbrenner *B* erhitzt. Wenn das Sieden beginnt, drehe man den Hahn des Brenners so weit zurück, dass die Flamme desselben auf einen schwach leuchtenden Ring reduciert ist. Nach 10 Minuten hat der Quecksilberfaden des Thermometers einen konstanten Stand; so zeigte er bei einem Barometerstand von 771 mm auf 100,41°. Das Sieden nimmt einen genügend gleichmässigen Verlauf, da einerseits durch die Tariergranaten das Stossen der Flüssigkeit, das sonst infolge des Wechsels von Überhitzung und plötzlicher Dampfbildung leicht eintritt, vollkommen vermieden wird, andrerseits der Luftmantel zwischen *G* und *M* einen hinreichenden Wärmeschutz gewährt, und endlich das aus dem Kühler zurückfliessende Wasser pro Minute nur einen Tropfen beträgt. Um den Siedepunkt einer Lösung zu bestimmen, schütte man eine abgewogene Menge der betreffenden Substanz in Pulverform in das Wasser. Für die folgenden Versuche wurde Rohrzucker benutzt. Die Resul-

Tab. XIII.

1	2	3	4	5	6	7
l	t_0	t	$t-t_0$	$\frac{t-t_0}{l}$	$S=\frac{t-t_0}{l}.m$	$m=5{,}168.\frac{l}{t-t_0}$
11,4		100,58	0,17	0,01491	5,099	346
22,8		100,76	0,35	0,01535	5,249	337
34,2	100,41	100,92	0,51	0,01491	5,099	346
45,6		101,10	0,69	0,01513	5,174	341
57,0		101,28	0,87	0,01526	5,219	339

tate sind in der Tabelle XIII zusammengestellt. Darin bedeutet l die in 100 g Wasser gelöste Zuckermenge, t_0 den Siedepunkt des Wassers und t denjenigen der Lösung.

§ 3. Die Gesetze der Siedepunktserhöhung und ihre Anwendung zur Bestimmung der Molekulargewichte.

Aus den Zahlen der Kolumne 5 der Tabelle XIII folgt, dass die Siedepunktserhöhung für je 1 Gramm Rohrzucker fast konstant ist, dass also der Siedepunkt proportional der Koncentration steigt. Die Siedepunktserhöhung würde nach den bei den einzelnen Koncentrationen festgestellten Werten t die in der Kolumne 6 verzeichneten S-Werte angenommen haben, falls 1 g-Mol. = 342 Gramm Rohrzucker in 100 Gramm Wasser gelöst wären. Wie man sieht, sind diese für S berechneten Werte fast konstant. Sie ergeben den Mittelwert 5,168, welchen man die molekulare Siedepunktserhöhung des Wassers nennt.

Wenn man mit Lösungen einer anderen organischen Verbindung in Wasser eine ähnliche Reihe von Siedepunktsbestimmungen ausführen würde, so würde man als molekulare Siedepunktserhöhung denselben Wert S erhalten. Daraus folgt, dass die äquimolekularen Lösungen der verschiedenen Substanzen in Wasser die gleiche Siedepunktserhöhung zeigen, dass also der Siedepunkt wässriger Lösungen nur durch die Anzahl der gelösten Molekeln bestimmt ist.

Die Konstante S für Lösungen in Wasser ermöglicht die Feststellung des Molekulargewichts m einer in Wasser löslichen Verbindung, wenn man eine zuverlässige Siedepunktsbestimmung einer Lösung ausführt. Fand man z. B. für eine Lösung von 5 g Harnstoff in 100 g Wasser den Wert $t - t_0 = 0{,}43$, so ist nach der Proportion

$$5 : m = 0{,}43 : 5{,}168$$

$m = 60$. So sind in der Tabelle XIII die Werte m für Rohrzucker aus den 5 Einzelmessungen erhalten. Sie stimmen mit der Zahl 342 nahezu überein.

Kommen nicht 100 g, sondern L g des Lösungsmittels in Anwendung, so ist

$$m = 100\,S\,\frac{l}{L\,(t-t_0)}.$$

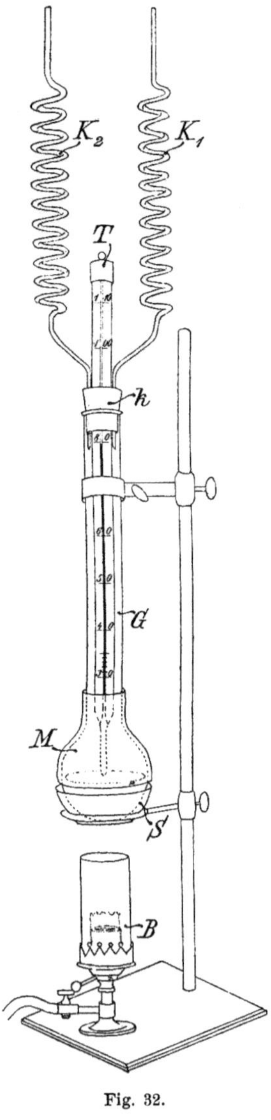

Fig. 32.

Die mit Rohrzucker angestellten Versuche lassen sich in dem Vortrag auch insofern noch weiter ausnutzen, als man durch Zusatz eines Kubikcentimeters verdünnter, mit Kaliumchlorid versetzter Chlorwasserstoffsäure zur siedenden Lösung die Rohrzuckermolekeln nach der Gleichung:

$$C_{12}H_{22}O_{11} + H_2O = 2\,C_6H_{12}O_6$$

leicht invertieren, also die Zahl der gelösten Molekeln in kaum einer Minute verdoppeln kann, was eine doppelt so hohe Siedepunktserhöhung zur Folge hat. Aus dieser Erscheinung ist ferner zu ersehen, dass bei Molekulargewichtsbestimmungen nach der Siedepunktsmethode nur solche Lösungsmittel anwendbar sind, die auf die gelöste Substanz chemisch nicht einwirken.

Für jedes Lösungsmittel giebt es einen ihm eigentümlichen Wert S. So ist für

	Wasser	Alkohol	Äther	Essigsäure
$t_0 =$	100°	78,3°	34,97°	118,1°
$S =$	5,1°	11,5°	21,10°	25,3°

	Äthylacetat	Benzol	Chloroform
$t_0 =$	72,8°	80,0°	61,2°
$S =$	26,1°	26,1°	35,9°

Da sich wegen der höheren S-Werte mit Lösungen in Alkohol, Äthylacetat oder Chloroform grössere Siedepunktsdifferenzen ergeben, so können in diesen Fällen Thermometer mit kleinerem Quecksilbergefäss benutzt werden. Die

Versuche mit jenen Lösungen lassen sich daher schneller erledigen. Für Demonstrationszwecke reicht der Apparat Fig. 32 aus. Der Kolben des Siedegefässes *G* fasst 200 cm^3, sein Hals ist 30 cm lang und 3 cm weit. Er steht in einer mit Asbestwolle ausgelegten Asbestschale *S* und muss, wie Fig. 32 zeigt, mit dem aus dickem wollenen Tuch herzustellenden Mantel *M* umgeben sein, damit etwaiger Luftzug unschädlich gemacht wird. Der Kork *k* trägt die beiden langen Kühlschlangen K_1 und K_2, zwischen deren Windungen angefeuchtetes Fliesspapier zu stecken ist, sowie das Thermometer *T*. Das Quecksilbergefäss des letzteren (50 × 8 mm) ragt in die 100 Gramm betragende Menge des Lösungsmittels hinein. Der Quecksilberfaden ist 2 mm breit und daher aus ziemlich weiter Entfernung zu erkennen. Die Skala beginnt bei 30^0. Sie erreicht bis 110^0 eine Länge von 30 cm, so dass die Differenz pro Grad nahezu 4 mm ausmacht, und zehntel Grade noch abgelesen werden können. Den Siedeverzug vermeidet man in der oben angegebenen Weise. Zum Erhitzen ist wiederum ein Argandbrenner *B* mit leuchtender Flamme, hohem Schornstein und Regulierhahn zu empfehlen. Zunächst bestimme man den Siedepunkt des Lösungsmittels und füge dann durch den Kolbenhals die zu lösende Substanz hinzu. Tabelle XIV enthält die Resultate der Siedepunktsbestimmungen von Lösungen des Naphtalins (Mol. Gew. 128) in Äthylacetat.

Tab. XIV.

l	t_0	t	$t-t_0$	$\frac{t-t_0}{l}$	$S=\frac{t-t_0}{l}\cdot m$	$m=26{,}1\cdot\frac{l}{t-t_0}$
3,2	72,8	73,5	0,7	0,2188	28,00	119,3
6,4	72,8	74,1	1,3	0,2031	25,99	128,5
9,6	72,8	74,7	1,9	0,1979	25,33	125,3

§ 4. Bestimmung des Gefrierpunkts.

Bequemer noch als der Siedepunkt ist der Gefrierpunkt zu ermitteln. Für Demonstrationszwecke eignet sich die Versuchsanordnung Fig. 33. Das Gefäss des Thermometers[1]) T, welches auch in anderen Fällen, z. B. zur Feststellung der Lösungswärme von Salzen oder der specifischen Wärme von Metallen wohl verwendbar ist, ist 14 cm lang und 1,5 cm weit. Es ist mit blaugefärbtem Amylalkohol gefüllt. Die Skala hat eine Länge von 60 cm. Sie umfasst 75°, und zwar 30° unter und 45° über Null. Die Graddifferenz beträgt also 8 mm, so dass zehntel Grade leicht abzulesen sind. Dieses Thermometer wird in das Gefriergefäss R gesetzt, welches die Form eines Reagensglases hat. Das Niveau der zu prüfenden Lösung in demselben muss dem des Thermometergefässes gleich und vom Rand des Gefriergefässes 3 cm entfernt sein. Die Röhre R ist mittels einer Korkscheibe in der Öffnung der Flasche F befestigt. Letztere ist mit einer koncentrierten Chlorcalciumlösung, mit Glycerin oder Alkohol gefüllt und in das 5 bis 6 Liter grosse Kältebad K eingesenkt. Will man mit dem beschriebenen Apparat, dessen Empfindlichkeit nur eine beschränkte sein kann, annähernd richtige Resultate erhalten, es namentlich vermeiden, dass zu tiefe Temperaturgrade als Gefrierpunkte beobachtet werden, so muss man den aus Nickeldraht gefertigten Rührer r während der Abkühlung der Lösung beständig bewegen, bis sich eben das Lösungsmittel in fester Gestalt ausscheidet. Auf keinen Fall darf die Kühlung zu rasch erfolgen, und es ist deshalb darauf zu achten, dass die Temperatur der Flüssigkeit in der Flasche F höchstens 2° Grad tiefer liegt, als der betreffende Gefrierpunkt. Dies lässt sich aber leicht bewerkstelligen, indem man

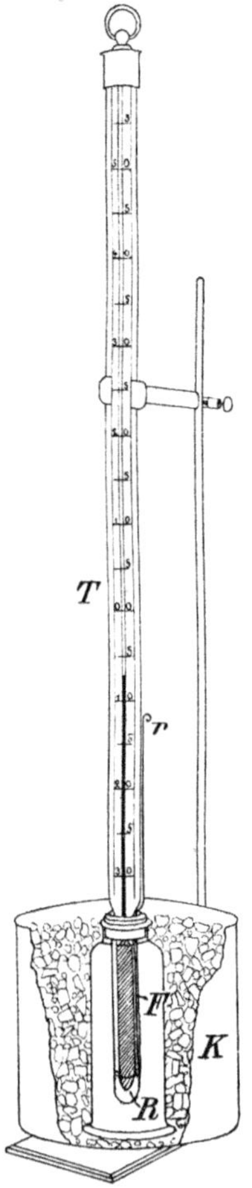

Fig. 33.

[1]) Angefertigt vom Glasbläser Stuhl, Berlin N., Philippstr. 22. Preis 12 M.

im Kältebad *K* die gehörige Temperatur erzeugt, also je nach den Umständen mit Eiswasser oder einer Kältemischung aus Eis und mehr oder weniger Kochsalz arbeitet.

§ 5. Die Gesetze der Gefrierpunktsverminderung und ihre Anwendung zur Bestimmung der Molekulargewichte.

Die Ergebnisse einiger Versuche mit Lösungen in Wasser und in Benzol, dessen Gefrierpunkt $5{,}5^0$ war, sind aus der Tabelle XV zu ersehen. Darin bezeichnet l die auf 100 Gramm Lösungsmittel kommende Menge der gelösten Substanz, ϑ den Gefrierpunkt der Lösung, ϑ_0 den des Lösungsmittels, G die molekulare Gefrierpunktserniedrigung, m (Kolumne 9) das berechnete und m_0 das wahre Molekulargewicht der gelösten Verbindung. Die durch den Versuch gefundenen Gefrierpunkte sind, abgesehen von den Mängeln der Methode, auch

Tab. XV.

1	2	3	4	5	6	7	8	9	10
Lösungsmittel	Gelöste Substanz	l	ϑ	$\vartheta_0 - \vartheta$	$\frac{\vartheta_0 - \vartheta}{l}$	$G = m\frac{\vartheta_0 - \vartheta}{l}$	G nach Raoult	$m = G\frac{l}{\vartheta_0 - \vartheta}$	m_0
Wasser	Rohrzucker	34,2	− 1,8	1,8	0,053	18,13		342,00	
„	„	51,3	− 2,8	2,8	0,054	18,45	18,5	341,60	342,0
„	„	68,4	− 3,8	3,8	0,055	18,81		342,00	
Benzol	Chloroform	11,9	+ 0,2	5,3	0,444	53,01		112,75	
„	„	23,9	− 4,5	10,0	0,419	50,01	51,1	119,50	119,5
„	„	35,8	− 8,5	14,4	0,391	46,72		128,00	
„	Naphtalin	12,8	+ 0,5	5,0	0,391	50,05	50,0	128,00	128,0
„	„	25,6	− 4,0	9,5	0,371	47,19		134,70	
„	Anilin	9,3	+ 0,8	4,7	0,505	46,96	46,3	99,35	93,0
„	„	18,6	− 3,5	9,0	0,484	45,01		103,30	
„	Benzoësäure	6,1	+ 4,2	1,3	0,213	25,98	25,4	234,60	122,0

deshalb wenig genau, weil zur Erlangung möglichst grosser Temperaturdifferenzen höhere Koncentrationen verwendet wurden. Für Molekulargewichtsbestimmungen dürfen letztere nicht über 0,04 g-Mol. auf 100 Gramm Lösungsmittel hinausgehen.

Man erkennt hieraus deutlich die Analogie zwischen den Erscheinungen des Siedens und Gefrierens der Lösungen. Der Gefrierpunkt sinkt proportional der Koncentration (Kolumne 6), und die Gefrierpunktserniedrigung ergiebt, wenn 1 g-Mol. Substanz in der nämlichen Menge Lösungsmittel (100 g) gelöst wäre, für Lösungen in Wasser den Durchschnittswert $18,5^0$ und für solche in Benzol den Durchschnittswert 49^0 (Kolumne 7 und 8). Dass die Gefrierpunktserniedrigung sich ebenfalls nur nach der Anzahl der in einer konstanten Menge des Lösungsmittels vorhandenen Molekeln der Substanz richtet, wird auch dadurch noch veranschaulicht, dass man die 34,2procentige Rohrzuckerlösung nach der Inversion wieder in den Gefrierapparat bringt, wobei man $\vartheta = -3,3^0$ erhält. Die Zahlen der Kolumnen 9 und 10 machen es begreiflich, welch hohe Bedeutung die Gefrierpunkte zur Bestimmung der Molekulargewichte haben, die den Gleichungen gemäss

$$l : \mathrm{m} = (\vartheta_0 - \vartheta) : \mathrm{G}$$

oder

$$l : \mathrm{m} = (\vartheta_0 - \vartheta)\, \mathrm{L}/100 : \mathrm{G},$$

wenn L die jeweilige Gewichtsmenge des Lösungsmittels bezeichnet, berechnet werden.

Die von Raoult ermittelten Konstanten einiger Lösungsmittel sind für

	Wasser	Essigsäure	Ameisensäure	Benzol	Nitrobenzol
$\vartheta_0 =$	0^0	20^0	$8,5^0$	$4,9^0$	$5,3^0$
G =	$18,5^0$	$38,6^0$	$27,7^0$	$50,0^0$	$70,7^0$

Die aus den angeführten Versuchen der Siedepunkts- und Gefrierpunktsbestimmungen hervorgegangenen Zahlen stimmen mit den theoretischen Werten mehrfach nicht überein. Doch sind diese Differenzen nicht allein durch die Ungenauigkeit der Methode bedingt. Auch die mittels der BECKMANNschen Apparate erhaltenen Zahlen weichen oft sehr von den theoretischen Werten ab. Die Grössen $(\vartheta_0 - \vartheta)/l$ der Benzollösungen nehmen mit der Koncentration in der Regel ab. Man erklärt dies durch die wohl begründete Annahme, dass die Molekeln der Substanzen in Benzollösungen teilweise zu Doppelmolekeln vereinigt sind, und zwar um so mehr, je koncentrierter sie sind. Die Benzoësäure bildet in Benzol ausschliesslich Doppelmolekeln. Andrerseits erweisen sich bei wässrigen Lösungen höherer Koncentrationen sowohl die Siedepunkts- als auch die Gefrierpunktsänderungen grösser, als es der Theorie entspricht. In diesen Fällen müssen die Molekeln der Substanz auf die des Lösungsmittels eine Anziehung ausüben, welche das Verdampfen und Ausfrieren des letzteren erschweren.

---

4. Kapitel.

Zusammenfassung.

§ 1. Die Beziehungen des osmotischen Druckes zur Dampfdruckverminderung, Siedepunktserhöhung und Gefrierpunktserniedrigung.

Die Versuche mit verdünnten Lösungen haben bisher zu vier ähnlich lautenden Gesetzen geführt, nämlich: Äquimolekulare Lösungen beliebiger Stoffe, die mit gleichen Gewichtsmengen desselben Lösungsmittels hergestellt sind, zeigen gleichen osmotischen Druck, gleiche relative Dampfdruckverminderung, gleiche Siedepunktserhöhung und gleiche Gefrierpunktserniedrigung, und die Versuchsdaten lassen auch die Umkehrung dieser Gesetze zu. Bei relativ gleicher, im allgemeinen aber geringer Koncentration müssen daher die Grössen P, $(p - p_1)/p$, $t - t_0$ und $\vartheta_0 - \vartheta$ einander proportional, und der Proportionalitätsfaktor darf nur von den Konstanten des Lösungsmittels abhängig sein. Auf theoretischem Wege hat VAN'T HOFF[1]) die Beziehung des osmotischen Druckes zu den drei anderen Grössen ermittelt und folgende Gleichungen aufgestellt, in denen M das Molekulargewicht des Lösungsmittels, s das specifische Gewicht desselben, T_0 und T'_0 seinen absoluten Siede- bezw. Gefrierpunkt, w und w' seine latente Verdampfungs- bezw. Schmelzwärme pro Gramm und K, K' und K'' die betreffenden, vom Lösungsmittel abhängigen Gesamtkonstanten bedeuten:

$$\text{I. } P = \frac{p - p_1}{p_1} \cdot \frac{819\,s \cdot T}{M} = \frac{p - p_1}{p} T K \text{ Atm.}$$

$$\text{II. } P = (t - t_0) \cdot \frac{41{,}37 \cdot s \cdot w}{T_0} = t - t_0) K' \text{ Atm.}$$

$$\text{III. } P = (\vartheta_0 - \vartheta) \cdot \frac{41{,}37 \cdot s \cdot w'}{T'_0} = (\vartheta_0 - \vartheta) K'' \text{ Atm.}$$

Es muss sich folglich die eine Grösse aus der anderen finden lassen. So möge nach den Gleichungen II und III der Wert für P aus einigen früher angegebenen Versuchsdaten berechnet werden. Die Resultate sind aus den beiden folgenden Tabellen XVI und XVII zu ersehen.

In den Kolumnen 11 beider Tabellen ist P nach der Gleichung $PV = 0{,}0819\, T_0$ bezw. $= 0{,}0819\, T'_0$ Liter-Atm., in welcher V die Zahl der Liter angiebt, die 1 g-Mol. Substanz in der Lösung enthalten würden, berechnet. In der That stimmt dieser Wert, wenn man erwägt, dass bei obigen Siedepunkts- und Gefrierpunktsbestimmungen verhältnismässig sehr koncentrierte Lösungen verwendet wurden, mit dem in den Kolumnen 10 verzeichneten, nach jenen VAN'T HOFFschen Formeln ermittelten Wert ziemlich überein.

Es haben sich also aus den Bestimmungen des Siedepunkts und Gefrierpunkts, welche weit genauer ausgeführt werden können, als die des osmotischen Druckes, solche Werte für P ergeben, welche der der Gasgleichung entsprechenden Gleichung $PV = RT$ genügen, und somit wird durch die Siedepunkts- und Gefrierpunktsmethode die VAN'T HOFFsche

[1]) NERNST, Theoretische Chemie, 124—126. 1893.

Tab. XVI.

1	2	3	4	5	6	7	8	9	10	11
Lösungs-mittel	Gelöste Substanz	l	V	$t - t_0$	s	w	T_0	K'	$P = (t - t_0) K'$	$P = \frac{0{,}0819\, T_0}{V}$
Wasser	Rohrzucker	51,3	0,6667	0,74	0,959	536,4	373,0	57	42,18	45,82

Tab. XVII.

1	2	3	4	5	6	7	8	9	10	11
Lösungs-mittel	Gelöste Substanz	l	V	$\vartheta_0 - \vartheta$	s	w'	T'_0	K''	$P = (\vartheta_0 - \vartheta) K''$	$P = \frac{0{,}0819\, T'_0}{V}$
Wasser	Rohrzucker	51,3	0,6667	2,8	0,9998	79,0	273,0	11,85	31,89	33,54
Benzol	Chloroform	11,9	1,1494	5,3	0,8700	29,5	278,5	3,76	19,93	19,84
„	„	23,9	0,5747	10,0	0,8700	29,1	278,5	3,76	37,61	33,68

Theorie wiederum bestätigt. Für die Richtigkeit derselben spricht aber ferner auch die Thatsache, dass aus den Siedepunkten und Gefrierpunkten der Lösungen dieselben Molekulargewichte der gelösten Substanzen gefunden werden, zu welchen die Dampfdichtebestimmungen führen.

§ 2. Berechnung der molekularen Gefrierpunktserniedrigung nach VAN'T HOFF.

Noch einen anderen sehr überzeugenden Beweis für die Theorie der Lösungen hat VAN'T HOFF gegeben, indem er auf Grund der Gasgleichung durch eine rein thermodynamische Betrachtung für die molekulare Gefrierpunktserniedrigung Werte ermittelte, die den empirischen gleichkommen. Man denke sich folgenden Kreisprocess. Eine Lösung von n g-Mol. Substanz in einer sehr grossen Anzahl N g-Mol. Lösungsmittel habe die Temperatur ϑ_0^0. Sie werde auf ϑ^0 abgekühlt. Es möge ihr dann noch so viel Wärme entzogen werden.

dass N/n g-Mol. Lösungsmittel, also diejenige Menge, auf welche in der ursprünglichen Lösung 1 g-Mol. Substanz kommt, ausfrieren. Dadurch werden N/n . M ω g-cal. bei ϑ° frei, wenn M das Molekulargewicht des Lösungsmittels, und ω die latente Schmelzwärme pro Gramm desselben bei ϑ° ist. Die gefrorene Menge des Lösungsmittels denke man sich ferner aus der Lösung ausgeschieden, auf ϑ_0° erwärmt und bei ϑ_0° zum Schmelzen gebracht. Hierzu werden N/n . Mω' g-cal. aufgenommen, wenn ω' die latente Schmelzwärme des Lösungsmittels bei ϑ_0° ist. Da nun die latenten Schmelzwärmen bei tieferen Schmelzpunkten geringer sind, so ist

$$\frac{N}{n} M \omega < \frac{N}{n} M \omega'.$$

Wird inzwischen die übrige Lösung wieder auf ϑ_0° gebracht, so beträgt das Plus der bei allen jenen Vorgängen zugeführten Wärme

$$\frac{N}{n} M (\omega' - \omega) \text{ g-cal.}$$

Auf Kosten dieser Wärme lasse man die Lösung Arbeit leisten, indem man ihr Gelegenheit bietet, N/n g-Mol. Lösungsmittel durch eine semipermeable Membran osmotisch wieder aufzunehmen. Es ist dann das Anfangsstadium des Kreisprocesses erreicht.

Dieser Kreisprocess ist auch in umgekehrter Richtung möglich. Denn man kann sich vorstellen, dass man bei ϑ_0° aus der Lösung vermöge eines Stempels N/n g-Mol. Lösungsmittel durch eine semipermeable Membran hindurchpresse, bei ϑ_0° gefrieren lasse, nebst der Lösung auf ϑ° abkühle und wieder in die Lösung bringe, in der es schmelze. Würde nun das Ganze auf ϑ_0° erwärmt, so wäre der Kreisprocess wiederum geschlossen, und es wäre statt der aufgewendeten osmotischen Arbeit die Wärmemenge

$$\frac{N}{n} M (\omega' - \omega) \text{ g-cal.}$$

frei geworden.

Da ferner für jene osmotische, in dem einen Fall gelieferte, in dem andern Fall aufgewendete Arbeit die Formel

$$PV = 2\,T_0'\ \text{g-cal.}$$

anwendbar ist, in welcher T_0' der absolute Gefrierpunkt des Lösungsmittels, P die Differenz der osmotischen Drucke der koncentrierteren und verdünnteren Lösung, und V dasjenige Volumen des Lösungsmittels ist, welches osmotisch aufgenommen bezw. ausgepresst wurde, so gilt, falls man nur den ersten Kreisprocess berücksichtigt, die Gleichung

$$2\,T_0' : N/n\,.\,M\omega' = (\vartheta_0 - \vartheta) : T_0',$$

denn nach dem zweiten Hauptsatz der mechanischen Wärmetheorie verhält sich, wenn Wärme in einem umkehrbaren Kreisprocess Arbeit leistet, der in Arbeit verwandelbare Anteil dieser Wärme zur gesamten zugeführten Wärme wie das Temperaturgefälle zu der absoluten Temperatur, bei welcher das System die Wärme aufnahm. Aus jener Gleichung folgt

$$\vartheta_0 - \vartheta = \frac{2\,n\,T_0'^2}{M\,N\,\omega'}.$$

Ist aber 1 g-Mol. Substanz in 100 g Lösungsmittel gelöst, so ist

$$\vartheta_0 - \vartheta = \frac{0{,}02\,T_0'^2}{\omega'},$$

worin also T_0' den absoluten Gefrierpunkt des Lösungsmittels und ω', welches sich von ω nur wenig unterscheidet, die latente Schmelzwärme für 1 g desselben bedeutet. Diese für $\vartheta_0 - \vartheta$ gefundene Grösse ist nun identisch mit der empirisch gefundenen Grösse G. Setzt man z. B. für Wasser die Werte $T_0' = 273$ und $\omega' = 79$ ein, so ist $\vartheta_0 - \vartheta = 18{,}8$, während die Versuche $G = 18{,}5$ ergaben.

Eine entsprechende Gleichung hat van't Hoff für die auf 100 g Lösungsmittel bezogene molekulare Siedepunktserhöhung abgeleitet, nämlich

$$t - t_0 = \frac{0{,}02\,T_0^2}{w},$$

worin T_0 den absoluten Siedepunkt des Lösungsmittels, und w die latente Verdampfungswärme ist. Auch diese Gleichung genügt den Ergebnissen der Versuche.

Schliesslich sei noch bemerkt, dass man aus jenen beiden Gleichungen mit Hilfe der empirischen Werte G bezw. S die Grössen ω und w berechnen kann, und dass sich die so erhaltenen Werte denen der direkten Versuche ebenfalls als gleich erwiesen haben.

Wenn nun eine Theorie von so verschiedenen Seiten her bestätigt worden ist, wie die VAN'T HOFFsche, so kann ein Zweifel an der Richtigkeit derselben nicht bestehen. Es darf daher der Satz: Die Substanzen üben in den Lösungen denselben Druck als osmotischen aus, den sie im gleichen Volumen bei der nämlichen Temperatur in Gasgestalt zeigen würden, als ein Naturgesetz gelten, und demnach darf die AVOGADROsche Regel auf die Substanzen im gelösten Zustand übertragen werden.

---

5. Kapitel.

Die wässrigen Lösungen der Elektrolyte.

§ 1. Das VAN'T HOFFsche Gesetz und die Lösungen der Elektrolyte.

Es ist bereits betont worden, dass die Untersuchungen, welche RAOULT zu den genannten, von VAN'T HOFF theoretisch begründeten Gesetzen führten, an Lösungen indifferenter organischer Verbindungen in Wasser oder in organischen Lösungsmitteln angestellt wurden. Eine grosse Zahl von Substanzen in ihren wässrigen Lösungen, nämlich die Salze, Säuren und Basen, und zwar insbesondere solche anorganischer Natur, zeigt ein von jenen Gesetzen abweichendes Verhalten, welches der allgemeinen Anerkennung der VAN'T

HOFFschen Theorie anfangs Schwierigkeiten machte. Die Grössen P, $(p - p_1)/p$, $t - t_0$ und $\vartheta_0 - \vartheta$ erweisen sich nämlich sämtlich höher, als es der Theorie entspricht. Erstere beiden sind indessen nicht genau genug bestimmbar, um eine etwaige Gesetzmässigkeit ihrer Abweichungen deutlich erkennen zu lassen. Denn einerseits ist die Kupferferrocyanidmembran für jene Substanzen bei so hohen Drucken, wie sie sich ergaben, nicht mehr völlig semipermeabel, andrerseits sind die Unterschiede der Dampfspannungen wässriger Lösungen zu gering. Wohl aber haben die Ermittlungen des Siedepunkts und Gefrierpunkts weitere Aufschlüsse gebracht. Zunächst mögen die Resultate einiger nach dem 3. Kapitel ausgeführten Versuche in den Tabellen XVIII und XIX zusammengestellt

Tab. XVIII.

1	2	3	4	5	6	7	8	9	10
Substanz auf 100 g Wasser	l	$t - t_0$	$\frac{t - t_0}{l}$	m	$S = m \cdot \frac{t - t_0}{l}$	$i = \frac{S}{5,2}$	$i'' = 1 + (z - 1)\frac{\lambda}{\lambda_\infty}$	$\alpha = \frac{i - 1}{z - 1}$	$\alpha'' = \frac{\lambda}{\lambda_\infty}$
Natriumchlorid	5,85	0,94	0,160	58,5	9,36	1,80	1,82	0,80	0,82
„	8,80	1,40	0,159		9,30	1,78		0,78	

Tab. XIX.

1	2	3	4	5	6	7	8	9	10
Substanz auf 100 g Wasser	l	$\vartheta_0 - \vartheta$	$\frac{\vartheta_0 - \vartheta}{l}$	m	$G = m \cdot \frac{\vartheta_0 - \vartheta}{l}$	$i' = \frac{G}{18,5}$	$i'' = 1 + (z - 1)\frac{\lambda}{\lambda_\infty}$	$\alpha' = \frac{i' - 1}{z - 1}$	$\alpha'' = \frac{\lambda}{\lambda_\infty}$
Natriumchlorid	5,83	3,5	0,598	58,50	34,98	1,89	1,82	0,89	0,82
„	8,80	5,2	0,591		34,51	1,87		0,87	
Kaliumchlorid	6,00	2,7	0,442	74,58	32,97	1,78	1,86	0,78	0,86
„	10,00	4,4	0,440		32,81	1,77		0,77	
Calciumchlorid $CaCl_2 \cdot 6$ aq.	21,90	5,2	0,237	219,98	51,90	2,69	2,50	0,84	0,75

werden, in denen dieselben Bezeichnungen beibehalten sind, wie früher.

Wie man aus den Zahlen der Kolumnen 4 ersieht, nehmen wiederum die Werte $t-t_0$ und $\vartheta_0-\vartheta$ für jede Substanz proportional der Koncentration zu. Auch stimmen die molekularen Gefrierpunktserniedrigungen G (Kolumne 6) für die Lösungen von Natrium- und Kaliumchlorid überein. Vergleicht man aber die Werte S und G mit denen der Tabellen XIII und XV, so zeigen sie sich sämtlich grösser als dort. Welches Multiplum sie von den Normalwerten 5,2 bezw. 18,5 sind, erfährt man, wenn man sie durch 5,2 bezw. 18,5 dividiert. Die so erhaltenen Zahlen (Kolumne 7) hat VAN'T HOFF mit i bezeichnet. Es hat sich nun herausgestellt, dass die Werte i für jede einzelne Substanz bei wachsender Verdünnung zunehmen und schliesslich in die ganzen Zahlen 2, 3, 4 . . . . übergehen, und dass sie ferner für Stoffe von ähnlicher Zusammensetzung gleich sind, nämlich für die Säuren $\overset{I}{H}\overset{I}{A}$, die Basen $\overset{I}{B}(\overset{I}{OH})$ und die Salze $\overset{I}{A}\overset{I}{B}$ die Zahl 2, für die Säuren $\overset{I}{H}_2\overset{II}{A}$, die Basen $\overset{II}{B}(\overset{I}{OH})_2$ und die Salze $\overset{I}{A}_2\overset{II}{B}$ und $\overset{II}{A}\overset{I}{B}_2$ die Zahl 3 ergeben, und zwar ist es hierbei gleichgiltig, ob die i-Werte nach der Methode des osmotischen Drucks oder derjenigen des Dampfdrucks, Siedepunkts oder Gefrierpunkts ermittelt werden. Da die Grössen $(p-p_1)/p$, $t-t_0$ und $\vartheta_0-\vartheta$ den P-Werten proportional sind, so musste VAN'T HOFF die allgemeine Gleichung in der Form

$$PV = iRT$$

schreiben. *Die Lösungen aller jener Substanzen verhalten sich demnach so, wie wenn eine grössere Anzahl von Molekeln vorhanden ist, als der Koncentration entsprechen würde.*

§ 2. Erklärung des Faktors i nach ARRHENIUS und Bestätigung der Dissociationstheorie.

Um jene Erscheinungen zu erklären, lag es hinsichtlich der Analogie zwischen Lösungen und Gasen nahe, eine Dissociation der Molekeln der gelösten Substanzen anzunehmen. Hatte man doch auch die Anomalien gewisser Gase, wie Stickstofftetroxyd und Phosphorpentachlorid, die gegen die AVOGADROsche Regel einen zu hohen Druck zeigen, durch die Annahme einer Dissociation befriedigend erklärt. Indessen hätte man sich wohl schwerlich dazu entschlossen, diesen Ausweg für die Lösungen zu benutzen, wenn nicht die betreffenden Substanzen gleichzeitig Elektrolyte wären, und die Theorie der Elektrolyse nicht auch jene Forderung gestellt hätte. In der That treten die abnormen Siedepunkts- und Gefrierpunktserscheinungen nur auf, wenn die Lösungen den galvanischen Strom leiten. Die Lösungen von Natriumacetat in Äther und von Kaliumchlorid in Alkohol verhalten sich gerade so normal, wie die wässrigen Lösungen von Zucker oder Harnstoff, d. h. der Faktor i ist $= 1$. Sobald aber jene Salze in Wasser gelöst, also Stromleiter geworden sind, nimmt der Faktor i bei gehörigen Verdünnungen den Wert 2 an.

ARRHENIUS[1]) gebührt das Verdienst, auf diesen Umstand, und zwar im Jahre 1887, hingewiesen zu haben. Seine Theorie der elektrolytischen Dissociation fand ihre hauptsächlichste Stütze darin, dass sich die aus der Leitfähigkeit abgeleiteten Werte von i den VAN'T HOFFschen nahezu gleich zeigten. Die Zahl i giebt offenbar das Verhältnis der in der Lösung wirklich vorhandenen Massenteilchen zu derjenigen Zahl an, in welcher die Molekeln hätten vorhanden sein müssen, wenn keine Dissociation eingetreten wäre. Wenn nun n g-Mol. Substanz abgewogen und in Wasser gelöst werden, wenn ferner der Dissociationskoëfficient α den Bruchteil von n bezeichnet, der die Dissociation erfährt, und z die Zahl der Teilmolekeln bedeutet, in welche eine Molekel der Substanz zerfällt, so befinden sich in der Lösung $n - n\alpha$ ganze Molekeln und $zn\alpha$ Teilmolekeln. Mithin ist

$$i = \frac{n - n\alpha + zn\alpha}{n} = 1 + (z - 1)\alpha,$$

und da $\alpha = \lambda / \lambda_\infty$ ist, wenn λ die molekulare Leitfähigkeit bei

---

[1]) Ztschr. für physik. Chemie, 630, 1887.

endlicher, und λ_∞ die bei unendlicher Verdünnung darstellt, so folgt aus der Leitfähigkeit der Lösungen

$$i = 1 + (z - 1)\frac{\lambda}{\lambda_\infty}.$$

In den Kolumnen 8 der Tabellen XVIII und XIX sind diese i'' genannten Werte angeführt. Sie sind denen in den Kolumnen 7 nahezu gleich, und die Übereinstimmung wäre noch vollkommener, wenn S und G mit Hilfe verdünnterer Lösungen festgestellt wären. Dasselbe gilt von den Werten für α, wenn sie einerseits mit Hilfe der VAN'T HOFFschen Faktoren i nach der Gleichung

$$\alpha = \frac{i - 1}{z - 1},$$

andrerseits nach der Gleichung $\alpha = \lambda/\lambda_\infty$ berechnet werden (s. Kolumnen 9 und 10). Was die sachliche Bedeutung der Grössen α anbetrifft, so sei daran erinnert, dass der hundertfache Wert von α die Anzahl der Molekeln der Substanz angiebt, die von je 100 Molekeln dissociiert sind. Die Zahl 0,89 für Natriumchlorid besagt also, dass in der betreffenden Lösung 89% der Molekeln zerfallen sind. Die Teilmolekeln einer binären Substanz müssen nun unbedingt mit den Ionen identisch sein, und aus der Übereinstimmung der nach obigen beiden Methoden ermittelten i-Werte muss die Identität der Teilmolekeln und Ionen auch für sämtliche anderen elektrolytischen Substanzen gelten. Auch spricht hierfür (s. Tabelle XVIII und XIX) die Erscheinung, dass der Dissociationsgrad mit zunehmender Koncentration abnimmt, wie auch aus den Thatsachen der Leitfähigkeit gefolgert werden muss.

In betreff der nach der Gefrierpunktsmethode bestimmbaren Werte i sei noch bemerkt, dass sie zur Berechnung der molekularen Leitfähigkeit λ der elektrolytischen Lösungen ein bequemes Mittel bieten, welches insofern besonders wertvoll ist, als die gut leitenden Elektrolyte dem OSTWALDschen Verdünnungsgesetz nicht folgen (siehe I. Abschnitt, 5. Kapitel, § 2). Ist z. B. für eine Kaliumchloridlösung, die in 7,14 Litern

1 g Mol. enthält, $G = 32,89$ gefunden, so ist $i = 32,89/18,5 = 1,78$, also $\alpha = 0,78$. Aus den Wanderungsgeschwindigkeiten für K˙ und Cl′ bei 18⁰ folgt aber $\lambda_\infty = 123,9$. Demnach ist

$$\lambda_{7,14} = \alpha \, . \, \lambda_\infty = 0,78 \, . \, 123,9 = 97,$$

und gefunden ist von KOHLRAUSCH für $\lambda_2 = 95,8$ und für $\lambda_{10} = 104,7$.

Wenn ferner für eine elektrolytische Lösung die Grössen i und λ empirisch ermittelt sind, so lässt sich der Wert z nach der Gleichung

$$z = \frac{(i-1)\lambda_\infty}{\lambda} + 1$$

berechnen, und da z die Anzahl der Ionen bedeutet, in welche die Molekel einer Substanz dissociiert wird, so dürften sich für die Konstitutionsformel der letzteren aus der Grösse z unter Umständen wertvolle Schlüsse ziehen lassen.

Vor allem aber lehrt dieses Kapitel, dass ARRHENIUS das merkwürdige, von dem VAN'T HOFFschen Gesetz auf den ersten Blick abweichende Verhalten der Lösungen der Elektrolyte im Sinne jenes Gesetzes selbst erklärt und auf diese Weise nicht allein die Giltigkeit der AVOGADROschen Regel für elektrolytische Lösungen, sondern auch die Richtigkeit seiner Dissociationstheorie bestätigt hat.

III. Abschnitt.

Die osmotische Theorie des Stromes der Voltaschen Ketten.

In den beiden ersten Abschnitten hat sich eine Reihe von Sätzen ergeben, deren Richtigkeit fast ausschliesslich durch den Versuch erwiesen ist. Auf Grund dieser Sätze hat NERNST seine osmotische Theorie über die Entstehung des elektrischen Stromes in den VOLTAschen Ketten aufgestellt. Dieselbe soll nebst ihren weiteren Folgerungen in diesem Abschnitt erörtert werden.

1. Kapitel.

Die Flüssigkeitsketten.

Es ist eine längst bekannte Thatsache, dass sich bei der Berührung von Leitern zweiter Ordnung elektrische Differenzen geltend machen. Indessen war nicht einzusehen, dass der blosse Kontakt die Ursache dieser Erscheinungen sein sollte.

Die Entstehung einer Potentialdifferenz zwischen zwei verschieden koncentrierten Lösungen desselben Elektrolyten erklärt NERNST dadurch, dass sich die vom osmotischen Druck getriebenen Ionen mit verschiedener Geschwindigkeit bewegen, mithin in der einen Lösung die Kationen, in der anderen die Anionen im Überschuss auftreten. Da aber die Ionen die

Träger elektrischer Ladungen sind, so findet in der einen Lösung eine Anhäufung positiver, in der anderen eine solche negativer Elektricität statt. Verbindet man daher mit den beiden Lösungen zwei indifferente Elektroden, d. h. Elektroden von solcher Beschaffenheit, dass die Kräfte, welche an den Grenzflächen derselben und der Flüssigkeiten ihren Sitz haben, vollkommen eliminiert werden, so muss sich an einem Elektrometer die Potentialdifferenz, welche die Folge der Anhäufung beider Elektricitäten ist, nachweisen und messen lassen. Derartige Ketten hat man Flüssigkeitsketten genannt.

Jene Potentialdifferenz hat NERNST[1]) unter obigen Voraussetzungen in einer Abhandlung berechnet, welche H. v. HELMHOLTZ im Jahre 1889 der Akademie der Wissenschaften vorlegte. Da diese theoretischen Erörterungen die Basis der modernen Stromtheorie bilden, so ist eine kurze Wiedergabe derselben nötig. Der Einfachheit wegen werde angenommen, dass der Elektrolyt aus zwei einwertigen Ionen bestehe, deren Wanderungsgeschwindigkeiten u und v seien. Ferner sei p_1 der osmotische Partialdruck der Kationen in der koncentrierten, p_2 der der Anionen in der verdünnten Lösung. Wenn die an einem g-Atom eines einwertigen Ions haftende Elektricitätsmenge von 96540 Coulomb durch die Kette fliessen sollte, müssten $u/(u+v)$ g-Atome Kationen mit dem Strom und $v/(u+v)$ g-Atome Anionen gegen den Strom transportiert werden. Denn wenn unter dem Einfluss der der Anode durch den Schliessungsbogen zugeleiteten Elektricität $v/(u+v)$ g-Atome Anionen aus der einen Lösung in die andere geführt werden, so bleiben in der ersteren $v/(u+v)$ g-Atome Kationen zurück. Zu ihnen müssen also $u/(u+v)$ g-Atome Kationen aus der zweiten Lösung hinzukommen, damit in der ersten Lösung $(u+v)/(u+v)=1$ g-Atom Kationen die Kathode erreichen. Ebenso müssen $v/(u+v)$ g-Atome Anionen zur Anode gelangen, damit hier im ganzen $(u+v)/(u+v)=1$ g-Atom Anionen auftreten. Sowie nun das Volumen V einer g-Molekel eines Gases, wofern es allmählich von dem Druck p_1 auf p_2 sinkt, auf Kosten der von aussen aufgenommenen Wärme die Arbeit

[1]) Sitzungsber. der Kgl. preuss. Akad. d. Wiss. 83, 1889.

$$-\int_{p_1}^{p_2} V\,d\,p$$ [1])

(das Minuszeichen bedeutet, dass die geleistete Arbeit zunimmt, wenn p abnimmt) zu leisten vermag, so muss dadurch, dass das ein g-Atom Kationen enthaltende Volumen V einer Lösung vom osmotischen Druck p_1 auf p_2 sinkt, gleichfalls die Arbeit

$$-\int_{p_1}^{p_2} V\,d\,p$$

verfügbar werden. Daher leisten $u/u+v$ g-Atome Kationen die Arbeit

$$-\frac{u}{u+v}\int_{p_1}^{p_2} V\,d\,p,$$

und da $pV = RT$ ist, so ist jene Arbeit

$$= -\frac{u}{u+v}\,R\,T\int_{p_1}^{p_2}\frac{d\,p}{p}$$

oder

---

[1]) Man nehme an, dass 1 g-Mol. eines Gases bei einer gewissen Temperatur und dem Drucke von 5 Atm. den Raum von 8 Litern ausfülle, und dass das Gefäss die Form eines liegenden Prismas von 80 cm Länge, 10 cm Breite und 10 cm Höhe habe. Man lasse nun so viel Gas entweichen, bis der Druck noch 4 Atm. ausmacht. Die ausgetretene Gasmasse umfasst dann den Raum von 8 Litern bei 1 Atm. Während des Austretens leistet das Gas eine gewisse Arbeit. Es hebt nämlich die auf 800 cm^2 liegende Luft 10 cm hoch, d. h. es leistet die Arbeit von 1033 . 800 . 10 g . cm = 103,3 . 8 kg . dcm = 8 Liter-Atmosphären. Entweicht nochmals dieselbe Gasmenge, so ist der restierende Gasdruck noch 3 Atm., und die gesamte Arbeit ist 8 (5—3) = 16 Liter-Atmosphären. Allgemein muss also 1 g-Mol. eines Gases, welches in dem Raum von V Litern unter dem Druck von p_1 Atm, steht und von dem Druck p_1 auf p_2 fällt, die Arbeit

$$\int_{p_1}^{p_2} V.\,dp \text{ Liter-Atmosphären}$$

leisten.

$$= \frac{u}{u+v} RT \ln \frac{p_1}{p_2}.$$

Um aber $v/u+v$ g-Atome Anionen von dem Druck p_2 auf p_1 zu heben, ist die Arbeit

$$\frac{v}{u+v} RT \ln \frac{p_1}{p_2}$$

aufzuwenden. Die von der osmotischen Energie insgesamt verfügbare Arbeit ist daher

$$\frac{u-v}{u+v} RT \ln \frac{p_1}{p_2}.$$

Soll nun diese Arbeit ganz in die elektrische Energie $96540 . \pi$ übergehen, wenn π die Potentialdifferenz der Flüssigkeitskette bedeutet, so ist

$$96540\, \pi = \frac{u-v}{u+v} RT \ln \frac{p_1}{p_2}.$$

Darin ist $R = 2$ g-cal. $= 2 . 4{,}18 . 10^7$, 1 Coulomb $= 10^{-1}$ und 1 Volt $= 10^8$ absol. Einheiten. Mithin ist

$$\pi = \frac{2 . 4{,}18 . 10^7}{96540 . 10^{-1} . 10^8} \cdot \frac{u-v}{u+v} \cdot T \ln \frac{p_1}{p_2} \text{ Volt},$$

$$= 0{,}0000866 \frac{u-v}{u+v} T \ln \frac{p_1}{p_2} \text{ Volt},$$

$$= 0{,}0002 \frac{u-v}{u+v} T \log \frac{p_1}{p_2} \text{ Volt}.$$

Damit also zwischen zwei verschieden koncentrierten Lösungen eines Elektrolyten eine Potentialdifferenz zu stande kommt, müssen nicht nur p_1 und p_2, sondern auch u und v verschieden sein, und zwar geht der Strom von der koncentrierten zur verdünnten Lösung, wenn $u > v$ ist, im andern Fall umgekehrt. Für die Säuren ist u stets grösser als v. Eine Flüssigkeitskette aus einer normalen und einer 0,001-normalen Chlorwasserstoffsäure würde bei 17^0 die Potentialdifferenz

$$\pi = 0{,}0002 \frac{0{,}00352 - 0{,}00069}{0{,}00352 + 0{,}00069} \cdot 290 . 3 = 0{,}117 \text{ Volt}$$

haben.

Enthält der Elektrolyt mehr als zwei Ionen, und ist die Wertigkeit derselben n_1 und n_2, so lautet obige Gleichung

$$\pi = 0{,}0002 \frac{\frac{u}{n_1} - \frac{v}{n_2}}{u + v} T \log \frac{p_1}{p_2} \text{ Volt},$$

und wenn $n_1 = n_2 = n$ ist, so ist für einen Elektrolyten aus zwei n-wertigen Ionen

$$\pi = \frac{0{,}0002}{n} \cdot \frac{u - v}{u + v} T \log \frac{p_1}{p_2} \text{ Volt} \quad \ldots \ldots \quad 1)$$

Eine ganz allgemeine Gleichung, die auch den Fall in sich schliesst, dass sich zwei verschiedene Elektrolyte berühren, ist von PLANCK aufgestellt. Doch möge von dieser abgesehen werden.

Die vorstehende Theorie der Flüssigkeitsketten gewährt einen Einblick in die Mechanik des Zustandekommens der Potentialdifferenz, welche sich zwischen zwei verschieden koncentrierten Lösungen eines Elektrolyten entwickelt. Das Experiment hat sie zur Genüge bestätigt. So fand KENRIK[1]) zwischen normaler und 0,1-normaler Chlorwasserstoffsäure die Potentialdifferenz zu 0,044 Volt, während 0,039 Volt berechnet werden.

Bemerkt sei, dass die eingangs dieses Kapitels angenommene Versuchsanordnung thatsächlich nicht geeignet ist, als Ergebnis etwaiger osmotischer Arbeit einen dauernden Strom zu liefern, da dieser voraussetzen würde, dass Ionenladungen dauernd an den Schliessungsbogen der Kette abgegeben würden. Dagegen wird man in den folgenden Ketten Vorkehrungen kennen lernen, die eine vollkommenere Verwandlung osmotischer Energie in elektrische ermöglichen.

---

[1]) Ztschr. f. physik. Chemie 19, 625—656. 1896.

2. Kapitel.

Die Koncentrationsketten.

§ 1. Der Strom der Koncentrationsketten.

Werden zwei Stäbe aus demselben Metall als Elektroden in zwei verschieden koncentrierte, sich berührende Lösungen eines seiner Salze gebracht, so entsteht eine Koncentrationskette. Sie liefert einen bis zum Ausgleich der Koncentrationen dauernden Strom, und zwar dadurch, dass die Kationen an der Elektrode der koncentrierten Lösung unter Abgabe ihrer elektrischen Ladungen den metallischen Zustand annehmen und daher diese Elektrode positiv laden, während die Atome der anderen Elektrode als Kationen in die Lösung geschafft werden. Wie früher auseinandergesetzt wurde, ist die Ionisierung dieser Atome mit Änderungen der Energie verknüpft. Die in den Elektrolyten eintretenden Kationen führen positive elektrische Ladungen mit sich. Die Elektrode, von der sie sich lösen, wird also negativ geladen, denn positive Elektricität kann nicht ohne ein gleiches Quantum negativer entstehen. Dieser Vorgang wird anschaulich, wenn man ihn mit dem der rein mechanischen Lösung eines festen Körpers vergleicht. Sowie letzterer, um in den flüssigen Zustand überzugehen, der Umgebung Wärme entzieht und daher, so zu sagen, Kälte hinterlässt, so nehmen die sich ionisierenden Metallatome die erforderlichen positiven elektrischen Ladungen auf, und negative elektrische Ladungen bleiben in der Elektrode zurück.

Wie in einer elektrolytischen Zelle, deren Elektroden man von aussen den Strom zuführt, so werden auch in einer galvanischen Kette die Elektroden Kathode und Anode genannt, je nachdem sich die Kationen oder Anionen zu ihnen oegeben, und der (positive) Strom nimmt seinen Weg auf jeden Fall von der Kathode durch den Schliessungsbogen zur Anode. Hält man hieran fest, so ist ein Irrtum in der Anwendung der Begriffe: positiver und negativer Pol, leicht zu vermeiden. Der positive Pol einer galvanischen Kette ist derjenige, an welchen die Kationen herantreten, und zum Zweck der Elektrolyse ist derselbe an diejenige Elektrode einer Zersetzungszelle anzulegen, von welcher sich mit dem Strom die Kationen nach der anderen Elektrode bewegen sollen. Stets hat der positive Strom dieselbe Richtung wie die Kationen, sowohl in der Stromquelle als auch in der Zersetzungszelle. Weil die Kationen sich an der Kathode entladen, so heisst letztere auch Ableitungselektrode, und falls die Anionen das Anodenmetall lösen, bezeichnet man die Anode auch als Lösungselektrode.

§ 2. Die Lösungstension der Metalle und Nichtmetalle.

In einer Koncentrationskette kommen nun drei einzelne Potentialdifferenzen in Betracht, von denen die eine zwischen den beiden Lösungen, die beiden andern an den Grenzflächen zwischen Metall und Elektrolyt auftreten. Nernst[1]) hat auch die Potentialdifferenz zwischen Metall und Elektrolyt berechnet und die Entstehung derselben anschaulich gemacht. Zu dem Zweck führte er den Begriff der elektrolytischen Lösungstension ein. Sowie eine Flüssigkeit an der Oberfläche solange verdampft, bis der Dampfdruck der Verdampfungstension der Flüssigkeit gleichgekommen ist, so muss sich, da Verdampfung und Lösung analoge Vorgänge sind, ein Salz im Wasser in solcher Menge lösen, bis der osmotische Druck der Lösung der dem betreffenden Salz eigentümlichen Lösungstension das Gleichgewicht hält. Ebenso aber wohnt nach Nernst jedem Metall eine nur durch seine chemische Natur bedingte Kraft inne, Metallatome als Ionen in Lösung zu bringen. Diese als Lösungstension bezeichnete Kraft sucht sich geltend zu machen, wenn das Metall in einen Elektrolyten eingesenkt wird, und zwar um so mehr, je weniger Kationen in der Lösung bereits vorhanden sind. Umgekehrt ist der osmotische Druck nach Massgabe der Koncentration bestrebt, der Lösungstension entgegenzuarbeiten, also Kationen aus der Lösung herauszuschaffen.

---

[1]) Ztschr. f. physik. Chemie, 129. 1889.

Ist P die Lösungstension eines Metalles, p der osmotische Druck der in der Lösung befindlichen Kationen, so sind drei Fälle zu unterscheiden. Es kann erstens $P > p$ sein. Das Metall verhält sich dann ähnlich wie eine Salzmasse, welche sich, wenn sie der ungesättigten Lösung zugefügt wird, darin löst. Das Metall sucht also Kationen in die Lösung zu befördern, und da mit diesen positive elektrische Ladungen transportiert werden, während die gleiche Menge negativer Elektricität im Metall zurückbleibt, so erhält der Elektolyt ein positives und das Metall ein negatives Potential. So sehr aber der Wert von P den von p übertreffen mag, so kann infolge des blossen Eintauchens des Metalles in den Elektrolyten die Anzahl der sich neu bildenden Kationen nur gering sein. Denn an der Grenzfläche zwischen dem Metall und dem Elektrolyten werden die Kationen seitens des negativ geladenen Metalles angezogen, so dass sie der Lösungstension entgegenwirken. Jedoch kann sich letztere von neuem äussern, sobald die freien Elektricitäten durch einen Schliessungsbogen abgeleitet werden, und sie würde dann in dem angegebenen Sinne so lange fortwirken, bis p den Wert von P erreicht hätte.

Liegt der zweite Fall vor, dass $P = p$ ist, so kommt es überhaupt nicht zu einer Potentialdifferenz.

Wenn endlich drittens $P < p$ ist, so entspricht das Metall einer festen Salzmasse, welche man in die übersättigte Salzlösung bringt. Nunmehr geben einige Kationen ihre Ladungen an das Metall ab. Dieses ladet sich folglich positiv, und der Elektrolyt nimmt ein negatives Potential an. Der Vorgang dauert wiederum nur kurze Zeit, bis das positiv geladene Metall die weiter ankommenden Kationen abstösst.

Wie die Metalle, vermögen auch die Nichtmetalle eine Lösungstension, also die Tendenz, Anionen zu bilden, zu äussern. Indessen kommen hierbei wesentlich nur der Sauerstoff und die Elemente der Halogene in Betracht, da die übrigen Anionen Atomgruppen darstellen, die eine selbständige Existenz nicht besitzen. Die betreffende Elektrode, an welcher jene Nichtmetalle die Ionenform annehmen, ladet sich natürlich positiv.

---

[1]) Ztschr. f. physik. Chemie, 129. 1889

§ 3. Berechnung der Potentialdifferenz der Koncentrationsketten.

Die Lösungstension eines Metalles und der osmotische Druck sind nach Nernst analoge Begriffe. Unter dieser Voraussetzung lässt sich erwarten, dass die Potentialdifferenz $\mathfrak{p}$ zwischen einem Metall und der Lösung eines seiner Salze bei einer bestimmten Temperatur nur von dem Verhältnis P/p abhängt. Auf ähnliche Weise, wie es bei den Flüssigkeitsketten auseinandergesetzt wurde, ergiebt sich die Formel

$$\mathfrak{p} = \frac{0{,}0002}{n} T \log \frac{P}{p} \text{ Volt} \quad \ldots\ldots\ldots \quad 2)$$

wenn n die Valenz des Kations ist, und $\mathfrak{p}$ in der Richtung vom Metall zur Lösung angenommen wird.

Für eine Koncentrationskette von der Form

M/MS konc./MS verd./M,

wenn M das Metall, und S das Anion bezeichnet, berechnet sich nunmehr die gesamte Potentialdifferenz π aus der algebraischen Summe der drei einzelnen Potentialdifferenzen nach der Gleichung

$$\pi = \frac{0{,}0002}{n} T \left[\log \frac{P}{p_1} + \frac{u-v}{u+v} \log \frac{p_1}{p_2} - \log \frac{P}{p_2} \right] \text{ Volt}$$

$$= -\frac{0{,}0002}{n} \cdot \frac{2v}{u+v} \cdot T \log \frac{p_1}{p_2} \text{ Volt} \quad \ldots\ldots\ldots \quad 3)$$

Ist die Bedingung der vollständigen Dissociation der Elektrolyte, wie sie bei der Berechnung von π vorausgesetzt ist, nicht erfüllt, so lautet die allgemeine Formel

$$\pi = -0{,}0002 \cdot \frac{i}{n} \cdot \frac{v}{u+v} \cdot T \log \frac{p_1}{p_2} \text{ Volt} \quad \ldots\ldots \quad 4)$$

worin i der van't Hoffsche Faktor ist. Für $u = v$ nimmt sie die einfachere Form

$$\pi = -0{,}0001 \frac{i}{n} T \log \frac{p_1}{p_2} \text{ Volt} \quad \ldots\ldots\ldots \quad 5)$$

an. Ist $u > v$, so ist π kleiner, ist $u < v$, so ist π grösser, als die Formel 5) angiebt. Im allgemeinen aber sind diese Abweichungen gering. Das Minuszeichen in obigen Formeln bedeutet, dass innerhalb der Koncentrationskette der Strom von der verdünnten zur koncentrierten Lösung geht, so dass die Elektrode der letzteren zur Kathode, die der ersteren zur Anode wird.

Die Richtigkeit der Formel 4) ist von verschiedenen Forschern auf mehrfache Weise experimentell bestätigt. Von den vielen derartigen Versuchen möge nur einer zur weiteren Erläuterung jener Formel angegeben werden. Für die Kette

$$Ag/AgNO_3\ 0{,}1\text{-normal}/AgNO_3\ 0{,}01\text{-normal}/Ag$$

ist $n = 1$, $u = 52$, $v = 58$, $i = 1{,}87$. Bei 18^0 muss demnach

$$\pi = -0{,}0002 \cdot \frac{1{,}87}{1} \cdot \frac{58}{52+58} \cdot 291 \log 10 = -0{,}0574 \text{ Volt}$$

sein. Nernst fand 0,055 Volt, ein Resultat, das in Anbetracht der Unsicherheit der Werte von u und v wohl befriedigt.

Die Koncentrationsketten sind Vorkehrungen, in welchen sich (abgesehen von dem Transport der Metallmassen von der Anode zur Kathode) zwei verschiedene Koncentrationen einer Lösung ausgleichen und hierbei elektrische Energie verfügbar machen. Dieser Ausgleich könnte auch in andrer Weise, z. B. bei mechanischer Arbeitsleistung, zur Geltung kommen. Da nämlich der Dampfdruck der verdünnten Lösung grösser ist, als der der koncentrierten, so könnte man sich nach Ostwald[1]) eine Maschine vorstellen, in welcher der von der verdünnten Lösung entwickelte Dampf von höherer Spannung sich unter Arbeitsleistung ausdehnt, bis er den geringeren Druck über der koncentrierten Lösung, wo er kondensiert wird, angenommen hat. Die Arbeitsfähigkeit dieser Maschine würde so lange bestehen, bis die überdestillierte Wassermasse die Gleichheit der Koncentrationen bewirkt haben würde.

Jene Arbeit liesse sich ferner durch den direkten osmo-

[1]) W. Ostwald. Lehrbuch der allgemeinen Chemie. 2. Aufl. 2. Bd. I. Teil. S. 830. 1893.

tischen Vorgang gewinnen. Man hätte die koncentrierte Lösung durch eine semipermeable Membran von der darunter befindlichen verdünnten Lösung zu trennen. Aus letzterer würde dann eine gewisse Quantität Wasser in den Behälter der koncentrierten Lösung gehoben werden.

§ 4. Versuche zur Demonstration der Koncentrationsketten.

Die Entstehung des Stromes in der Silbernitratkette kann man folgendermassen nachweisen. In Fig. 34 seien

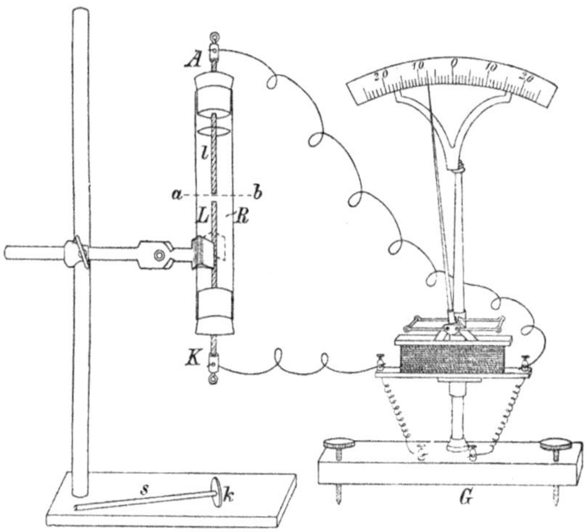

Fig. 34.

K und *A* die beiden Silberelektroden und *a b* die Grenzfläche der beiden Silbernitratlösungen *L* und *l*. Ist die Kette offen, so besitzen *K* und *A*, weil *P* einen sehr geringen Wert hat (s. III. Abschnitt, 5. Kapitel), ein positives Potential, welches aber nach der Formel 2) für *K* grösser sein muss als für *A*. Es muss daher beim Schluss der Kette ein Strom von *K* durch den Schliessungsbogen nach *A* gehen. Nunmehr scheiden sich an *K* Silberionen ab, indem sie ihre Ladungen an *K* abgeben. An *A* dagegen nehmen die Atome der Elektrode unter dem Einfluss der aus der koncentrierten Lösung zuströmenden

NO_3-ionen positive Ladungen an und werden Ionen, während negative Elektricität in den Leitungsdraht abfliesst. Für je 108 Gew.-Teile Silber, welche an *K* abgeschieden werden, werden 108 Gew.-Teile Silber von *A* gelöst. Der Vorgang dauert bei allmählicher Abnahme der elektromotorischen Kraft der Kette so lange, bis sich die Koncentrationen der Lösungen ausgeglichen haben, also die osmotische Energie vollständig erschöpft ist.

Fig. 35.

Die nach der Fig. 34 getroffene Versuchsanordnung reicht aus, den Koncentrationsstrom mit Hilfe eines besseren Galvanoskops nachzuweisen. Man fülle das 15 cm lange und 2,5 cm weite Glasrohr *R* bis *a b* mit einer normalen Silbernitratlösung, schichte auf dieselbe mittels des Glasstabes *s*, an dessen Ende die Korkscheibe *k* mit Siegellack befestigt ist, Wasser auf, senke die Elektrode *A* ein und schalte in den Stromkreis das Vorlesungsgalvanoskop *G*[1]) ein, welches einen mit einer vertikalen hölzernen Nadel versehenen Winkelmagneten enthält. Die Nadel giebt einen deutlichen Ausschlag in der der Theorie entsprechenden Richtung.

[1]) Dieses Galvanoskop ist von KEISER & SCHMIDT, Johannisstr. 20, für M. 55 zu beziehen. Das für die meisten der folgenden Versuche, bei

Noch kräftiger ist der Ausschlag der Kette

$$Cu/CuCl_2 \text{ konc.}/CuCl_2 \text{ verd.}/Cu,$$

weil sich vom Kupferchlorid sehr koncentrierte Lösungen herstellen lassen.

Auch die Kette

$$Zn/ZnSO_4 \text{ konc.}/ZnSO_4 \text{ verd.}/Zn$$

ist zur Demonstration zu empfehlen. Hier nehmen die Elektroden wegen der starken Lösungstension des Zinks vor dem Stromschluss negative Potentiale an. Indessen ist das von *A* grösser als das von *K*, und infolge dieser Differenz gehen von *A* aus Zinkionen in Lösung, während sich an *K* Zink ausscheidet, wenn p_2 klein genug ist.

In baumartig verzweigter Gestalt erhält man eine derartige Metallausscheidung, wie Fig. 35 (s. S. 149) zeigt, und zwar schon nach zwei Stunden, wenn man einen etwa 12 cm hohen Cylinder zur Hälfte mit koncentrierter, frisch bereiteter Zinnchlorürlösung (die man erhält, wenn man 15 g Stanniol in verdünnter Salzsäure löst und die Lösung bis auf 40 cm³ eindampft) füllt und nach dem Aufschichten von Wasser einen langen Zinnstab axial anbringt. Derselbe vertritt hier beide Elektroden und zugleich den äusseren Schliessungsbogen. Die Figur lässt den Metallverlust an seinem oberen Ende wohl erkennen.

Sehr deutlich wird die Wirkung des Koncentrationsunterschiedes der Lösungen durch folgende Kette veranschaulicht.

In dem 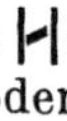 förmigen Rohr (Fig. 36) befinden sich die Quecksilberelektroden *A* und *K*, die mittels eingeschmolzener Platindrähte mit dem Leitungsdraht zu verbinden sind. Das schräg

denen schwächere Ströme nachzuweisen sind, verwendete Instrument hat einen Widerstand von 9,6 Ohm und ist so empfindlich, dass ein Strom von 0,000226 Amp. einen Ausschlag um einen Grad der Skala bewirkt. Ein zweites, grösseres, für etwas stärkere Ströme benutztes Instrument (Preis M. 75) hat einen Widerstand von 8 Ohm. Die Skala besteht beiderseits aus 12 Teilstrichen, die je 1 cm entfernt sind. Die Nadel zeigt 0,003 bis 0,040 Amp. und nach Parallelschaltung von 1 Ohm Widerstand 0,034 bis 0,580 Amp. an.

gerichtete Verbindungsstück der Schenkel S_1 und S_2 enthält einen Pfropfen p aus Glaswolle. Wird bis mn eine kalt gesättigte Lösung des käuflichen krystallisierten Merkuronitrats eingefüllt, so bleibt, da $p_1 = p_2$ ist, die Galvanoskopnadel in Ruhe. Bringt man aber nach und nach in den Schenkel S_1 koncentrierte Kaliumchloridlösung und bald darauf zur Wiederherstellung des Gleichgewichts in den Schenkel S_2 das entsprechende Volumen Merkuronitratlösung, so schlägt die Nadel aus, und dies um so mehr, je mehr Kaliumchlorid angewendet wird. Nach der Gleichung

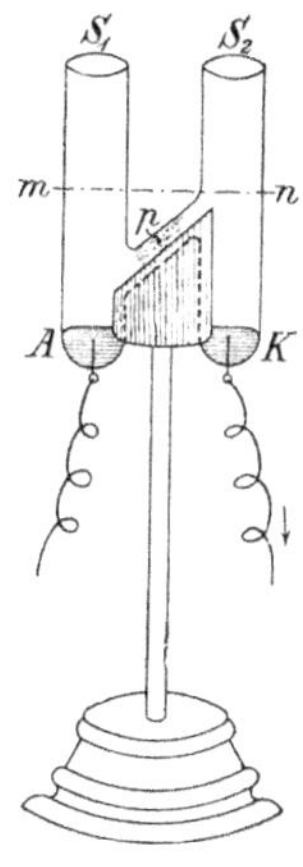

Fig. 36.

$$HgNO_3 + KCl = HgCl + KNO_3$$

wird nämlich im Schenkel S_1 Quecksilberchlorür gefällt, und hierdurch wird die Koncentration der Quecksilberionen verringert. Folglich ist eine Koncentrationskette hergestellt, an der leicht nachgewiesen werden kann, dass der Formel 4) gemäss π wächst, wenn p_2 abnimmt. Die Nadel kehrt in einigen Minuten auf die Nulllage zurück, wenn die Anode von dem schnell zu Boden sinkenden Quecksilberchlorür bedeckt wird. Sie stellt sich aber sofort wieder ein, sobald man den Niederschlag durch Umrühren mittels eines Glasstabes in Suspension erhält.

Ähnlich wie die vorige Kette verhält sich die folgende, nur treten an die Stelle des Quecksilbers und seiner Ionen der Wasserstoff und dessen Ionen. Der Entstehung des Stromes liegt hier die Reaktion

$$H \cdot Cl' + K \cdot OH' = H_2O + K \cdot Cl',$$

also die Neutralisation von Säure und Base zu Grunde. Die den Quecksilberelektroden des vorigen Versuchs entsprechenden Wasserstoffelektroden erhält man, indem man Platinbleche mit Palladiumschwarz überzieht und letzteres mit Wasserstoff sättigt.[1]) Eine passende Anordnung jener Kette stellt Fig. 37 dar.

[1]) Bekanntlich hat das Palladium die Fähigkeit, den Wasserstoff in solchen Mengen (etwa das 1000-fache Volumen) zu adsorbieren, dass derselbe mit sichtbarer Flamme verbrennt, wenn man das mit dem Gase beladene Metall mittels des Bunsenbrenners kurze Zeit erhitzt.

Z_1 und Z_2 sind zwei je 100 cm^3 fassende Zellen, wie man sie aus Flaschen, deren Boden abzusprengen ist, leicht anfertigt. Die Halsenden, welche durch die Korke k_1 und k_2 geschoben und mittels derselben in einem tischförmigen Stativ befestigt sind, tragen die aus 3 bis 4 cm grossen Platinscheiben bestehenden Elektroden A und K. Der Raum unterhalb derselben wird mit Paraffin ausgefüllt. Nach sorgfältiger Reinigung der Elektroden bringt man in die Zellen eine Lösung von Palladiumnitrat, die man durch Lösen von 2 g Palladium in heisser koncentrierter Salpetersäure, Verdampfen der freien Säure und Verdünnen auf 100 cm^3 gewinnt. Alsdann schliesst man die Zellen hintereinander unter Einschaltung eines Widerstandes von 10 bis 20 Ohm in den Stromkreis von 4 Akkumulatoren so ein, dass jene Platinscheiben Kathoden werden, während als Anoden in die Palladiumnitratlösungen Palladiumbleche einzusenken sind. In 20 Minuten hat sich ein festhaftender, sammetschwarzer Palladiumüberzug niedergeschlagen. Nun ersetzt man den Elektrolyten der Zellen durch verdünnte Schwefelsäure und die Palladiumanoden durch solche von Platin. Innerhalb einer halben Stunde des Stromdurchgangs nimmt das Palladiumschwarz genügende Mengen von Wasserstoff auf.

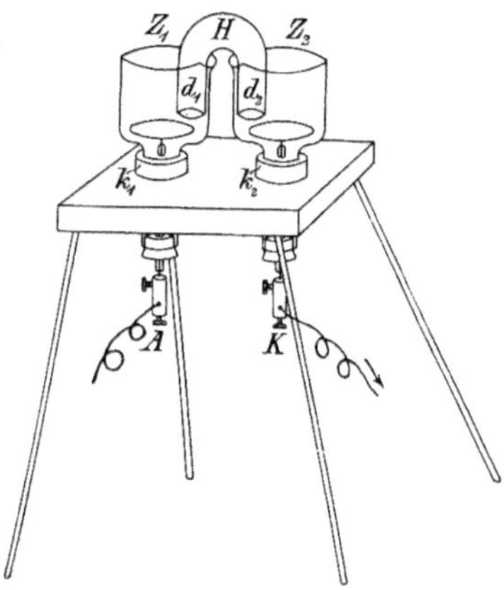

Fig. 37.

Sind diese Vorbereitungen vollendet, so giesst man in die Zellen Z_1 und Z_2 je 20 cm^3 Normal-Chlorwasserstoffsäure und verbindet sie mittels des mit Normal-Chlorkaliumlösung gefüllten Hebers H, der an seinen Enden mit Tierblase verschlossen ist. Die etwa 3 cm langen Schenkel des Hebers liegen auf den dillenartigen, $^1/_2$ cm voneinander entfernten Ausbuchtungen d_1 und d_2 fest auf. Die Säure der Zelle Z_1 ist mit einigen Tropfen alkoholischer Phenolphtaleïnlösung zu versetzen. Werden nun A und K mit dem Galvanoskop verbunden, so bleibt die Nadel desselben in Ruhe. Sie schlägt aber langsam aus, wenn man in die Zelle Z_1 eine Lösung von Normal-Kaliumhydroxyd unter Umrühren hineinfliessen lässt, und zwar verhält sich A anodisch und K kathodisch. Der Nadelausschlag beträgt nach dem Zusatz von 19 cm^3 der Base erst 5 Teilstriche. Ist indessen der Neutralisationspunkt nach Hinzufügung noch eines Kubikcentimeters der Base erreicht, so wird der Inhalt der Zelle Z_1 rot. Von der Kathode der Zelle Z_2 sieht man Wasserstoffbläschen aufsteigen. Die Nadel bewegt sich auf Teilstrich 15 und geht darüber hinaus, falls noch ein Stückchen festes Kaliumhydroxyd auf die Platinscheibe A gebracht wird.

Die Erscheinungen der Neutralisation der Säure und Base lassen sich in folgender Weise erklären. In dem Masse, als die Menge der einfliessenden Kaliumhydroxydlösung zunimmt, wird die Anzahl der $H^{\cdot}$ in der Zelle Z_1 verringert, da sich die $H^{\cdot}$ der Säure mit den $(OH)'$ der Base zu Wasser neutralisieren. Dadurch sind die Bedingungen der Koncentrationskette

$$H_{\text{fest}} / H^{\cdot}_{\text{verdünnt}} / H^{\cdot}_{\text{koncentriert}} / H_{\text{fest}}$$

gegeben. Mithin werden in Z_1 neue $H^{\cdot}$ gebildet. In Z_2 aber werden $H^{\cdot}$ entionisiert, denn die in Z_1 disponiblen Kationen dringen nach und nach durch den Heber vor und veranlassen die $H^{\cdot}$ in der Zelle Z_2 ihre Ladungen abzugeben. A muss also Anode, K Kathode werden. Immerhin ist die Stromintensität gering, so lange noch in Z_1 freie $H^{\cdot}$ in grosser Anzahl vorhanden sind. Erst wenn letztere infolge des schnelleren Zuflusses der Kaliumhydroxydlösung völlig gebunden sind, also der Wert p_2 sich der Null nähert, kommt die ohnehin nur geringe Ionisierungstendenz des festen Wasserstoffs der Anode A mehr zur Geltung. Daher rührt das schnellere Wachsen des Nadelausschlags in der Nähe des Neutralisationspunktes. Wird nun die Menge der Base weiter gesteigert, so überträgt sich allmählich die Neutralisation auch auf die Säure der Zelle Z_2. Das Eigenartige dieses Vorganges besteht aber darin, dass die OH-ionen der Base zur Wasserbildung, auf die ja jede Neutralisation zwischen Säure und Base hinausläuft, den erforderlichen Wasserstoff nicht aus der Zelle Z_2, sondern von der Anode *A* entnehmen, wo er sich zuvor ionisieren muss, während das entsprechende Wasserstoffquantum an *K* in Bläschenform entwickelt wird.

Nach W. BÖTTGER[1]) ist eine der Fig. 37 analoge Vorkehrung geeignet, die Titration von Säuren und Basen unter Verwendung eines Elektrometers als Indikator auszuführen.

---

3. Kapitel.

Die Daniellschen Ketten.

§ 1. Konstruktion der DANIELLschen Ketten.

Von den Koncentrationsketten gelangt man zu den DANIELLschen Ketten

$$M_1 / M_1 S / M_2 S / M_2,$$

indem man in der Versuchsanordnung Fig. 34 die Elektroden *K* und *A* aus den verschiedenen Metallen M_2 und M_1 anfertigt und die Lösungen *L* und *l* durch die Lösungen der Salze $M_2 S$ und $M_1 S$, denen also das Anion S gemeinsam ist, ersetzt. Falls die specifischen Gewichte beider Lösungen nicht weit genug voneinander abweichen, um eine Übereinanderschichtung derselben zu ermöglichen, müssen sie durch Diaphragmen, meistens in der Gestalt von Thonzellen, getrennt werden.

§ 2. Berechnung der elektromotorischen Kraft der DANIELLschen Ketten.

Die gesamte Potentialdifferenz π einer solchen Kette besteht aus vier Summanden, nämlich

$$\pi_1 = M_1/M_1 S,$$
$$\pi_2 = M_1 S/M_2 S,$$
$$\pi_3 = M_2 S/M_2,$$
$$\pi_4 = M_2/M_1.$$

---

[1]) Ztschr. für physik. Chemie, 24, 253. 1897.

Nun beträgt π_2 im allgemeinen höchstens einige Millivolts, kann also in Anbetracht der durchschnittlich viel höheren gesamten Potentialdifferenz unberücksichtigt bleiben, um so mehr, je mehr die Koncentrationen der beiden Elektrolyte und die Geschwindigkeiten ihrer Kationen übereinstimmen. Ebenso hat π_4 einen sehr geringen Wert, wie später noch erörtert werden wird. Für die Berechnung von π sind daher nur die Einzelpotentiale π_1 und π_3 ausschlaggebend. Bezeichnen P_1 und P_2 die Lösungstensionen der Metalle M_1 und M_2, p_1 und p_2 die osmotischen Drucke bezw. die Koncentrationen der Kationen ihrer Salze und n die Valenz der zunächst als gleichwertig anzunehmenden Metalle, so folgt nach der Formel 2)

$$\pi = \frac{0{,}0002}{n} T \left(\log \frac{P_1}{p_1} - \log \frac{P_2}{p_2}\right) \text{Volt} \quad \ldots\ldots \quad 6)$$

$$= \frac{0{,}0002}{n} T \left(\log \frac{P_1}{P_2} - \log \frac{p_1}{p_2}\right)$$

$$= \frac{0{,}0002}{n} T \left(\log \frac{P_1}{P_2} - \log \frac{\alpha_1 c_1}{\alpha_2 c_2}\right) \text{Volt} \quad \ldots\ldots \quad 7),$$

wenn α_1 und α_2 die Dissociationsgrade und c_1 und c_2 die Anzahl der Gramm-Molekeln der Elektrolyte im Liter sind. Falls die Wertigkeiten der Metalle verschieden sind, so ist

$$\pi = 0{,}0002\, T \left(\frac{1}{n_1} \log \frac{P_1}{p_1} - \frac{1}{n_2} \log \frac{P_2}{p_2}\right) \text{Volt.}$$

Die Stromrichtung innerhalb der Kette ist hierbei von M_1 nach M_2 gerechnet.

§ 3. Messung der elektromotorischen Kraft der Daniellschen Ketten. Klemmenspannung.

Es sollen einige der gebräuchlichsten Methoden, nach denen die elektromotorischen Kräfte galvanischer Ketten gemessen werden können, kurz angedeutet werden.

Im offenen Zustand bestimmt man die elektromotorische Kraft der Ketten mittels eines Quadrantelektrometers, indem man die den elektromotorischen Kräften proportionalen Ausschläge der Nadel beobachtet, die einerseits das zu prüfende, andrerseits ein Normalelement (z. B. Clarkelement $Zn / ZnSO_4 / Hg_2SO_4 / Hg$, $\pi = 1{,}438$ Volt bei 15^0) hervorruft.

Stehen genauere Widerstände zur Verfügung, so kombiniere man die zu prüfende Kette mit einem in Amp. geaichten Galvanometer und einem bestimmten Widerstand w_1 Ohm zu einem Stromkreis. Nach dem OHMschen Gesetz ist dann

$$i_1 = \frac{\pi}{W + w_1},$$

wenn i_1 die am Galvanometer abgelesene Stromintensität, und W der gesamte übrige Widerstand des Stromkreises ist. Wird nun w_2 Ohm statt w_1 eingeschaltet, so ist

$$i_2 = \frac{\pi}{W + w_2}.$$

Aus beiden Gleichungen folgt

$$\pi = \frac{w_1 - w_2}{\frac{1}{i_1} - \frac{1}{i_2}}.$$

Die Firma SIEMENS & HALSKE fertigt seit kurzem Präcisions-Volt-Ampèremeter mit SZYMANSKIscher Stöpselvorrichtung (Preis M. 300,00) an, die wegen ihres grossen Messbereiches und ihrer hohen Genauigkeit sehr weitgehenden Anforderungen genügen und durch blosses Anlegen der zu prüfenden Stromquelle die elektromotorische Kraft direkt in Volt mit grosser Annäherung abzulesen gestatten.

Für noch genauere elektrochemische Arbeiten ist die Kompensationsmethode, nach welcher die elektromotorischen Kräfte der Ketten im stromlosen Zustande gemessen werden, allgemein in Gebrauch. Eine der mehrfachen Formen derselben wird durch das Schema Fig. 38 im Princip erläutert. *A* ist eine konstante Stromquelle (Akkumulatoren) von der gegebenen elektromotorischen Kraft E. Sie ist an die Punkte *a* und *c* angeschlossen. *ab* ist ein 1 m langer Nickelindraht (Messdraht) von bestimmtem Widerstand w, *bc* ein anderer bekannter Widerstand W von solcher Grösse, dass sich E beim Stromschluss kaum ändert. Unter diesen Umständen beträgt auf der Strecke *ab* der Spannungsabfall

$$\frac{\mathrm{E\,w}}{\mathrm{W}+\mathrm{w}}, \text{ also pro Millimeter } \frac{\mathrm{E\,w}}{1000\,(\mathrm{W}+\mathrm{w})}\,\text{Volt.}$$

Die Stromquelle *B*, deren elektromotorische Kraft π ermittelt werden soll, ist mit dem empfindlichen Galvanoskop *G* ver-

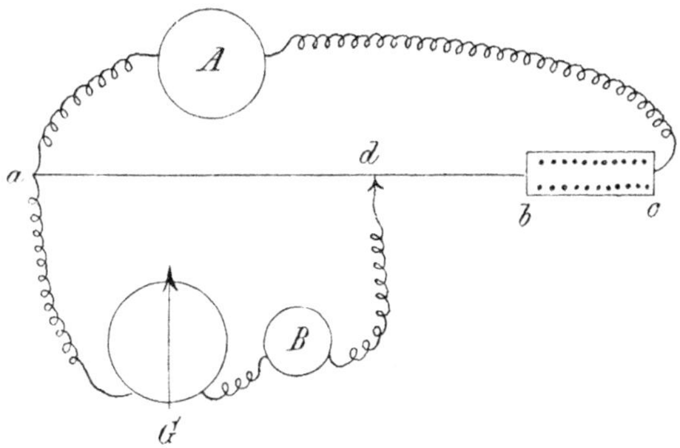

Fig. 38.

bunden und an *a* so angeschlossen, dass ihr Strom ebenso wie der von *A* nach *a* gerichtet ist. Der Anodenpol von *B* steht mit dem auf dem Messdraht verschiebbaren Gleitkontakt *d* in Verbindung. Nach dem KIRCHHOFFschen Gesetz ($\Sigma \mathrm{iw} = \Sigma \pi$) ist dann in dem Stromkreis dBGad

$$\mathrm{i_{ad}} \,.\, \mathrm{w_{ad}} + \mathrm{i_{dBGa}} \,.\, \mathrm{w_{dBGa}} = \pi,$$

wenn die i und die w die Stromintensitäten bezw. die Widerstände der durch die Indices bezeichneten Strecken angeben. Nun ist

$$\mathrm{i_{ad}} \,.\, \mathrm{w_{ad}} = \frac{\mathrm{E\,w}}{1000\,(\mathrm{W}+\mathrm{w})} \cdot \mathrm{ad},$$

d. h. gleich dem Spannungsabfall zwischen den Teilstrichen *a* und *d*. Mithin ist

$$i_{dBGa} \cdot w_{dBGa} = \pi - \frac{E\,w}{1000\,(W + w)} \cdot ad.$$

Verschiebt man nun den Gleitkontakt so lange, bis die Galvanoskopnadel auf Null zeigt, also die Strecke dBGa stromlos ist, so wird derjenige Zweig der Stromquelle *A*, der von *a* aus in der Richtung nach *G* fliessen müsste, durch die elektromotorische Kraft π kompensiert. Da in diesem Fall $i_{dBGa} = 0$ ist, so muss

$$\pi = \frac{E\,w}{1000\,(W + w)} \cdot ad \text{ Volt}$$

sein. Ist z. B. E = 2 Volt, w = 50, W = 450 Ohm und ad = 600 mm, so ist $\pi = 0{,}0002 \,.\, 600 = 0{,}12$ Volt. Man hätte also bei den angenommenen Daten die Anzahl der Millimeter von *a* bis zu derjenigen Stelle des Gleitkontaktes, bei welcher die Kette *B* stromlos ist, nur mit 0,0002 zu multiplicieren, um π in Volt zu erhalten. Wofern die zu messende elektromotorische Kraft grösser ist, als der Spannungsabfall an den Enden des Messdrahtes, so hat man den Widerstand W zu verkleinern oder E zu vergrössern.

Falls E nicht mit genügender Sicherheit bekannt ist, so ersetzt man die Stromquelle *B* bei einer zweiten Messung durch ein Normalelement von der elektromotorischen Kraft π_1 und bestimmt die Stelle des Gleitkontaktes d_1 für die neue Nulllage des Galvanoskops. Alsdann ergiebt sich $\pi : \pi_1 = ad : ad_1$, also

$$\pi = \pi_1 \frac{ad}{ad_1}.$$

Die Kenntnis der Widerstände w und W ist unter diesen Umständen ebenfalls nicht erforderlich.

Der Gleichung 7 gemäss (S. 155) hat bei gegebener Temperatur und bei bestimmten Koncentrationen der Lösungen die elektromotorische Kraft eines offenen Elementes stets einen bestimmten Wert, der auch von den Dimensionen des Elementes unabhängig ist. Doch ist Folgendes zu beachten. Wenn die

Kette Strom liefert, so ist die **Klemmenspannung** k an den Elektroden stets kleiner als die elektromotorische Kraft, weil auch innerhalb der Kette die Spannung abfällt, und zwar um so mehr, je grösser der innere Widerstand w_i der Kette, und je stärker die Intensität i des entnommenen Stromes ist. Es ist $\pi - k = iw_i$, also

$$k = \pi - i w_i.$$[1]

Der innere Widerstand der Kette, der nach der Methode von Kohlrausch (S. 56) gemessen werden kann, ist abgesehen von den Koncentrationen der Lösungen wesentlich durch den Widerstand des Diaphragmas und die Dimensionen der einzelnen Teile der Kette bedingt. Daher ist es auch nicht thunlich, bestimmte Angaben über den Widerstand der gebräuchlichen Ketten zu machen. Übrigens wird, um die jeweilige Klemmenspannung der Ketten zu erfahren, von einer Bestimmung des Produktes iw_i in den meisten Fällen abgesehen; man schliesst vielmehr an die Pole der arbeitenden Kette direkt ein empfindliches, mit grossem Vorschaltwiderstand versehenes und auf Volt geaichtes Galvanometer oder noch einfacher das Siemens-Halske-sche Präcisionsinstrument an. Liefert die Kette einen stärkeren Strom auf längere Zeit, so verringert sich auch der Wert von π, da sich die Koncentration der Lösung an der Anode beträchtlich erhöht, und die an der Kathode wesentlich vermindert. Von allen galvanischen Ketten haben die Akkumulatoren den kleinsten inneren Widerstand, und ihre Klemmenspannung weicht selbst bei stärkerer Stromentnahme (s. III. Abschnitt, 9. Kapitel) nur wenig von ihrer elektromotorischen Kraft ab.

§ 4. Prüfung der Nernstschen Formeln 6) und 7) (S. 155).

In diesen Formeln findet sich kein Ausdruck für die Anionen der

[1]) Denn ist der äussere Widerstand w_a, so ist der Spannungsabfall für die Widerstandseinheit des ganzen Stromkreises $\pi/(w_i + w_a)$, also für den Weg durch die Kette $\pi \,.\, w_i/(w_i + w_a)$. Demnach restiert als Klemmenspannung

$$k = \pi - \frac{\pi \,.\, w_i}{w_i + w_a} = \frac{\pi \,.\, w_a}{w_i + w_a},$$

und da $\pi = i\,(w_i + w_a)$ ist, so ist

$$k = \pi - i\,w_i.$$

Elektrolyte. Es muss daher der Theorie nach die elektromotorische Kraft einer DANIELLschen Kette von der Natur der Anionen unabhängig sein. Die Erfahrung bestätigt diese Folgerung. So fand JAHN für die Ketten

$$Zn / Zn\,SO_4 / Cu\,SO_4 / Cu$$

und

$$Zn / Zn\,(C_2\,H_3\,O_2)_2 / Cu\,(C_2\,H_3\,O_2)_2 / Cu$$

für π die Werte 1,096 bezw. 1,104 Volt. Die Dissociationstheorie macht diese Erscheinung verständlich. Nur dann kommt das Anion in gewissem Grade zur Geltung, wenn es die Löslichkeit der Metallsalze sehr herabdrückt.

Nach der Theorie muss ferner die elektromotorische Kraft der DANIELLschen Ketten unverändert bleiben, wenn nur der Bruch p_1/p_2 immer denselben Wert behält, d. h. die Koncentrationen der Lösungen stets in gleichem Verhältnis stehen. Dagegen muss sie zunehmen, wenn die Koncentration der Zinksulfatlösung geringer wird. Im umgekehrten Fall muss sie abnehmen. Diese Folgerungen sind von STREINTZ[1]) aufs beste bestätigt und ohne weiteres begreiflich, denn das Zink, dessen Lösungstension diejenige des Kupfers bedeutend übertrifft, soll in Lösung gehen, was um so leichter geschieht, je weniger Zinkionen im Elektrolyten bereits vorhanden sind, und die Kupferionen sollen sich ausscheiden, was aus einer koncentrierten Kupfersalzlösung leichter von statten geht, als aus einer verdünnten. Die Abweichungen von dem Normalwert 1,1 Volt sind immerhin nicht sehr gross. Denn wenn selbst die Koncentration der einen Lösung die der anderen um das Tausendfache übertrifft, so beläuft sich der Unterschied nur auf

$$\pm \frac{0{,}0002}{2}\, 291 \log 1000 = \pm 0{,}087 \text{ Volt.}$$

Immerhin lässt sich der Einfluss dieser Koncentrationsunterschiede leicht durch den Versuch darthun. Man stelle sich zwei kleine DANIELLsche Elemente von gleichen Dimensionen

---

[1]) Wiener Ber. 103, 98—104, 1894.

zusammen, und zwar aus einem 8 mm dicken Kupferstab, den man mittels eines Korkes in einer 75 mm hohen und 23 mm weiten Thonzelle befestigt, und einem cylindrisch gebogenen, amalgamierten,[1]) 9 cm langen und $6^1/_2$ cm breiten Zinkblech. Die eine Zelle wird mit Normal-Zinksulfat- und $^1/_{1000}$ n. Kupfersulfatlösung gefüllt. Sie erzeugt am grossen Nadelgalvanoskop (S. 150 Anmerkung) nur einen schwachen Ausschlag, während die andere Zelle, welche eine $^1/_{1000}$ n. Zinksulfat- und eine Normal-Kupfersulfatlösung enthält, die Nadel ganz aus der Skala treibt.

Setzt man

$$1{,}1 = \frac{0{,}0002}{2} \,.\, 291 \log x,$$

so ist $x = 10^{38}$, d. h. jene Kette hätte die elektromotorische Kraft Null, wenn man die Elektrolyte so herstellen könnte, dass die Koncentration der Zinksulfatlösung das 10^{38}-fache derjenigen der Kupfersulfatlösung betrüge.

Der Fall einer Kette mit mässig koncentrierter Zinksulfatlösung, aber unendlich verdünnter Kupfersulfatlösung, lässt sich in folgender Weise verwirklichen. In den beiden Schenkeln des ├┤förmigen Rohres Fig. 39 sind die aus Zink bezw. Kupfer bestehenden Elektroden *K* und *A* befestigt. Der Schenkel S_1 ist bis *m* mit gesättigter Zinksulfatlösung gefüllt. In den Schenkel S_2 wird langsam verdünnte Kaliumsulfatlösung gegossen, bis das Niveau derselben die Linie *op* erreicht. Nötigenfalls schiebt man, um eine Mischung der Inhalte beider Schenkel zu verhindern, in das Verbindungsstück einen Wattepfropfen ein. Beim Anlegen des kleinen Galvanoskops erweist sich das Zink wiederum anodisch, aber die Nadel kehrt bald auf Null zurück. Nun senke man in S_2 eine Stange Cyankalium von der Länge ein, dass sie den Punkt *n* noch nicht erreicht. Die Nadel schlägt jetzt sofort nach der entgegengesetzten Seite aus, und der Ausschlag wächst, sowie sich das Cyankalium löst. Bei Kurzschluss erheben sich von

[1]) Zur Amalgamierung löse man 200 g Quecksilber in der Hitze in einem Gemisch von 250 g Salpetersäure und 750 g Chlorwasserstoffsäure auf, füge der Lösung noch 1000 g Chlorwasserstoffsäure zu, tauche in diese Flüssigkeit die Zinkelektrode 10 bis 20 Sekunden ein, spüle sie mit Wasser ab und reibe sie mit einem Lappen trocken.

A aus kleine Wasserstoffblasen, und am oberen Ende von *K* hat sich nach 24 Stunden ein Zinkbaum gebildet. Die Vorgänge sind des näheren folgende. Das Kupfer treibt in die von Kupferionen freie Kaliumcyanidlösung Atome als Ionen hinein, wobei es sich negativ ladet. Es entsteht Cuprocyanid $Cu^{\cdot} Cy'$, während die disponiblen $K^{\cdot}$ an das Anion SO_4'' des Kaliumsulfats, und die $K^{\cdot}$ des letzteren an das Anion SO_4'' des Zinksulfats wandern, dessen Zinkion seine Ladung an die zur Kathode werdende Zinkelektrode abzugeben gezwungen wird. Jenes $Cu^{\cdot} Cy'$ aber reagiert unter gegenseitiger Neutralisation je einer Ladung mit $K^{\cdot} Cy'$ nach der Gleichung

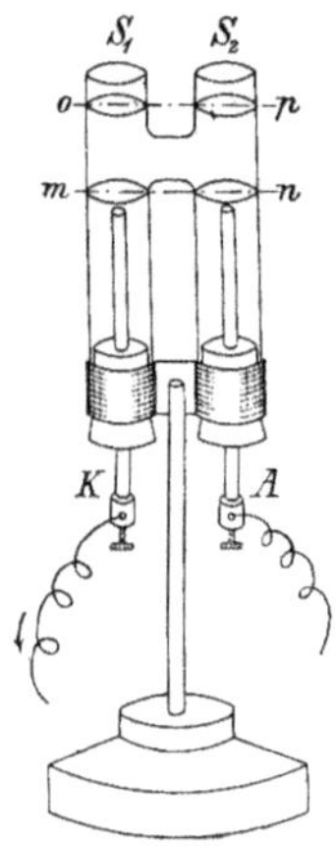

Fig. 39.

$$K^{\cdot} Cy' + Cu^{\cdot} Cy' = K^{\cdot} (Cu Cy_2)'.$$

Es geht das Kupfer also in das komplexe Anion $(Cu Cy_2)'$ über, und so kommt es, dass der Elektrolyt der Kupferanode frei von Kupferionen, p_2 also unendlich klein bleibt. Demnach wird $\log P_2/p_2$ grösser als $\log P_1/p_1$, das Vorzeichen von π kehrt sich um, so dass das Kupfer Anode und das Zink Kathode wird, folglich der Gleichung 6) (S. 155) vollkommen entsprochen ist.

Bei gleich koncentrierten Lösungen der DANIELLschen Elemente kann man, ohne einen erheblichen Fehler zu begehen, $\log p_1/p_2 = 0$ setzen. Die Formel 7) geht dann über in

$$\pi = \frac{0{,}0002}{n} T \log \frac{P_1}{P_2} \text{ Volt} \quad \ldots\ldots\ldots\ldots \quad 8).$$

Folglich wird unter jener Voraussetzung die elektromotorische Kraft einer der DANIELLschen Ketten wesentlich nur durch das Verhältnis der Lösungstensionen der Metalle bestimmt; und der Vorgang in der geschlossenen Kette besteht hauptsächlich darin, dass das Metall mit höherer Lösungstension seine Atome als Ionen in den angrenzenden Elektrolyten befördert, während die Kationen des zweiten Elektrolyten sich am zweiten Metall entladen. Demnach wird das erste, sich lösende Metall, zu welchem die Anionen seines Elektrolyten herantreten, Anode, das zweite, an welchem sich die Kationen des ihm zugehörigen Elektrolyten neutral abscheiden, Kathode. Da der NERNSTsche Begriff der elektrolytischen Lösungstension der Metalle analog dem des osmotischen Druckes sein muss, insofern die bisherigen Versuche die auf Grund jener Analogie angestellten Rechnungen als richtig dargethan haben, so hat die treibende Kraft einer VOLTAschen Kette, durch welche Elektricitätsmengen in Bewegung gesetzt werden, den Charakter einer Druckkraft. In diesem Sinne nennt OSTWALD eine VOLTAsche Kette mit Recht eine Maschine, die vom osmotischen Druck (resp. elektrolytischen Lösungsdruck) betrieben wird.

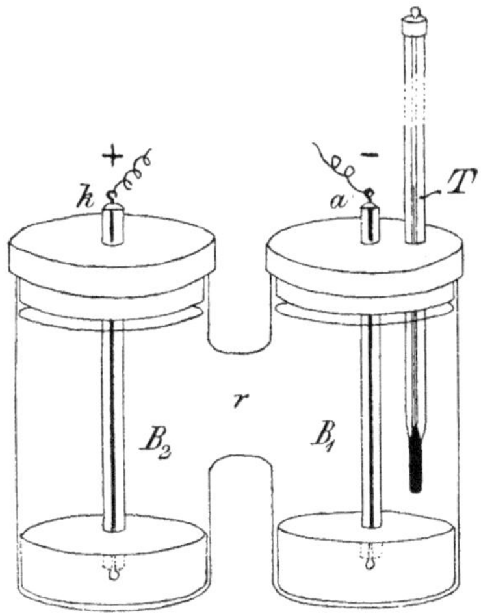

Fig. 40.

Diese Anschauungsweise wird noch besonders durch die Amalgamketten von G. MEYER[1]) verständlich gemacht. Da die Amalgame Lösungen der Metalle in Quecksilber sind, so ist anzunehmen, dass das Bestreben der Metalle, ihre Atome zu ionisieren, proportional der Koncentration ihrer Amalgame wächst. Letztere müssen daher in Kombination mit der Lösung eines Salzes des betreffenden Metalles einen Strom geben, dessen elektromotorische Kraft, da in diesem Fall $p_1 = p_2$ ist, der Gleichung 8) völlig genügt. In der That stimmen die Messungen von G. MEYER mit der Theorie recht gut überein. Die Wirkungsweise einer Amalgamkette lässt sich leicht mittels der Zelle Fig. 40 demonstrieren. Dieselbe besteht aus zwei Bechern B_1 und B_2 (5 cm hoch und 3 cm weit), die durch ein nur 1 cm langes und 2 cm weites Verbindungsrohr r kom-

---

1) Ztschr. für physikal. Chemie **7**, 447. 1891.

municieren. Sie sind von Hartgummideckeln mit übergreifendem Rand geschlossen. Die Platindrähte *a* und *k* sind in Glasröhren eingeschmolzen und ragen bis auf den Boden der Becher. Werden nun in B_1 100 g Amalgam mit 1 g Zink und in B_2 100 g Amalgam mit 0,01 g Zink gebracht, und die Gefässe über *r* hinaus mit einer etwa 10-procentigen Zinksulfatlösung, die durch Kochen mit Zinkcarbonat neutral zu machen ist, gefüllt, so zeigt das angeschlossene kleine Galvanoskop einen Strom an, welcher der Theorie gemäss von dem verdünnten Amalgam durch den Schliessungsbogen zum koncentrierten verläuft. Seine elektromotorische Kraft ist bei 15⁰

$$\pi = \frac{0{,}0002}{2} \cdot 288 \,.\, \log \frac{1}{0{,}01} = 0{,}0576 \,\text{Volt}.$$

Die Nadel des Galvanoskops schlägt dementsprechend um 2,5 Teilstriche der Skala aus. Auch der Einfluss der Temperaturerhöhung lässt sich mit obigem Apparate ohne Mühe feststellen. Man braucht letzteren nur in eine mit warmem Wasser gefüllte Schale zu setzen. Steigt die Temperatur des Zellinhaltes, wie am Thermometer *T* zu erkennen ist, auf 60^0, so nimmt der Nadelausschlag deutlich zu. Nach der Formel 8) beträgt die elektromotorische Kraft bei 60^0

$$\pi = \frac{0{,}0002}{2} \cdot 333 \,.\, \log \frac{1}{0{,}01} = 0{,}0666 \,\text{Volt}.$$

§ 5. Analogie zwischen dem galvanischen Strom und einer Wasserleitung.

Die Ostwaldsche Definition einer Voltaschen Kette als einer durch Druck betriebenen Maschine legt es ferner nahe, die Entstehung und das Wesen des galvanischen Stromes an dem Modell einer Wasserleitung, wie es Fig. 41 zeigt, zu erläutern. Wenn auch diese Analogie nicht in allen Punkten sachgemäss ist, so ist sie doch geeignet, die Grundbegriffe und die gegenseitige Beziehung der in Betracht kommenden Grössen anschaulich zu machen. Die Wasserbehälter *A* und *K* nebst der Pumpe *P* repräsentieren das galvanische Element, die Rohrleitung *a b c d* den äusseren Schliessungsbogen. Ist die Leitung bei *H* mittels eines Quetschhahnes unterbrochen, und steht die Pumpe still, so erreicht in den kommunicierenden Röhren r_I, r_{II} und r_{III} das Wasser dieselbe Höhe wie in *K*, gerade so wie die Spannung im offenen Leitungsdraht gleich derjenigen der Elektrode ist. Wird aber der Quetschhahn geöffnet, so fällt der Wasserstand in jenen Röhren mehr und mehr ab, wie ja auch die Spannung im Leitungsdraht einer geschlossenen Kette allmählich abnimmt. Bei *d* fliesst das Wasser in den der Anode vergleichbaren Behälter *A* ab, und zwar mit um so grösserer Kraft, je grösser die Niveaudiffe-

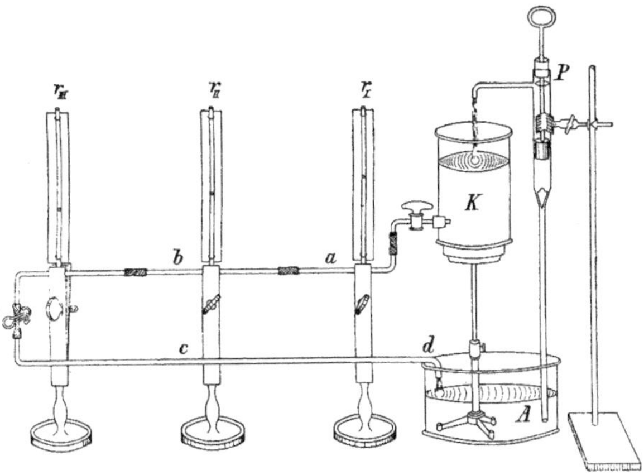

Fig. 41.

renz in den Behältern *K* und *A* ist. Die mechanische Energie, nämlich das Produkt der ausfliessenden Wassermenge und der durch die Fallhöhe bestimmten treibenden Kraft, entspricht, von Nebenumständen abgesehen, der gewinnbaren elektrischen Energie. Soll nun die in der Zeiteinheit abfliessende, der Stromintensität vergleichbare Wassermenge konstant bleiben, so muss die Pumpe *P* die gleiche Wassermenge in der Zeiteinheit in den Behälter *K* hinaufschaffen, also dahin wirken, dass jene der Potentialdifferenz analoge Niveaudifferenz sich nicht ändert. Letztere ist wesentlich durch die Höhe des den Behälter *K* tragenden Stativs bestimmt, so dass die Höhe der über dem Ausflusshahn stehenden

Wassersäule im Verhältnis zur Höhe des Stativs gering sein möge. Dem innern Widerstand der Kette entspricht die Art, wie die Pumpe arbeitet. Arbeitet sie leicht, so kann dem Behälter K in der Zeiteinheit eine grössere Wassermenge entnommen werden, als wenn sie schwer geht. Im letzteren Fall ist der Ausflusshahn teilweise zu schliessen, lassen sich doch auch aus Ketten mit hohem inneren Widerstand keine starken Ströme entnehmen (vgl. DANIELLsche Ketten und Bleiakkumulatoren). Die ausfliessende Wassermenge hängt aber, wie die Strommenge, noch vom Widerstand in der Leitung ab. Je geringer der Querschnitt derselben ist, um so weniger Wasser fliesst aus, denn um so schneller fallen die Niveaus in den Steigröhren r_{I}, r_{II} und r_{III} ab, und um so mehr Energie geht infolge der Reibung an der Wandung der Leitungsröhren verloren; aber die Pumpe hat auch um so langsamer zu arbeiten, ebenso wie innerhalb eines Elementes bei engem Leitungsdraht geringere Stoffmengen chemisch umgesetzt werden. Bei grossem Querschnitt der Rohrleitung muss die Pumpe schneller arbeiten, um die grossen, in A ausströmenden Wassermassen in K zu ersetzen, und in gleicher Weise finden im Element quantitativ grössere chemische Umsetzungen der Substanzen statt. Mit der Länge der Leitungsröhren wächst zwar der Reibungswiderstand, und die ausfliessende Wassermasse wird geringer. Aber der Zusammenhang der Abnahme der letzteren mit der Länge der Röhren ist sehr kompliciert, während die Strommenge der Länge des Leitungsdrahtes einfach umgekehrt proportional ist. Bringt man statt Wasser andere Flüssigkeiten in den Apparat Fig. 41, so zeigt sich unter sonst gleichen Verhältnissen die Ausflussmenge von der Natur der Flüssigkeit, insbesondere von der Konsistenz derselben abhängig, sowie ja auch der specifische Widerstand der einzelnen Metalle verschieden ist.

Ferner kann man die Analogie zwischen Strom- und Wasserleitung benutzen, um die Stromverzweigungen zu charakterisieren. Schaltet man mittels zweier Gabelstücke zu einer weiteren Leitung eine engere parallel, so zeigen die Niveaus der Steigröhren in beiden Leitungen den nämlichen Abfall, der aber geringer ist, als wenn das Wasser in der weiteren Leitung allein fliesst. Dem entspricht die Thatsache, dass der

Kombinationswiderstand zweier Stromzweige kleiner ist, als jeder derselben. Die ausfliessende Wassermasse ist grösser, als bei einer der beiden Leitungen allein. Wird nun eine der Leitungen mittels eines Quetschhahnes ausgeschaltet, so erreicht die Flüssigkeit in den Steigröhren derselben nahezu dieselbe Höhe wie im Gefäss *K*, während die Steigröhren der aktiven Leitung diejenigen Niveaus angeben, wie wenn diese Leitung allein vorhanden wäre. Auch dieser Erscheinung verhält sich der galvanische Strom analog.

Jenes Modell Fig. 41 vermag aber nur den positiven, von der Kathode abfliessenden Strom zu veranschaulichen. Die grosse Ähnlichkeit zwischen letzterem und einer Wasserleitung mag wohl wesentlich dazu beigetragen haben, in der Elektricitätslehre überhaupt nur von einer Stromrichtung zu sprechen und von dem Gegenstrom gänzlich abzusehen. Dem widerspricht jedoch die sonst so gesicherte Theorie der Ionen, die ohne die Annahme zweier Arten von Ionen, die mit entgegengesetzten Ladungen versehen sind, und daher auch ohne die Annahme zweier entgegengesetzter Stromrichtungen nicht auskommen kann.

---

4. Kapitel.

Die Reduktions- und Oxydationsketten.

§ 1. Die chemischen Vorgänge in den DANIELLschen Ketten.

Nach den Erörterungen des vorigen Kapitels könnte man meinen, dass die Entstehung des galvanischen Stromes der DANIELLschen Ketten rein physikalischen Kräften zuzuschreiben wäre. Indessen hat jedes Metall, wie im 5. Kapitel näher ausgeführt werden wird, eine besondere, von seiner substantiellen Natur abhängige Lösungstension, die zur chemischen Affinität des Metalles in innigster Beziehung stehen muss. Die Quelle der elektrischen Energie, die den VOLTAschen Ketten entnommen wird, ist in letzter Linie die chemische Energie. Diese erfährt in den hierzu geeigneten Apparaten, den VOLTAschen Ketten, die Überführung in elektrische Energie. Da es aber dabei wesentlich auf eine Lösung des Anodenmetalles, welche die Verdrängung von Kationen aus dem die Kathode umgebenden Elektrolyten zur Folge hat, also der Hauptsache nach auf eine Expansion jenes Metalles ankommt, so entspricht eben die Art, wie sich die chemische Affinität bei jener Energieverwandlung äussert, der Wirkungsweise einer Druckkraft.

In den DANIELLschen Ketten gehen nun auch thatsächlich chemische Processe vor sich. In der Kette $Zn/ZnSO_4/CuSO_4/Cu$ wird das Zink in Zinksulfat verwandelt, und aus dem Kupfersulfat wird Kupfer gefällt. Die materiellen Umsetzungen kommen somit darauf hinaus, dass das Zink aus dem Kupfersulfat das Kupfer ausscheidet und in äquivalenter Menge selbst in Lösung geht. Während bei diesem Process, wenn er sich nach Einsenkung eines Zinkstabes in eine Kupfersulfatlösung direkt abspielt, die chemische Energie in Wärme übergeführt wird (S. 84), geht sie in der VOLTAschen Kette in elektrische Energie über. Nur ist hier der Vorgang ein indirekter, insofern er an den beiden Elektroden unter Aufnahme und Abgabe elektrischer Ladungen in zwei Phasen verläuft, nämlich

$$Zn + Zn^{\cdot\cdot}\,SO_4'' = Zn^{\cdot\cdot}\,SO_4'' + Zn^{\cdot\cdot} \text{ und}$$
$$Zn^{\cdot\cdot} + Cu^{\cdot\cdot}\,SO_4'' = Zn^{\cdot\cdot}\,SO_4'' + Cu.$$

Der Process an der Anode besteht in einer Oxydation des Zinks durch das Anion SO_4''. Das Zink selbst wirkt somit als Reduktionsmittel. Reduciert wird der Elektrolyt der Kathode, denn es wird hier Kupfer niedergeschlagen. Er wirkt daher, indem er das Anion SO_4'' disponibel macht, als Oxydationsmittel. Die Kupferkathode bleibt chemisch unverändert. Aber diese Vorgänge der Oxydation und Reduktion erfolgen nicht gleichzeitig, wie in dem Process:

$$Zn + Cu^{\cdot\cdot}\,SO_4'' = Zn^{\cdot\cdot}\,SO_4'' + Cu,$$

sondern nach einander und an verschiedenen Orten.

§ 2. Die Reduktions- und Oxydationsketten.

Ostwald hat zuerst darauf hingewiesen, dass überhaupt bei jedem zwischen einem elektrolytischen Reduktions- und Oxydationsmittel stattfindenden chemischen Process Änderungen von Ionenladungen eintreten, und zwar infolge einer verschiedenen Tendenz der Ionen, noch mehr Elektricitätsmengen aufzunehmen oder solche abzugeben. Er hat ferner gezeigt, dass man einen derartigen Process elektromotorisch wirken lassen kann, wenn die Elektrolyte in besondere, durch einen indifferenten Elektrolyten zu verbindende Gefässe gebracht werden, und wenn in ihnen Elektroden vorhanden sind, an denen jene Ladungsänderungen erfolgen können. Als Elektroden dienen hier Platin oder Kohle, weil sie nur die metallische Leitung der Elektricitäten zu vermitteln haben, selbst aber mit den Elektrolyten keinerlei Reaktionen eingehen. Immer wird diejenige Elektrode Anode, an welcher sich das Reduktionsmittel befindet, die andere wird Kathode. An der Anode müssen sich Anionen entladen, oder es müssen neutrale Atome zu Kationen geladen werden, oder auch die positiven Ladungen vorhandener Kationen müssen vermehrt werden, wie ja stets bei der Oxydation eines Metallsalzes die Valenz des Metallatoms erhöht wird. An der Kathode aber müssen Kationen sich entladen, oder neutrale Atome müssen zu Anionen geladen werden.

Derartige Ketten zeigen also eine grosse Mannigfaltigkeit. Man bezeichnet sie als Reduktions- und Oxydationsketten. Da in ihnen die Verwandelbarkeit der chemischen Energie in elektrische noch deutlicher, als in den Daniell-schen Ketten (im engeren Sinne), zu Tage tritt, so mögen hier einige derselben vorgeführt werden. Sie lassen sich sämtlich mittels des Apparates Fig. 42, dessen Konstruktion bereits S. 152 näher auseinandergesetzt ist, erläutern.

I. In Z_1 giesse man bis nahe an den Rand eine schwach angesäuerte Lösung von Zinnchlorür (112 : 1000) als Reduktionsmittel (besser noch wirkt eine alkalische Zinnchlorürlösung), in Z_2 eine angesäuerte Normal-Kochsalzlösung (58,5 : 1000) und bringe beide Flüssigkeiten mittels des

Hebers *H*, der auch mit der Kochsalzlösung zu füllen ist, in Verbindung. Die Nadel des Galvanoskops ist noch in Ruhe, schlägt aber, sobald man mittels einer Pipette einige Tropfen Chlorwasser (oder besser Bromwasser) auf die Platinplatte der Elektrode *K* fliessen lässt, kräftig in dem Sinne aus, dass der Strom von *K* durch den äusseren Schliessungskreis nach *A* geht. Das $SnCl_2$ hat nämlich die Tendenz, in die höhere Chlorierungsstufe $SnCl_4$ überzugehen. Dazu aber sind einerseits zwei Chlorionen erforderlich, andrerseits sind zwei positive Ladungen nötig, welche aus dem zweiwertigen $Sn^{\cdot\cdot}$ das vierwertige $Sn^{\cdot\cdot\cdot\cdot}$ machen. Die Elektrode *A* wird daher negativ geladen. In Z_2 werden aus je einer der hinzugefügten Chlormolekeln zwei Chlorionen gebildet, wodurch die Elektrode *K* positiv geladen wird. Die Chlorionen wandern von Z_2 nach Z_1. Der Vorgang wiederholt sich so lange, als noch Chlormolekeln an *K* vorhanden sind. Er lässt sich durch die Gleichung

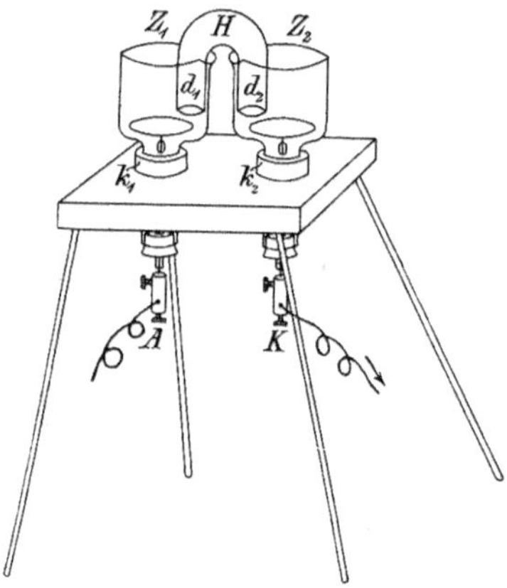

Fig. 42.

$$Sn^{\cdot\cdot}\,Cl_2'' + Cl_2 = Sn^{\cdot\cdot\cdot\cdot}\,Cl_4''''$$

ausdrücken, aus welcher sich ergiebt, dass das Reduktionsmittel zwei positive, und das Oxydationsmittel zwei negative Ladungen erhält. Die Elektrode des ersteren muss also Anode, die des letzteren Kathode werden, und der Strom muss von der Elektrode des Oxydationsmittels durch den Schliessungsbogen nach derjenigen des Reduktionsmittels fliessen. Die beschriebene Kette hat nach Bancroft[1]) die elektromotorische Kraft von 1,171 Volt.

Ähnlich wie Chlorwasser wirken auch die Lösungen von

[1]) Ztschr. für physik. Chemie, 387, 1892.

Gold- und Quecksilberchlorid. Sie stellen dem Zinnchlorür direkt Chlorionen zur Verfügung, während sich ihre Metallionen an der Kathode zu entladen streben. Das Gold bildet auf der letzteren einen glänzenden Fleck:

$$3\,Sn^{\cdot\cdot}\,Cl_2'' + 2\,Au^{\cdot\cdot\cdot}\,Cl_3''' = 3\,Sn^{\cdot\cdot\cdot\cdot}\,Cl_4'''' + 2\,Au$$

Auch kann man in diesen Fällen als Reduktionsmittel statt der Zinnchlorürlösung eine Schwefeldioxydlösung, und als indifferenten Elektrolyten verdünnte Schwefelsäure verwenden. Das Schwefeldioxyd oxydiert sich auf Kosten des Sauerstoffs des Wassers, dessen beide Wasserstoffatome ionisiert werden, um für die aus Z_2 ankommenden, disponiblen Chlorionen die Rolle der Kationen zu spielen. Die Platte A wird hierdurch wiederum negativ geladen. Bringt man nun Quecksilberchlorid an die Platte K, so werden aus den zweiwertigen Merkuriionen die einwertigen Merkuroionen, indem sie eine positive Ladung verlieren. Man beobachtet auch sehr bald einen an der Platte K sich ansammelnden weissen Niederschlag von Quecksilberchlorür, der bekanntlich die erste Phase der Reduktion des Quecksilberchlorids darstellt. Derselbe kann nicht durch etwa von Z_1 nach Z_2 diffundiertes Schwefeldioxyd entstanden sein, da Quecksilberchlorid nur durch koncentriertes Schwefeldioxyd, und zwar erst in der Hitze, reduciert wird. Die Processe sind also:

$$H_2^{\cdot\cdot}\,SO_3'' + H_2O = H_2^{\cdot\cdot}\,SO_4'' + H_2^{\cdot\cdot},$$
$$2\,Hg^{\cdot\cdot}\,Cl_2'' + H_2^{\cdot\cdot} = 2\,Hg^{\cdot}\,Cl' + 2\,H^{\cdot}\,Cl'.$$

II. Sehr lehrreich sind die folgenden Versuche, bei welchen sich an der nämlichen Elektrode das eine Mal Jodionen entladen, das andere Mal letztere neubilden. Es muss demnach ein Wechsel der Stromrichtung eintreten. Man fülle beide Zellen Z_1 und Z_2 (Fig. 42) sowie den Heber H mit verdünnter Natriumchloridlösung (die gesättigte Lösung ist mit dem vierfachen Volumen Wasser zu versetzen). Alsdann bringe man auf die Platinscheibe A einen Jodkaliumkrystall und berühre die Platinscheibe K mit einem Glasstab, der zuvor in rauchende Salpetersäure getaucht war. Sofort schlägt die Nadel des kleinen Galvanoskops bis zum Teilstrich 15 in dem Sinne aus, dass *A* Anode und *K* Kathode ist Nach der Gleichung:

$$2\,H^{\cdot}\,NO_2{}' + 2\,K^{\cdot}\,J' = 2\,K^{\cdot}\,NO_2{}' + H_2 + J_2$$

geben die Jodionen ihre Ladungen an *A* ab. *A* bedeckt sich mit einer braunen Schicht neutralen Jods. Die Kaliumionen nötigen die Wasserstoffionen der salpetrigen Säure, sich an der Elektrode *K* zu entionisieren, weshalb sich hier Wasserstoffbläschen entwickeln. Das Jodkalium fungiert also als Reduktionsmittel, die salpetrige Säure als Oxydationsmittel.

Legt man nunmehr auf die Platte *K* einige Krystalle von Natriumhyposulfit, so geht die Nadel des Galvanoskops zurück und bewegt sich bis auf den Teilstrich 5 nach der entgegengesetzten Seite, denn der Reaktionsgleichung gemäss

$$J_2 + 2\,Na_2{}^{\cdot\cdot}\,S_2O_3{}'' = 2\,Na^{\cdot}\,J' + Na_2{}^{\cdot\cdot}\,S_4O_6{}'',$$

in welcher das Jod das Oxydationsmittel ist, muss dasselbe in Jodionen übergehen. Die Elektrode *A* wird also jetzt positiv geladen. Infolge der Entstehung dieser Anionen in der Zelle Z_1 wandern die Chlorionen des Natriumchlorids nach der Zelle Z_2. Je zwei derselben zwingen je zwei Thiosulfationen $S_2O_3{}''$, zwei negative Ladungen an *K* abzugeben und sich in ebenfalls zweiwertige Tetrathionationen $S_4O_6{}''$ zu verwandeln. Die Elektrode *K* wird somit negativ geladen.

Die treibende Kraft ist in beiden Versuchen die chemische Affinität, welche die auf der linken Seite obiger Gleichungen stehenden Faktoren in die rechts stehenden Produkte überzuführen bestrebt ist. Offenbar spielt hierbei der Grad, mit welchem die verschiedenartigen Anionen ihre Ladungen festzuhalten vermögen, eine Rolle.

III. Komplicierter ist die Kette, welche man erhält, wenn man die Zelle Z_1 mit einer Lösung von Eisenvitriol (167 g Vitriol + 1000 g Wasser + 10 cm^3 koncentrierte Schwefelsäure), die Zelle Z_2 und den Heber *H* mit einer äquimolekularen Lösung von Kaliumsulfat (87 g Sulfat + 1000 g Wasser + 10 cm^3 koncentrierte Schwefelsäure) füllt und das Platinblech der Elektrode *K* mit einem mittels Siegellack an einen Glasstab befestigten Krystall von Kaliumpermanganat berührt. Im Moment der Berührung schlägt die Nadel kräftig aus. Die elektromotorische Kraft ist nach BANCROFT 0,968 Volt. Der Vorgang wird durch die Gleichung

$$10\,Fe^{\cdot\cdot}\,SO_4{}'' + 2\,H^{\cdot}\,MnO_4{}' + 7\,H_2{}^{\cdot\cdot}\,SO_4{}'' =$$
$$5\,Fe_2{}^{\cdot\cdot\cdot\cdot\cdot\cdot}\,(SO_4)_3{}'''''' + 2\,Mn^{\cdot\cdot}\,SO_4{}'' + 8\,H_2O$$

erklärt. Die O_8 der beiden $HMnO_4$ geben mit den H_2 der letzteren und den $7\,H_2$ der $7\,H_2SO_4$ acht Molekeln Wasser. Hierbei werden 16 positive Ladungen disponibel. Davon werden 10 durch den Schliessungsdraht an die $10\,Fe^{\cdot\cdot}$ befördert, die in Ferriionen $Fe^{\cdot\cdot\cdot}$ übergehen, und die anderen 6 werden von den $2\,MnO_4{}'$ verbraucht, aus denen unter Neutralisation je zweier positiver und negativer Ladungen zwei $Mn^{\cdot\cdot}$ entstehen.

IV. Um die nach der Gleichung

$$Na^{\cdot}\,Cl' + Ag^{\cdot}\,NO_3{}' = AgCl + Na^{\cdot}\,NO_3{}'$$

stattfindende Fällung des Silberchlorids elektromotorisch wirksam zu machen, lege man auf die Platinbleche der Elektroden A und K polierte Silberbleche, fülle die Zelle Z_1 mit einer Kochsalzlösung und die Zelle Z_2 nebst dem Heber H mit einer äquimolekularen Natriumnitratlösung. Die Kette lässt in diesem Zustand am Galvanoskop noch keinen Strom erkennen. Aber die Nadel schlägt sofort aus, wenn man auf das Silberblech der Elektrode K einen Silbernitratkrystall bringt. Der Vorgang besteht darin, dass vom Silberblech der Zelle Z_1 Silberionen in Lösung gehen, und auf dem Silberblech in Z_2 sich Krystalle von metallischem Silber ausscheiden. Da nun in der Kochsalzlösung nur eine geringe Zahl von Silberionen existieren kann, so wird das Silberblech in Z_1 sehr bald mit einer Schicht von Chlorsilber bedeckt, das sich am Licht schwärzt. Jene Kette schliesst sich somit den Reduktions- und Oxydationsketten an, lässt sich aber auch als eine Koncentrationskette ansehen, da die Silberionen in Z_1 und Z_2 in sehr abweichender Koncentration vorhanden sind.

§ 3. Die Gasketten.

Den Reduktions- und Oxydationsketten reiht OSTWALD auch die Gasketten, über deren Theorie viel gestritten ist, an und giebt auf diese Weise eine sehr einfache Erklärung über die Entstehung des Stromes derselben.

Am kräftigsten wirkt die Wasserstoff-Chlorkette. Die etwa 200 cm^3 grosse Zelle Z (Fig. 43) ist mit den drei Tuben t_1, t_2 und t_3 versehen. Der mittlere Tubus muss eng sein, damit die Entfernung der beiden seitlichen gering ist. t_1 und t_2 enthalten die 20 cm langen und 1 cm weiten Röhren R_1 und R_2. An den oberen Enden derselben sind die Ableitungsdrähte der platinierten Platinblechstreifen A und K eingeschmolzen. Der ganze Apparat wird mit Chlorwasserstoffsäure gefüllt. Dann entwickelt man im Rohr R_1 bis a Wasserstoff, indem man A kathodisch und ein durch t_3 gestecktes Platinblech anodisch mit einer Stromquelle verbindet. In das Rohr R_2 führt man bis b Chlor ein. Bringt man dann von K nach A den Schliessungsbogen an, so erhält man einen kräftigen Strom von 1,31 Volt. Ein einziges solches Gaselement genügt, um einen empfindlichen Wecker in Thätigkeit zu setzen.

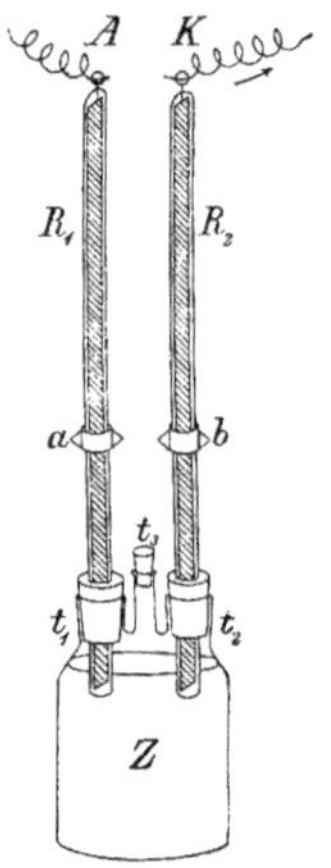

Fig. 43.

Nach Ostwald sind nur solche Elektroden für Gasketten geeignet, welche Gase zu adsorbieren vermögen. Denn nur im adsorbierten Zustand ist ein Gas, insbesondere der Wasserstoff, imstande, seine elektrolytische Lösungstension zu äussern. In der Wasserstoff-Chlorkette entsteht nun der Strom gerade so, wie in der oben angeführten Zinnchlorür-Chlorkette. In R_2 macht sich die hohe Tendenz des Chlors ($Cl_2 = 2\,Cl' + 80200$ cal.) geltend, Ionen zu bilden, wobei K positiv geladen wird. Dieselben ziehen von R_1 Wasserstoffionen an, so dass hier der adsorbierte Wasserstoff genötigt ist, neue Ionen zu bilden. Die Elektrode A nimmt folglich eine negative Ladung an. Während der Strom die Kette passiert, verschwinden gleiche Volumina Wasserstoff und Chlor, wie es das Faradaysche Gesetz verlangt. Bei Kurzschluss steigt die Flüssigkeit in den Röhren R_1 und R_2 in einer Stunde um je 3 cm empor.

Um den Apparat Fig. 43 zur Wasserstoff-Sauerstoffkette zu verwenden, füllt man ihn mit verdünnter Schwefelsäure und lässt in R_1 Wasserstoff, in R_2 Sauerstoff aufsteigen. Die Gase kann man auch elektrolytisch entstehen lassen. Diese Kette hat die elektromotorische Kraft von 1,08 Volt. Der Strom in derselben wird, wie aus GLASERS[1]) Untersuchungen zu schliessen ist, erzeugt, indem einerseits der Sauerstoff der Röhre R_2 in die Ionen O'' übergeht, die sich dann mit je zwei Wasserstoffionen der Schwefelsäure zu Wasser neutralisieren, andrerseits das disponible Anion SO_4'' je zwei Atome des adsorbierten Wasserstoffs in der Röhre R_1 veranlasst, als Ionen in die Lösung überzutreten. Die Elektroden K und A werden somit positiv bezw. negativ geladen. In dem Masse, als sich die Gase als Ionen von den Elektroden entfernen, werden von den Gasvorräten neue Gasmengen adsorbiert, und so kommt es, dass die Gasvolumina des Sauerstoffs und Wasserstoffs im Verhältnis von 1 : 2 abnehmen.

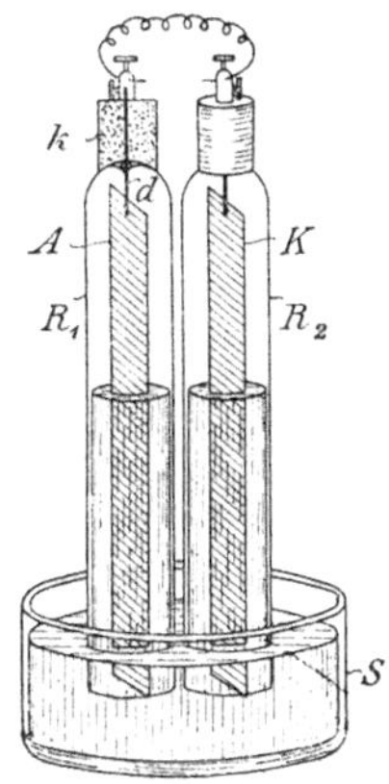

Fig. 44.

Diese Theorie der Wasserstoff Sauerstoffkette wird mittels folgender Vorkehrung bestätigt. Die 25 cm langen und 3 cm weiten Röhren R_1 und R_2 (Fig. 44) schliessen die ebenso grossen, gut platinierten Platinbleche A und K ein, an welche je ein 0,8 mm dicker Platindraht d angeschweisst ist. Letzterer ist in dem oberen Ende der Röhre eingeschmolzen. Zum Schutz des Schmelzglases wird er durch einen aufzukittenden Kork gesteckt, aus welchem er soweit herausragt, dass eine Klemmschraube angebracht werden kann. Die Röhren R_1 und R_2 fülle man mit Kaliumsulfatlösung (1 : 30), welche mit blauer Lackmuslösung bezw. Phenolphtaleïnlösung versetzt ist, und befestige sie in umgekehrter Stellung dicht nebeneinander in der gesättigte Kaliumsulfatlösung enthaltenden Schale S in der Weise, dass die Bleche parallel stehen. Nachdem man gereinigten Wasserstoff bezw. Sauerstoff zur Hälfte eingeleitet hat, verbinde man die Klemmschrauben durch einen kurzen Draht. Die Elektrode A umgiebt sich bald auf beiden Flächen

[1]) Ztschr. für Elektrochemie 4, 355. 1898.

mit einem roten Saum. Nach einer Stunde wird die ganze Lösung rot, falls man die Röhre R_1 etwas schüttelt. In der Röhre R_2 beobachtet man nach dieser Zeit unterhalb des Flüssigkeitsniveaus eine 5 cm breite rote Zone. Folglich ist an K freie Base, an A freie Säure entstanden. In R_2 müssen sich also Sauerstoffionen bilden, welche mit je zwei Kaliumionen Kaliumoxyd ergeben. Letzteres geht sogleich unter dem Einfluss einer Wassermolekel in $K^{\cdot}(OH)'$ über, wobei sich die beiden negativen Ladungen des Sauerstoffions auf je zwei $(OH)'$ verteilen ($K_2^{\cdot\cdot}O'' + H_2O = 2\,K^{\cdot}(OH)'$. Infolge des Überschusses an Anionen wandern die SO_4'' von R_2 nach R_1, wo sie den Wasserstoff zur Ionisierung veranlassen, so dass hier freie Säure auftritt.

Vermag der Strom der Wasserstoff-Sauerstoffkette (Fig. 43) den zum Versuch benutzten Wecker (ein solcher ist als Stromindikator in einem grösseren Auditorium einem Galvanoskop vorzuziehen) noch nicht in Thätigkeit zu setzen, so schalte man ein Relais nebst zwei Trockenelementen ein, oder man halte beim elektrolytischen Laden der Zelle den Tubus t_3 fest verschlossen. Im letzteren Falle befinden sich die Gase im komprimierten Zustand und verleihen der Zelle eine höhere elektromotorische Kraft. Auf dieser Erscheinung beruht das Princip der Gasakkumulatoren, die aber eine praktische Bedeutung noch nicht erlangt haben. Nach den Versuchen von Cailletet und Colardeau[1]) besass eine derartige Zelle, wenn die Gase mit einem Druck von 580 Atm. komprimiert, und die Elektroden mit 1 kg Platinschwamm behaftet waren, einen Wirkungsgrad von 95 bis 98 %, da der Entladungsstrom 56 Amp.-St. ergab. Betrug der Druck 600 Atm., und diente Palladiumschwamm als Adsorptionsmittel, so belief sich die Ausbeute für je 1 kg des letzteren sogar auf 176 Amp.-St.

Kräftigere Wirkungen, als mit einer einzelnen Gaszelle von der Form Fig. 43, erzielt man mittels der folgenden Batterie (Fig. 45). An der Längsseite l eines rechteckigen Brettes A bringe man in einem Abstand von 15 mm fünf, an der andern l' vier mit jenen abwechselnde enge Durchbohrungen an, stecke durch dieselben die Platindrähte, die

---

[1]) Compt. rend. **119**, 830—834. 1895.

an dünne, 43 × 47 mm grosse, platinierte Platinbleche angenietet sind, und lege die Drahtenden fest um die beiden dicken Kupferstäbe *ab* und *cd*, welche mittels Drahtösen in rinnenartigen Vertiefungen des Brettes befestigt sind. Damit sich die parallel gerichteten Bleche nicht verschieben, wird zwischen dieselben auf der Unterseite des Brettes Paraffin gegossen. Die ganze Vorrichtung wird in ein trogförmiges, mit verdünnter Schwefelsäure (1 : 12) gefülltes Glasgefäss eingesenkt. Wie aus der Figur zu ersehen ist, wird das Ende *a* desjenigen Kupferstabes, an welchem die vier Platinbleche hängen, mittels des Umschalters *U* (Stöpsel in *e*) mit dem positiven Pol einer aus zwei Akkumulatoren bestehenden Batterie *B*, das Ende *c* des mit den fünf Platinblechen befestigten Kupferstabes direkt mit dem negativen Pol der Batterie ver-

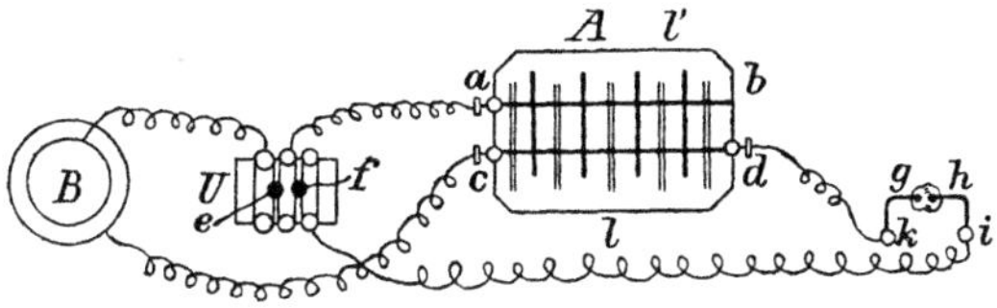

Fig. 45.

bunden. Der ladende Strom bewirkt in der Gasbatterie eine deutliche Gasentwicklung. Nach 5 Minuten der Ladung zeigt der Strom der Gasbatterie anfangs eine Spannung von 1,5 Volt, die bei Einschaltung eines Widerstandes von 1127 Ohm nach 50 Minuten noch 0,7 Volt beträgt. Es spricht dies für eine verhältnismässig grosse Kapacität des Apparates, welche durch die von den Platinblechen okkludierten grösseren Gasmengen bedingt ist. Der Entladungsstrom ist stark genug, einen dünnen, 10 mm langen Platindraht durchzuschmelzen. Die thermische Wirkung des Stromes lässt sich noch besser dadurch veranschaulichen, dass man auf einem Brettchen zwei isolierte Kupferdrähte in einer Entfernung von 10 mm vertikal befestigt, die oberen Enden derselben *g* und *h* durch ein Stück nicht zu dünnen Platindrahtes verbindet, denselben mit Kollodiumwolle umwickelt und die unteren Enden *i* und *k* an *d* und *U* anschliesst. Steckt man nach 1 bis 2 Minuten langer Ladung der Gasbatterie den Stöpsel in *f* ein, so wird die Kollodiumwolle sofort entzündet.

J. THOMSEN[1]) hatte im Jahre 1865 eine Gasbatterie von 50 Zellen aus je zwei Platinplatten konstruiert. Mittels eines auf einem kreisförmigen Schaltbrett in der Minute 20 bis 25 mal rotierenden Radius wurde je eine dieser Zellen momentan durch den Strom eines GROVEschen Elementes geladen, während immer die übrigen 49 hintereinandergeschalteten Zellen einen konstanten Entladungsstrom von $49 \times 1{,}08 = 53$ Volt ergaben. Es ist von historischem Interesse, dass dieser sinnreiche Apparat, der schon das Princip der heute gebräuchlichen Akkumulatoren zeigt, im Telegraphendienst zu Kopenhagen seinerzeit Verwendung gefunden hat.

§ 4. Gewinnung der elektrischen Energie direkt aus Kohle.

Es sei an dieser Stelle des von OSTWALD[2]) angeregten Problems gedacht, die chemische Energie des Kohlenstoffs direkt in elektrische überzuführen. Es leuchtet ein, dass die Technik, würde sie diese ihr von der Wissenschaft gegebene Idee verwirklichen, einen Erfolg erringen würde, gegen welchen selbst die Erfindung der Dampfmaschine zurückstehen müsste. Denn einerseits ist gerade die elektrische Energie diejenige Energieform, welche sich am leichtesten und vollkommensten in die anderen Energieformen verwandeln lässt, andrerseits würden die enormen Energieverluste vermieden, welche die heutige Erzeugung von Elektricität in den mittels Dampfkraft[3]) betriebenen Dynamomaschinen mit sich bringt. Das Princip des OSTWALDschen „Zukunftselementes“ ist durch die Theorie der Gaselemente bereits gegeben. Generatorgas, wie es durch „Vergasung“ der Kohle entsteht, würde man der Anode, Luft der Kathode zuzuführen haben. Durch Verbrennung des ersteren müsste dann Elektricität gewonnen werden, so wie in den Gaselementen die chemische Vereinigung von Wasserstoff und Sauerstoff die Ursache der Strombildung ist. Nur handelt es sich um den geeigneten Elektrolyten, der die Elektroden

---

[1]) Pogg. Ann. **124**, 498.

[2]) Elektrotechn. Ztschr. **15**, 329. 1894.

[3]) In den besseren Dampfmaschinen werden nur ca. 15 % der chemischen Energie der Kohle ausgenutzt.

nicht angreifen und selbst nur eine vermittelnde Rolle spielen darf, ohne dabei verbraucht zu werden.

Aber soviel Mühe man sich allerorten gegeben hat, dieses Problem zu lösen, so ist man doch über die ersten Vorversuche noch nicht hinausgekommen.[1])

---

5. Kapitel.

Die Lösungstension der chemischen Elemente.

§ 1. Berechnung der Lösungstension der Metalle.

Wollte man die NERNSTsche Theorie der Strombildung, nach welcher die elektromotorische Kraft einer DANIELLschen Kette mit äquimolekularen Elektrolyten durch die Gleichung 8) (S. 162) bestimmt ist, durch den Versuch direkt prüfen, so müsste man die Werte P der Lösungstensionen der Metalle experimentell ermitteln. Nun macht es zwar keine grosse Mühe, die Metalle nach den Lösungstensionen in eine Reihe zu ordnen. Man hat nur nötig festzustellen, ob ein Metall das andere aus der Lösung eines seiner Salze zu fällen, also auf Grund einer höheren Lösungstension den Kationen des letzteren die elektrischen Ladungen zu entziehen vermag. Für die bekannteren Metalle würde sich somit die Reihenfolge: Zn, Cd, Fe, Pb, Cu, Hg, Ag ergeben. Aber es ist bisher noch nicht gelungen, die Werte P direkt zu messen.

Doch ist es möglich, die Potentialdifferenz $\mathfrak{p}$ zwischen einem Metall und der Lösung eines seiner Salze durch das Experiment zu bestimmen, und mit Hilfe der Gleichung

$$\mathfrak{p} = \frac{0{,}0002}{n} T \log \frac{P}{p}$$

die Grösse P

$$P = p \,.\, 10^{\frac{n \,.\, \mathfrak{p}}{0{,}0002 \,.\, T}} \quad \ldots\ldots\ldots \quad 9)$$

zu berechnen. Die Werte von p, n und T sind aber unmittelbar gegeben.

---

[1]) Einen Überblick über die betreffenden Arbeiten findet man in der Ztschr. für Elektrochemie 4, 129—136, 165—171. 1897.

§ 2. Experimentelle Ermittlung der Potentialdifferenz: Metall/Elektrolyt.

Den Weg hierzu zeigte OSTWALD, indem er auf das elektrokapillare Verhalten des Quecksilbers hinwies. Befindet sich dieses Metall in Berührung mit verdünnter Schwefelsäure, so bildet sich an der Grenzfläche zwischen beiden, wie in einem Kondensator, eine Doppelschicht beider Elektricitäten aus, und zwar der positiven an der Quecksilberfläche, der negativen an der Säurefläche. Die Oberfläche des Quecksilbers wird infolge der gegenseitigen Abstossung der Quecksilberteilchen gedehnt, so dass die Oberflächenspannung wächst. Umgekehrt muss also die positive Elektricität am Quecksilber sich der Null nähern, wenn die Oberflächenspannung ein Minimum ist. Dies tritt aber ein, wenn das Quecksilber die Form sehr kleiner Tröpfchen annimmt. Das aus einer Kapillaren in einen Elektrolyten abtropfende Quecksilber hat also gegen diesen das Potential Null, und senkt man in den Elektrolyten ein Metall ein, welches man nebst jenem Quecksilber mit einem Elektrometer verbindet, so zeigt dieses lediglich den Potentialsprung zwischen dem Metall und dem Elektrolyten an.

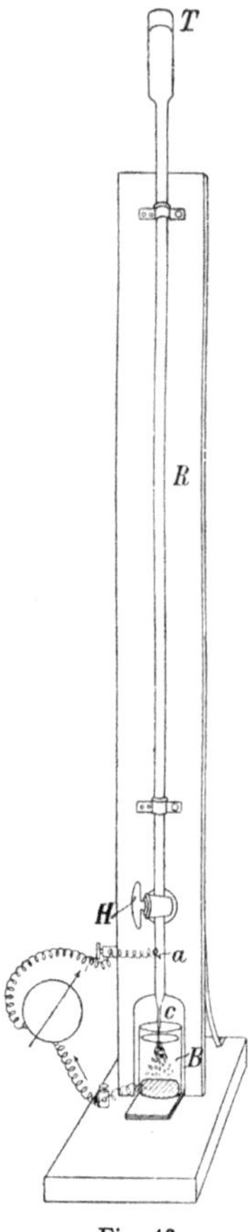

Fig. 46.

Für den Fall, dass dieses Metall das Quecksilber selbst ist, würde sich die von PASCHEN[1]) ausgebildete Methode der Messung der Potentialdifferenz: Quecksilber/Elektrolyt durch folgenden Versuch veranschaulichen lassen.

Das 8 mm weite und 1 m lange Glasrohr R (Fig. 46) wird mit Quecksilber gefüllt. Es ist mit dem Trichter T, dem Hahn H, dem eingeschmolzenen, an ein Galvanoskop anzuschliessenden Platindraht a und der aus einem Thermometer-

[1]) Wied. Ann. **41**, 42. 1890.

rohr ausgezogenen, etwa $^1/_3$ mm weiten Kapillaren *c* versehen. Der Becher *B* enthält verdünnte Schwefelsäure (1 : 3), deren Niveau ungefähr 1 cm unter *c* liegt, und Quecksilber, an welches mittels des eingeschmolzenen Platindrahtes *b* (der Buchstabe *b* fehlt in der Figur) der andere Leitungsdraht angelegt ist. Öffnet man nun den Hahn *H*, so verteilt sich der ausfliessende Quecksilberstrahl erst 1 cm unterhalb der Spitze *c* in Tropfen, und man beobachtet, obwohl doch beide Elektroden aus demselben Metall bestehen, an dem Galvanoskop einen Strom, welcher vom Draht *b* ausgeht. Von dem abtropfenden Quecksilber löst sich nämlich während des Herabfallens ein kleiner Teil in der Säure auf. Mithin nimmt momentan die Masse des Tropfens ein negatives Potential an, das sich aber sogleich über den ganzen Elektrolyten und das in *R* befindliche Quecksilber ausdehnt, so dass das Potential des letzteren sich nicht von dem des Elektrolyten unterscheidet. Die Quecksilberionen aber werden unten im Quecksilber des Bechers *b* wieder entladen. Würde statt des Galvanoskops ein Elektrometer aufgestellt sein, so liesse sich die Potentialdifferenz $\underrightarrow{Hg/Hg_2}\, SO_4$[1]) direkt bestimmen. Sie beträgt bei 18^0—0,99 Volt, falls die in freier Schwefelsäure herzustellende Merkurosulfatlösung normal ist.

Dieser Wert ist geringer, wenn die Zahl der Quecksilberionen abnimmt. Er reduciert sich für eine mit Merkurochlorid gesättigte Kaliumchloridlösung auf — 0,56 Volt, da die letztere etwa nur 10^{-5}–normal ist. Auf Grund dieser Grösse hat Ostwald[2]) die Normal-Kalomelelektrode konstruiert, die weit leichter zu handhaben ist, als die Paschensche Strahlelektrode. Die Flasche *F* (Fig. 47) enthält Quecksilber und eine mit Kalomel versetzte Normal-Kaliumchloridlösung. Der Pfropfen *P* trägt das gerade Glasrohr r_1, an dessen unterem

---

[1]) Der Pfeil zeigt die Richtung an, in welcher die Potentialdifferenz zu rechnen ist. Im obigen Fall würde also der Elektrolyt $Hg_2\,SO_4$ um 0,99 Volt negativ gegen Quecksilber, also umgekehrt das Quecksilber um diesen Betrag positiv gegen den Elektrolyten sein. Da jene Potentialdifferenz mit dem negativen Zeichen versehen ist, so bedeutet dies, dass der positive elektrische Strom in der dem Pfeil entgegengesetzten Richtung, mithin vom Elektrolyten nach dem Quecksilber verläuft.

[2]) W. Ostwald. Hand- und Hilfsbuch zur Ausführung physikochemischer Messungen 1893.

Ende ein eingeschmolzener Platindraht den Anschluss des Quecksilbers an die Messvorrichtung herstellt, und das rechtwinklig gebogene Rohr r_2, welches mittels des Gummischlauches s und des Rohres r_3 mit dem das fragliche Metall M enthaltenden Elektrolyten MS in Verbindung zu setzen ist. Das Ganze repräsentiert also ein galvanisches Element. Man ermittelt die elektromotorische Kraft π desselben am besten nach der Kompensationsmethode (siehe S. 156) mit Hilfe eines Normalelementes. Der Unterschied

$$\pi - 0{,}56$$

ergiebt dann die Potentialdifferenz M/MS. Für $\underrightarrow{\mathrm{Zn/Zn\,SO_4}}$ normal wurde der Wert

$$1{,}10 - 0{,}56 = +\,0{,}54 \text{ Volt}$$

gefunden.

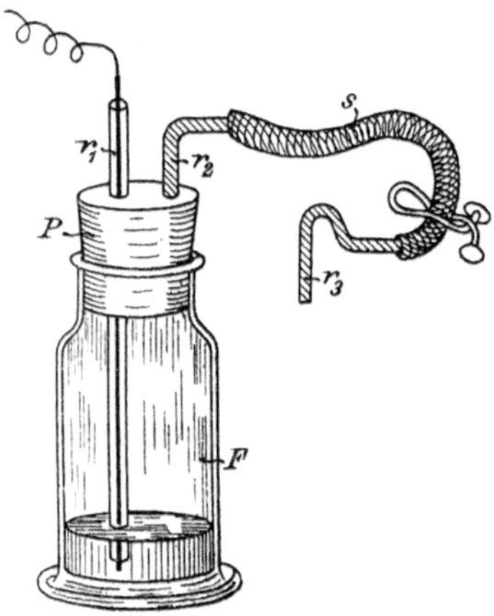

Fig. 47.

Fast dieselbe Zahl wird aus der von Wright und Thompson bei 18° gemessenen elektromotorischen Kraft 1,514 Volt der Kette $\mathrm{Zn/\underset{normal}{Zn\,SO_4}/\underset{normal}{Hg_2\,SO_4}/Hg}$ berechnet, nämlich

$$\underrightarrow{\mathrm{Zn/Zn\,SO_4}} = 1{,}514 - 0{,}99 = +\,0{,}524 \text{ Volt.}$$

Da die Normal-Zinksulfatlösung nur zu 80% dissociiert ist, so ist dieser Wert von 0,524 Volt noch um

$$\tfrac{1}{2} \,.\, 0{,}0002 \,.\, 291 \log 100/80 = 0{,}003 \text{ Volt}$$

zu vermindern, so dass der korrigierte Wert $\mathfrak{p}$ für

$$\underrightarrow{\mathrm{Zn/\underset{normal}{Zn\,SO_4}}} = +\,0{,}521 \text{ Volt}$$

ist. Paschen fand mittels der Strahlelektrode bei einer zweifach normalen Zinksulfatlösung die Zahl $+\,0{,}5187$, die für eine Normallösung auf $+\,0{,}523$ steigen, obigem Wert von $+\,0{,}521$ also sehr nahe kommen würde.

Ist aber der $\mathfrak{p}$-Wert für $\underrightarrow{\mathrm{Zn/\underset{normal}{Zn\,SO_4}}}$ ein für allemal festgelegt, so lässt sich die Potentialdifferenz der verschiedenen

Metalle M gegen die Normallösungen ihrer Salze (bei 18⁰) auch in der Weise finden, dass man von der zu messenden elektromotorischen Kraft π der DANIELLschen Kette

$$Zn/Zn\,SO_4/M\,SO_4/M$$

die Zahl 0,521 subtrahiert und dem Restbetrag das umgekehrte Vorzeichen giebt.

In der folgenden Tabelle XX sind unter A die betreffenden, mit Normallösungen konstruierten DANIELLschen Ketten, unter B die elektromotorischen Kräfte derselben, welche von den unter C namhaft gemachten Autoren bei 18^0 gemessen sind, und unter D die berechneten und korrigierten Potentialdifferenzen $\mathfrak{p}$ der Metalle gegen die Normallösungen ihrer Salze verzeichnet.

Tab. XX.

A.	B.	C.	D.	
$\overrightarrow{Zn/Zn\,SO_4}/Mg\,SO_4/Mg$	− 0,725 Volt	Wright u. Thompson	$\overrightarrow{Mg/Mg\,SO_4}$	= + 1,243 Volt
$Zn/Zn\,SO_4/Cd\,SO_4/Cd$	+ 0,360 "	F. Braun	$Cd/Cd\,SO_4$	= + 0,158 "
$Zn/Zn\,SO_4/Fe\,SO_4/Fe$	+ 0,440 "	F. Braun	$Fe/Fe\,SO_4$	= + 0,078 "
$Zn/Zn\,SO_4$/Pb acet/Pb	+ 0,607 "	Wright u. Thompson	Pb/Pb acet.	= − 0,089 "
$Zn/Zn\,SO_4/Cu\,SO_4/Cu$	+ 1,100 "	F. Braun	$Cu/Cu\,SO_4$	= − 0,582 "
$Zn/Zn\,SO_4/Ag_2\,SO_4/Ag_2$	+ 1,539 "	Wright u. Thompson	$Ag_2/Ag_2\,SO_4$	= − 1,024 "

Die in der Kolumne D stehenden Zahlen sind für die Metalle charakteristische Grössen, wofern nur die Temperatur von 18^0 und die Normalität der Lösungen ihrer Salze vorausgesetzt werden. Die Natur der Anionen ist im allgemeinen gleichgiltig. Sie kommt wesentlich dann erst in Betracht, wenn sie die Löslichkeit der Salze stark vermindert. Zwar dürften jene Werte noch mit Fehlern von einigen Hundertsteln Volt behaftet sein, weil sie sämtlich auf einer einzigen Messung, nämlich der der Potentialdifferenz zwischen Quecksilber und Merkurosulfat, beruhen. Aber es ist nur eine Frage der Zeit, dass Messmethoden ausfindig gemacht werden, welche zu noch genaueren Bestimmungen der $\mathfrak{p}$-Werte führen. Das Vorzeichen dieser Werte wird gemäss der Gleichung für $\mathfrak{p}$ durch das Verhältnis der Werte von P und p bedingt, ist also, da für Normallösungen $p = 22,3$ Atm. zu setzen ist, nur von P abhängig.

Sollen die $\mathfrak{p}$-Werte der Tabelle XX richtig sein, so muss die experimentell ermittelte elektromotorische Kraft π einer Kette, welche aus irgend zwei Metallen jener Reihe und ihren äquimolekularen Salzlösungen kombiniert ist, gleich sein der Differenz der für diese Metalle berechneten $\mathfrak{p}$-Werte. Die Erfahrung bestätigt diesen Schluss. So fand STREINTZ für die Kette $Cd/CdSO_4/CuSO_4/Cu$

$$\pi = 0,743 \text{ Volt},$$

und die Rechnung ergiebt

$$+0,158 + 0,582 = 0,740 \text{ Volt}.$$

An der Kette $Mg/MgSO_4/Ag_2SO_4/Ag_2$ beobachtete man

$$\pi = 2,212 \text{ Volt},$$

während sich

$$\pi = +1,243 + 1,012 = 2,255 \text{ Volt}$$

berechnet.

Auch durch den Versuch kann mittels des kleinen Galvanoskops der Unterschied der elektromotorischen Kräfte dieser beiden Ketten leicht demonstriert werden, wenn man letztere so konstruiert, dass die Dimensionen der entsprechenden Metalle gleich, und die Koncentrationen der Elektrolyte äquimolekular sind. In kleine Thonzellen (7×2 cm) stecke man die Anoden, nämlich 9 mm dicke, gegossene Stäbe von Kadmium bezw. Magnesium. Als Kathoden dienen cylindrisch gebogene Bleche aus Kupfer bezw. Silber, welche 6 cm hoch und 8 cm breit sind. Die Elektrolyte enthalten auf 1 Liter Wasser 10 g krystallisiertes Kadmiumsulfat, 9,3 g Kupfervitriol, 9,3 g Bittersalz und 11,5 g Silbersulfat. Dem Galvanoskop werden 500 Ohm vorgelegt. Die Kadmium-Kupferkette ergiebt dann den Ausschlag 7, die Magnesium-Silberkette den Ausschlag 15.

Durch jene Übereinstimmungen wird die NERNSTsche Theorie, nach welcher die elektromotorische Kraft einer Kette ihren Sitz wesentlich an den Stellen hat, wo die Metalle mit ihren Elektrolyten aneinander grenzen, bestätigt.

§ 3. Die Werte der Lösungstensionen der Metalle.

Indem man die empirisch bestimmten $\mathfrak{p}$-Werte in die Gleichung 9) (S. 179) einsetzt, ergeben sich die in der Tabelle XXI verzeichneten Zahlen der Lösungstensionen der Metalle.

Tab. XXI.

1	2	3	4
Metall	Valenz	Lösungstension P in Atmosphären bei 18°	Gewicht der Metalle in 1 Liter Sulfatlösung in Grammen
Mg	2	$0{,}115 \cdot 10^{44}$	$1{,}238 \cdot 10^{43}$
Zn	2	$1{,}786 \cdot 10^{19}$	$0{,}520 \cdot 10^{20}$
Cd	2	$0{,}599 \cdot 10^{7}$	$3{,}166 \cdot 10^{7}$
Fe	2	$1{,}068 \cdot 10^{4}$	$2{,}676 \cdot 10^{4}$
Pb	2	$1{,}950 \cdot 10^{-2}$	$1{,}805 \cdot 10^{-1}$
Cu	2	$2{,}228 \cdot 10^{-19}$	$0{,}313 \cdot 10^{-20}$
2 Hg	1	$0{,}223 \cdot 10^{-32}$	$0{,}400 \cdot 10^{-31}$
2 Ag	1	$0{,}223 \cdot 10^{-33}$	$0{,}216 \cdot 10^{-33}$

Die Lösungstensionen der Metalle zeigen somit, abgesehen vom Blei, teils sehr hohe, teils sehr niedrige, auf den ersten Blick schwer verständliche Werte. Vergegenwärtigt man sich aber, dass man im Sinne der NERNSTschen Theorie unter der Lösungstension eines Metalles das Bestreben desselben versteht, den osmotischen Gegendruck der in der Lösung bereits vorhandenen Kationen zu überwinden, um seine Atome selbst zu ionisieren, so müssen die Zahlen der Kolumne 3 diejenigen osmotischen Drucke bedeuten, welche die Kationen des Elektrolyten eben aufweisen müssten, damit die Ionisierung unmöglich wäre, und der Wert $\mathfrak{p}$ gleich Null würde. Dies wäre der Fall, wenn in einem Liter der Sulfatlösung die mittels der Formel $pV = RT$ berechneten, in Grammen ausgedrückten Mengen der Metalle (Kolumne 4) enthalten wären. Diese Mengen sind aber ausser beim Blei ebenfalls entweder sehr hoch oder sehr niedrig, so dass sie die in einem Liter der Normalsulfatlösungen vorhandenen g-Atommengen der Metalle (für Hg und Ag die doppelten Atommengen) entweder bedeutend übertreffen oder hinter ihnen bedeutend zurückbleiben.

Man kann die Lösungstensionen der Metalle auch der Verdampfungstension einer Flüssigkeit analog setzen. Wie die Verdampfung der letzteren soweit fortschreitet, bis der entwickelte Dampf den der Verdampfungstension gleichen Maximaldruck angenommen hat, ebenso sucht sich beim Eintauchen eines Metalles in die Lösung seines Salzes das Ionisierungsbestreben so lange geltend zu machen, bis der osmotische Druck der sich ansammelnden Kationen dem Wert P gleich ist. Die Metalle mit grossen Lösungstensionen würden also den äusserst leicht flüchtigen, die mit niedrigen Lösungstensionen den schwer flüchtigen Flüssigkeiten entsprechen.

Die Zahlen der Tabelle XXI lehren, dass die $\mathfrak{p}$-Werte für die Metalle Mg, Zn, Cd, Fe stets positiv, und die der Metalle Cu, Hg, Ag stets negativ sein müssen, selbst wenn die Koncentrationen der Elektrolyte innerhalb der thatsächlich möglichen Grenzen schwanken. Man begreift, dass der Elektrolyt, in welchen Zink eingetaucht wird, ein positives, und das Metall selbst ein negatives Potential annimmt, weil sich die Tendenz des Zinks geltend macht, dem Elektrolyten positiv geladene Ionen zuzuführen. Beim Kupfer aber muss der umgekehrte Fall eintreten, denn der osmotische Druck der Kupferionen des Elektrolyten überwiegt die Lösungstension des Kupfers. Daher ist die Disposition gegeben, dass Kationen ihre positiven Ladungen an das Kupfer abgeben, und der Elektrolyt ein negatives Potential erhält. Wird nun die Kette $Zn/ZnSO_4/CuSO_4/Cu$ geschlossen, so tritt sowohl die Lösungstension des Zinks, als auch der osmotische Druck der Kupferionen dauernd in Wirksamkeit, und die Folge dieser Kraftäusserungen ist, dass der elektrische Strom im Schliessungsbogen vom Kupfer zum Zink, von der Kathode zur Anode geht.

§ 4. Die elektrische Spannungsreihe der Metalle.

Die vorstehenden Erörterungen legen es nahe, die nach den Werten P oder 𝔭 geordnete Reihe der Metalle als die wahre elektrische Spannungsreihe zu betrachten. Eine vollständigere Zusammenstellung giebt die Tabelle XXII, in welcher nach den Untersuchungen von NEUMANN[1]) in der 1. Kolumne das Metall, in der 2. der Elektrolyt und in der 3. die Potentialdifferenz beider bei gewöhnlicher Temperatur und Normalität der Lösungen verzeichnet sind.

Tab. XXII.

1	2	3	1	2	3
Metall	Elektrolyt	𝔭	Metall	Elektrolyt	𝔭
Mg	Sulfat	+ 1,239	Sb	Chlorid	— 0,376
Al	„	+ 1,040	Bi	„	— 0,490
Zn	„	+ 0,524	As	„	— 0,550
Cd	„	+ 0,162	Cu	Sulfat	— 0,580
Fe	„	+ 0,093	Hg	Merkurosulfat	— 0,980
Co	„	— 0,019	Ag	Nitrat	— 1,055
Ni	„	— 0,022	Pd	Chlorid	— 1,066
Pb	Nitrat	— 0,080	Pt	„	— 1,140
Sn	Stannichlorid	— 0,085	Au	„	— 1,356.

Je weiter zwei Metalle in der Reihe von einander entfernt sind, um so grösser ist die elektromotorische Kraft der aus ihnen kombinierten DANIELLschen Kette. Diese Thatsache lässt sich demonstrieren, wenn man die in der Tabelle XXIII bezeichneten fünf DANIELLschen Elemente von gleichen Dimensionen (wie S. 184) mit Halbnormal-Nitratlösungen konstruiert

[1]) Ztschr. für physik. Chem. **14**, 229.

Tab. XXIII.

1	2
$Zn/Zn(NO_3)_2/Cd(NO_3)_2/Cd$	+ 3
„ $/Pb(NO_3)_2/Pb$	+ 4
„ $/Cu(NO_3)_2/Cu$	+ 8
„ $/Ag_2(NO_3)_2/Ag_2$	+ 10
„ $/Mg(NO_3)_2/Mg$	— 2,5

und sie mittels einer Kurbelschaltung (Fig. 48) der Reihe nach an das grosse Galvanoskop, dem etwa noch 20 Ohm vorzulegen sind, anschliesst. Die Nadelausschläge in der Kolumne 2 beweisen die Zunahme der elektromotorischen

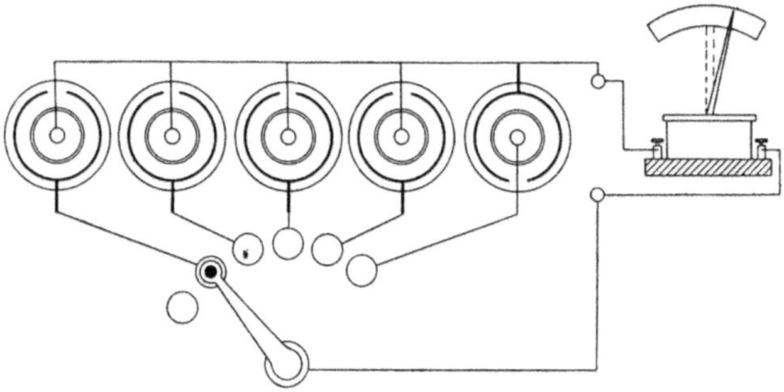

Fig. 48.

Kräfte. Das 5. Element bringt den Ausschlag nach der entgegengesetzten Seite hervor.

Schaltet man ferner zwei verschiedene Daniellsche Ketten von der Beschaffenheit, dass die Kathode der einen und die Anode der andern aus demselben Metall bestehen, hintereinander, so lässt sich erwarten, dass die gesamte elektromotorische Kraft der Kombination gleich derjenigen der Kette ist, welche die Anode der einen als Anode und die Kathode der andern als Kathode enthält. Für die Kombination der Ketten $Zn/ZnSO_4/CdSO_4/Cd$ und $Cd/CdSO_4/CuSO_4/Cu$ berechnet sich.

$$\pi = (0{,}521 - 0{,}158) + (0{,}158 + 0{,}582) = 1{,}103 \text{ Volt},$$

und thatsächlich ist für die Kette $Zn/ZnSO_4/CuSO_4/Cu$ der nämliche Wert gefunden.

Die Spannungsreihe der Tabelle XXII ordnet die Metalle nach bestimmten chemischen Konstanten, denn die Lösungstension eines Metalls kennzeichnet seinen chemischen Charakter; auch die Oxydationsfähigkeit der Metalle sowie deren Ionisierungswärme (S. 83) würden fast dieselbe Reihe ergeben.

Die früher aufgestellten Spannungsreihen sollten sich auf die Potentialdifferenzen der Metalle bei gegenseitiger Berührung beziehen, wie man sie mittels des Kondensators durch Messungen in freier Luft glaubte ermittelt zu haben, und man war der Ansicht, dass jene Potentialdifferenzen fast ausschliesslich bei der Entstehung der elektromotorischen Kräfte VOLTAscher Ketten massgebend wären. Indessen übersah man, dass die Isolierfähigkeit der Isolierschicht des Kondensators keine absolute ist, da der Feuchtigkeits- und Salzgehalt der Luft bei den Messversuchen wie ein Elektrolyt wirkt. Thatsächlich müssen nach EDLUNDS Untersuchungen über die Peltierwärmen die Potentialdifferenzen der Metalle untereinander sehr kleine Grössen sein, welche die elektromotorischen Kräfte der VOLTAschen Ketten nur wenig beeinflussen. Dass die direkte Berührung der Metalle für das Zustandekommen der elektromotorischen Kraft ganz unwesentlich ist, letztere vielmehr ihre Entstehung der Reaktion zwischen Metallen und Elektrolyten verdankt, geht schon aus folgendem einfachen Versuch hervor. An ein Markstück und ein Zwanzigpfennigstück aus Nickel löte man Kupferdrähte und lege diese an das kleine Galvanoskop an. Die Nadel bleibt völlig in Ruhe, wenn man die gut gereinigten Münzen aufeinander drückt. Aber die Zwischenschaltung einer Scheibe aus Fliesspapier genügt schon, einen wenn auch sehr kleinen Ausschlag hervorzurufen, und die Nadel schlägt um circa 12 Teilstriche aus, falls man das Fliesspapier mit einem Tropfen einer Kochsalzlösung anfeuchtet. Infolge der Polarisation kehrt sie freilich innerhalb einer Minute auf Null zurück (s. III. Abschnitt, 6. Kapitel.)

Man muss daher von den früheren Spannungsreihen absehen, um so mehr, als es dem Gesetz der Erhaltung der

Energie völlig widerspricht, dass durch die blosse Berührung zweier Körper elektrische Energie gewonnen werden könnte. Ausserdem ist nach der alten Kontakttheorie nicht einzusehen, welche Rolle die Elektrolyte bei der Stromerzeugung spielen, und welche Bedeutung die chemischen Processe in den Ketten haben sollten.

Von den künftigen Forschungen der Elektrochemiker ist zu erwarten, dass die Reihe der 𝔭-Werte weiter vervollständigt wird. Diese der Zukunft vorbehaltenen Arbeiten werden aber nicht nur zum genaueren Ausbau der neuen elektrochemischen Theorie beitragen, sondern auch, wie Ostwald hervorhebt, auf die reine Chemie fruchtbringend einwirken, namentlich insofern, als sie zur Bestimmung der chemischen Affinität führen werden.

§ 5. Stellung des Wasserstoffs in der Spannungsreihe.

In betreff des Wasserstoffs sei bemerkt, dass derselbe nach seinem ganzen Wesen als ein Metall zu betrachten ist, zumal da er von gewissen Metallen, insbesondere von Palladium, in grosser Menge aufgenommen wird[1]) und mit diesem Produkte liefert, welche als Legierungen gelten. Sättigt man nun auf elektrolytischem Wege eine kleine Platte aus Palladium mit Wasserstoff und senkt sie in eine Kupfersulfatlösung, so bedeckt sie sich sehr bald mit einer glänzenden Schicht von Kupfer. Ebenso werden Au, Pt, Ag, Hg gefällt, nicht aber Pb, Fe, Cd, Zn, Mg. Im Einklang hiermit steht die Thatsache, dass die Metalle der letzten Art sich in Säuren unter Wasserstoffentwicklung lösen, während die Metalle der ersten Art, falls sekundäre Reaktionen, wie bei der Salpetersäure, ausgeschlossen sind, aus den Säuren keinen Wasserstoff entwickeln. Die Lösungstension des vom Palladium adsorbierten Wasserstoffs muss also einen Wert haben, der zwischen derjenigen des Kupfers und derjenigen des Bleis liegt. In der That wird diese Folgerung durch den Versuch bestätigt. Der das untere Ende einer Glasröhre *R* (Fig. 49) verschliessende

[1]) Palladium nimmt an Wasserstoff das 936fache seines eignen Volumens auf.

Pfropfen trägt die mit Palladiummohr (S. 152) überzogene Platinelektrode E_1, welche, nachdem das Rohr mit verdünnter Schwefelsäure gefüllt ist, elektrolytisch mit Wasserstoff zu sättigen ist. Alsdann senkt man als Elektrode E_2 das eine Mal einen mit frisch angefeilten Flächen versehenen Bleistab, das andere Mal einen Kupferstab kurze Zeit in die Säure ein. Waren die Elektroden E_1 und E_2 an das kleine Nadelgalvanoskop angeschlossen, so erfolgen kräftige Ausschläge nach entgegengesetzten Seiten, und zwar erweist sich die Elektrode E_1 im ersten Fall als Kathode, im zweiten als Anode. Stellt man zwischen E_1 und dem Kupferstab Kurzschluss her, so überzieht sich das Kupfer mit einem Überzug von Wasserstoffbläschen.

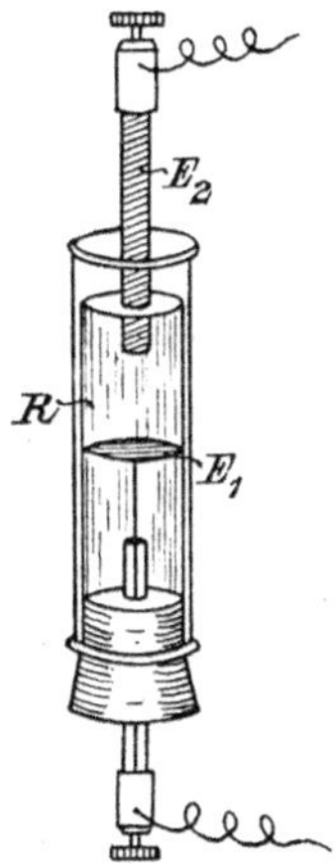

Fig. 49.

Bei 17^0 beträgt die Potentialdifferenz zwischen der Palladium-Wasserstoffplatte und normaler Schwefelsäure — 0,26 Volt, wenn das Potential der ersteren gleich Null gesetzt wird. Hieraus ergiebt sich für die Lösungstension des Wasserstoffs der Wert von $2{,}414 . 10^{-3}$ Atm.

§ 6. Verhalten der dem Wetter ausgesetzten Metallkombinationen.

Die genauere Kenntnis der Spannungsreihe der Metalle in Elektrolyten hat auch ein praktisches Interesse. Überall, wo Gebilde aus verschiedenen Metallen, seien es Legierungen, seien es Kombinationen verschiedener, sich berührender Metalle, seien es endlich Metalle mit mechanisch oder galvanostegisch hergestellten Metallüberzügen, dem Einfluss der atmosphärischen Niederschläge unterworfen sind, ist die Disposition zur Entstehung kurz geschlossener Ketten gegeben. In denselben fungiert das eine Metall als Ableitungs-, das andere als Lösungselektrode. Das letztere ist daher der Zerstörung am meisten preisgegeben, während das erstere in gewissem Grade geschützt ist. Ein verzinkter Eisendraht wird also an den Stellen, wo die Zinkschicht verletzt ist, nicht so stark rosten, wie wenn er des Zinküberzugs gänzlich entbehrte.

Ohne dass näher auf die Einzelheiten eingegangen wird, mögen hier nur noch einige Bemerkungen über das Verhalten des Eisens zum Zinn Platz finden. Ein DANIELLsches, mit einer Thonzelle versehenes Element aus einem Eisenblechcylinder, einem gegossenen Zinnstab und den äquimolekularen, möglichst säurefreien Lösungen der Chlorüre beider Metalle giebt am Galvanoskop einen mehrere Stunden konstanten Ausschlag in dem Sinne, dass das Eisen Lösungselektrode (Anode) ist, und wie zu erwarten ist, bedeckt sich der Zinnstab mit einer Schicht schwammigen Zinns (siehe die NEUMANNsche Spannungsreihe). Aber die elektromotorische Kraft des Elementes nimmt sogleich ab, wenn man die Zinnchlorürlösung mit Chlorwasserstoffsäure versetzt. Kommen auf 16 Vol. dieser Lösung 2 Vol. Chlorwasserstoffsäure vom specifischen Gewicht 1,124, so ist die Kette stromlos, und wird noch ein Volumen der Säure zugefügt, so kehrt sich die Polarität der Kette sogar um, indem jetzt das Zinn zur Anode wird.

Diese Erscheinung lässt sich durch den Einfluss des Sauerstoffs der Luft erklären. Die Stannoionen $Sn^{\cdot\cdot}$ haben die Tendenz, in Stanniionen $Sn^{\cdot\cdot\cdot\cdot}$ überzugehen, wobei sie zwei Chlorionen in Anspruch nehmen, und werden in diesem Bestreben durch den Sauerstoff unterstützt, der sich mit den Wasserstoffionen der Chlorwasserstoffsäure, nachdem diese ihre positiven Ladungen an die Eisenelektrode abgegeben haben, zu neutralem Wasser zu verbinden sucht. So wird das Zinn Anode und das Eisen Kathode.

Jener Wechsel der Polarität ist ferner zu beobachten, wenn man zwei gleich grosse, mit nassem Quarzsand polierte Stäbe von ausgeglühtem Schmiedeeisen und reinem Zinn (7 mm dick und 90 mm lang) nach Fig. 51 in Säuren oder Salzlösungen eintaucht, deren Koncentrationen sich innerhalb gewisser Grenzen bewegen. In $^1/_{1000}$- bis $^1/_{100}$- normaler Schwefelsäure und Chlorwasserstoffsäure (0,049 bis 0,49 g H_2SO_4 bezw. 0,0365 bis 0,365 g HCl pro Liter) verhält sich das Eisen im Moment des Eintauchens der Stäbe kathodisch, wird aber anodisch, nachdem die Kette 10 bis 20 Minuten offen gestanden hat. In den Normalsäuren bleibt das Eisen, selbst wenn die Kette 24 Stunden kurz geschlossen ist, Ableitungselektrode, und nun ist mittels des Quecksilberchlorids

Zinn in der Lösung nachweisbar. Am auffälligsten ist der Polwechsel in einer halbnormalen Ammoniumnitratlösung (40 : 1000), denn schon innerhalb einer Minute schlägt die Nadel des Galvanoskops nach der entgegengesetzten Seite aus. Das Eisen ist hier nur momentan Kathode und fungiert bald darauf als Anode. Trocknet man die Elektroden sorgfältig ab, so tritt beim Eintauchen derselben die Erscheinung wiederum ein. Das Eisen bleibt aber Kathode, falls jene Salzlösung bedeutend verdünnter oder koncentrierter ist. Ähnliche Resultate ergiebt auch eine Lösung von Natriumchlorid. Dieselbe muss normal bis dreifach normal sein (58,5 bis 175,5 g : 1000), wenn sich die Polarität des Eisens umkehren soll.

Aus diesen Versuchen geht offenbar hervor, dass Eisen und Zinn in der Spannungsreihe einander sehr nahe stehen. Es möge dahingestellt bleiben, durch welche sonstigen Ursachen die Polarität in einer aus beiden Metallen zusammengesetzten einfachen Kette bedingt wird. Jedenfalls haben hierauf die Koncentrationen der Elektrolyte und die Luft einen wesentlichen Einfluss.

Auf galvanische Vorgänge führt man die bekannte Thatsache zurück, dass verzinntes, der atmosphärischen Luft ausgesetztes Eisen dem Rosten mehr unterliegt, als das blosse Eisen. Soll diese Annahme richtig sein, so müssten die atmosphärischen Niederschläge als Elektrolyte auf die Kombination Eisen-Zinn derartig wirken, dass das Eisen zur Lösungselektrode wird. Es müssten sich infolgedessen Eisensalze bilden, die unter Abspaltung der Säuren leicht in Rost übergehen.

Folgende Versuche dürften zur Bestätigung jener Ansicht beitragen. Der Apparat Fig. 51 wird mit 124 cm^3 destillierten Wassers gefüllt. Nach dem Eintauchen des Eisen- und des Zinnstabes, die mit dem Galvanoskop verbunden sind, bleibt die Nadel des letzteren in Ruhe. Hierauf werden Sauerstoff und gut gewaschenes Kohlendioxyd eingeleitet. Die Nadel zeigt noch auf Null. Wenn aber nur geringe Mengen von Salzen, wie sie auch im Luftstaube enthalten sind, und zwar 1 cm^3 zehntelnormaler Natriumchloridlösung (0,00585 g $NaCl$) und 1 cm^3 halbnormaler Ammoniumnitratlösung (0,04 g NH_4NO_3) zum Wasser zugesetzt werden, so schlägt die Nadel aus. Das Eisen erweist sich thatsächlich als Anode, und schon nach einer Stunde, in welcher Zeit die Kette mit dem Galvanoskop verbunden bleibt, ist auf dem Eisen eine dünne, gelbe Rostschicht zu bemerken.

Lässt man ferner eine mit normaler Natriumchloridlösung gefüllte Eisen-Zinnkette 13 Stunden kurz geschlossen stehen, so bilden sich flockige Rostmassen mit einem Eisengehalt von 0,003 g. Dagegen ergiebt die Analyse in dem Rost, der sich während derselben Zeit absetzt, wenn sich der Eisenstab allein in der Lösung befindet, nur 0,0018 g Eisen.

Eisenblech wird bekanntlich, um es vor dem Rosten zu schützen, verzinnt und dient unter der Bezeichnung „Weissblech“ zur Herstellung der verschiedensten Geräte des Haushaltes. Wird aber der Zinnüberzug verletzt, und das Eisen blossgelegt, so tritt auch das Rosten an den betreffenden Stellen sehr bald ein und greift schneller um sich, als wenn das Blech nicht verzinnt wäre. Man braucht ein Weissblech, auf welchem mittels eines Messers die Zinnschicht strichweise entfernt ist, im Sommer nur zwei Tage der feuchten Luft auszusetzen, um die roten Roststriche zu erhalten. Dagegen zeigt ein ebenso behandeltes verzinktes Eisenblech keine Spur von Rost. (Verzinkung[1]) des für telegraphische Leitungen dienenden Eisendrahtes.)

§ 7. Lösungstension der Nichtmetalle.

Bei denjenigen Nichtmetallen, deren Atome als Anionen fungieren können, lässt sich ebenfalls eine Verschiedenheit der Lösungstension feststellen, deren Wert wie bei den Metallen mit ihrer chemischen Affinität im Zusammenhang steht. Am leichtesten lässt sich diese Erscheinung bei den Halogenen konstatieren. Folgender Versuch nach Küster[2]) beweist, dass das Brom eine grössere Ionisierungstendenz besitzt als das Jod. In der ├┤förmigen Zelle (Fig. 50) sind die horizontal liegenden Platinelektroden K und A nahe am Boden eingeschmolzen. Mittels einer Pipette bringe man in den Schenkel S_1 einen

[1]) Das mit einer Zinkschicht überzogene Eisen wird galvanisiertes Eisen genannt.

[2]) Ztschr. f. Elektrochemie **4**, 108. 1897.

Kubikcentimeter Brom und fülle die ganze Zelle von S_2 aus mit einer 10-procentigen Lösung von Kaliumchlorid. Nachdem die Elektroden an das kleine Galvanoskop angeschlossen sind, werfe man auf A einen Jodkaliumkrystall. Es erfolgt ein kräftiger Ausschlag. Das Brom treibt Ionen in den Elektrolyten, und an A scheidet sich Jod aus. K wird also positiv, A negativ geladen. Die elektromotorische Kraft der Kette beträgt 0,42 Volt.

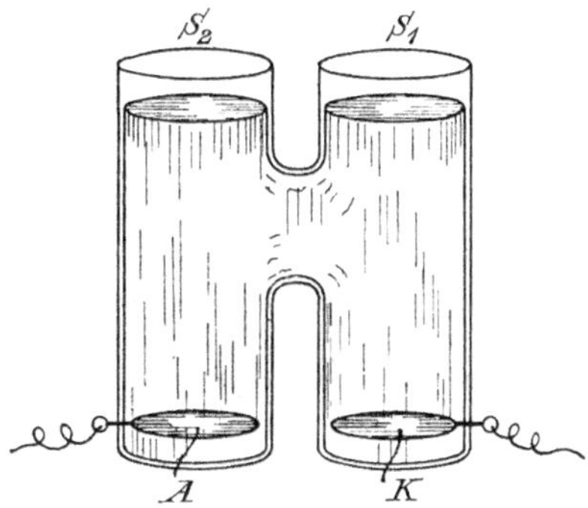

Fig. 50.

---

6. Kapitel.

Polarisation und Haftintensität.

§ 1. Zersetzung der Salze der Schwermetalle zwischen löslichen Elektroden.

Man stelle nach Fig. 51 eine elektrolytische Zelle zusammen. Die Kupferstäbe A und K sind in Normal-Kupfersulfatlösung eingesenkt. An beiden besteht gegenüber dem Elektrolyten die Potentialdifferenz von $+0,582$ Volt, da die Kupferionen das Bestreben haben, sich abzuscheiden. Man konstruiere ferner, und zwar ebenfalls nach Fig. 51, aus Zink, verdünnter Schwefelsäure (1 : 20) und Eisen ein galvanisches Element. Seine elektromotorische Kraft ist an sich schon gering. Aber man schwäche den Strom des Elementes noch dadurch, dass man einen hohen Widerstand von 1000 Ohm anschliesst. Nun lege man an diese Stromquelle jene Zelle an, indem man A mit dem Eisenpol verbindet, und schalte mittels eines Morsetasters das kleine Galvanoskop derartig hinter

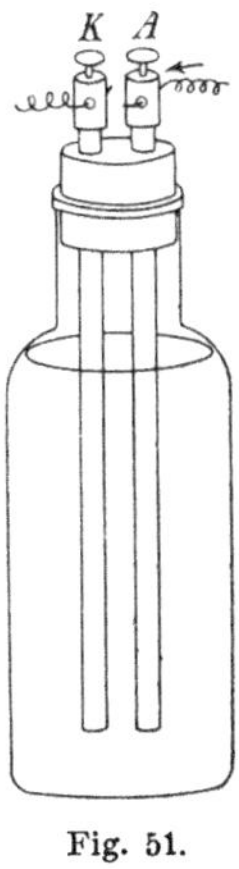

Fig. 51.

die Zelle, dass das Zink-Eisen-Element aus dem Stromkreis beliebig ausgeschlossen werden kann.[1]) Trotz der minimalen, an *A* und *K* hervorgebrachten Potentialdifferenz passiert der Strom die Zersetzungszelle, und zwar ist der Nadelausschlag für längere Zeit konstant. An *A* verstärkt er das an sich schon positive Potential. Es werden infolgedessen die Kupferionen von *A* nach *K* dirigiert. Die SO_4-ionen veranlassen an *A* das Kupfer, neue Kupferionen in den Elektrolyten zu schicken, nämlich in dem Masse, als die Kupferionen an *K*, wo durch den Strom das positive Potential verringert ist, ihre Ladungen verlieren. Die Koncentration des Elektrolyten bleibt also konstant, und die Elektroden verändern sich bis auf ihr Gewicht nicht. Der Strom hat nur zur Folge, dass Kupfer von *A* nach *K* transportiert wird.[2]) Dass hierzu aber eine sehr geringe Potentialdifferenz ausreicht, liegt daran, dass die zur Ionenbildung an der Elektrode *A* erforderliche Energie (17 500 cal. für 1 g-Atom Kupfer) bei der Entionisierung an der Elektrode *K* disponibel wird.

Ersetzt man die Kupferstäbe *A* und *K* durch Zinkstäbe und die Lösung von Kupfersulfat durch eine solche von Zinksulfat, so ist der Erfolg ganz entsprechend. Nur wird wegen der positiven Ionisierungswärme des Zinks (32 600 cal. für 1 g-Atom Zink) an *A* die Energie frei, an *K* verbraucht.

In beiden Fällen zeigt das Galvanoskop keinen Sekundärstrom an, denn die Nadel kehrt nach Ausschaltung des Primärstromes auf Null zurück. Diese Erscheinung war zu erwarten, da die minimale, vom Primärstrom geleistete Arbeit unter diesen Umständen in Joulewärme übergeht, wie wenn der Strom einen metallischen Widerstand, der eben so gross ist, wie derjenige der Zelle, passiert hätte. Die Elektroden erweisen sich als unpolarisierbar, eine Eigenschaft, die immer dann zutrifft, wenn ein Primärstrom in der Zersetzungszelle keine substantiellen Veränderungen hervorruft, es also gleichgiltig ist, in welcher Richtung er durch die Zelle geht.

---

[1]) Die Schaltungsweise würde der von Fig. 52 entsprechen.

[2]) Wenn freilich der eingeleitete Strom stärker und von längerer Dauer wäre, so würde an den Elektroden eine Verschiedenheit der Koncentrationen eintreten, die einen dem Primärstrom entgegengerichteten Koncentrationsstrom zur Folge hätte. Vergl. S. 51.

Dieselben Verhältnisse walten auch in den DANIELLschen Ketten ob, und deshalb ist die elektromotorische Kraft derselben konstant, falls nicht infolge zu langen Gebrauchs erhebliche Änderungen der Koncentration der Elektrolyte eintreten.

§ 2. Zersetzung der Salze der Schwermetalle zwischen unlöslichen Elektroden.

Sind die Elektroden, zwischen denen die elektrolytische Zersetzung des Salzes eines Schwermetalles stattfindet, unlöslich, so wird der bei Abscheidung der Metallionen an der Kathode eintretende Gewinn bezw. Verlust an Energie an der Anode nicht ausgeglichen. Anstatt dass die letztere neue Kationen liefert, sind an ihr ebenfalls Ionen zu entbinden, und zwar Anionen. Die an beiden Elektroden eintretende Abspaltung der Ionen bedingt insgesamt stets einen Arbeitsaufwand, infolgedessen der Primärstrom in der Zersetzungszelle einen grösseren Spannungsabfall erleidet, als der blosse Widerstand des Elektrolyten erfordern würde. Diese Schwächung des Primärstromes hat man Polarisation genannt. Sie ist darauf zurückzuführen, dass den Massenteilchen, wenn ihnen die elektrischen Ladungen entzogen sind, das mehr oder weniger grosse Bestreben innewohnt, in den Ionenzustand zurückzukehren. Daher liefert eine Zersetzungszelle mit unlöslichen Elektroden, nachdem sie vom Primärstrom durchflossen ist, immer einen Sekundär- oder Polarisationsstrom, der, wie sich am Galvanoskop leicht nachweisen lässt, die entgegengesetzte Richtung des Primärstromes hat.

Durch sorgfältige kalorimetrische Messungen hat JAHN[1]) jenen zur elektrolytischen Zersetzung der Salze der Schwermetalle nötigen Arbeitsaufwand ermittelt. Die Stromquelle (WARREN DE LA RUEsche Elemente) befand sich im Eiskalorimeter, mittels dessen die während des Stromschlusses von ihr abgegebene Wärme c in cal. direkt festgestellt wurde. Ein Galvanometer und die Zersetzungszelle nebst einem grossen Widerstande r, gegen welchen derjenige der Zersetzungszelle zu

---

[1]) Ztschr. für physikal. Chemie **26**, 385—429. 1898.

vernachlässigen war, bildeten den äusseren Teil des Stromkreises. Die Joulewärme des letzteren c_1 wurde aus der Stromintensität i, der Grösse r und der Dauer t der Versuche (immer 3600 Sekunden) nach der Formel

$$c_1 = \alpha i^2 r t \text{ cal.}$$

berechnet, worin das Wärmeäquivalent einer Volt-Ampère-Sekunde $\alpha = 0{,}2362$ cal. bestimmt war. Die von der Stromquelle gelieferte Gesamtwärme C wurde stets auf die nämliche Stromintensität von 0,01 Amp., also auf die äquivalenten Mengen zersetzten Salzes bezogen, so dass

$$C = 0{,}01 \frac{c + c_1}{i} \text{ cal.}$$

war. Die Versuche wurden nun einerseits mit unpolarisierbaren, andrerseits mit polarisierbaren Elektroden (platinierten Platinelektroden) ausgeführt. Für eine halbnormale Kupfersulfatlösung ergab sich bei 0^0 für die Differenz der beiden Grössen C die Wärme von 13,33 cal. Da diese Wärme das zur Zersetzungsarbeit aufgewendete Äquivalent der Stromenergie sein muss, so ist nach der Gleichung

$$13{,}33 = 0{,}01 \,.\, 0{,}2362 \,.\, \mathfrak{P}_0 \,.\, 3600$$

die Polarisation bei 0°

$$\mathfrak{P}_0 = 1{,}57 \text{ Volt.}$$

Bei 40^0 wurde $\mathfrak{P}_{40} = 1{,}42$ Volt gefunden, sodass $\mathfrak{P}_{20}$ für eine normale Kupfersulfatlösung 1,48 Volt betragen würde.

Diejenige Potentialdifferenz oder Klemmenspannung, welche der Primärstrom den unlöslichen Elektroden einer Zersetzungszelle in minimo erteilen muss, um beiderlei Ionen zu entladen, hat man die Zersetzungsspannung des Salzes genannt. Sie ist für jeden Elektrolyten eine bestimmte Grösse und möge im folgenden mit $\mathfrak{P}$ bezeichnet werden. So lange jene Klemmenspannung den Wert $\mathfrak{P}$ noch nicht erreicht, kann eine Abscheidung der betreffenden Ionen nicht stattfinden, und daher muss ein in den Stromkreis eingeschaltetes Galvanometer in der Nulllage verbleiben. Steigert man aber die Klemmenspannung allmählich, was mit Hilfe der bei der Kompensationsmethode (S. 156) beschriebenen Anordnung des Messdrahtes und Gleitkontaktes geschehen kann, so giebt sich schliesslich der Wert $\mathfrak{P}$ dadurch kund, dass die Galvanometernadel ausschlägt. Nimmt die Klemmenspannung K weiter zu, so steigt, wenn w der Widerstand der Zersetzungszelle ist, die Stromintensität i nach der Gleichung

$$K - \mathfrak{P} = iw$$

und bewirkt nach dem FARADAYschen Gesetz eine vermehrte Ionenabscheidung, falls nur dafür Sorge getragen wird, dass die Ionen in genügender Menge vorhanden sind. Die auf diese Weise ermittelten Zersetzungsspannungen stimmen mit den kalorimetrischen Messungen JAHNS bis auf geringe Abweichungen überein. (Vergl. S. 274 bis 277).

§ 3. Das LE BLANCsche Gesetz.

Um den Charakter der Grössen $\mathfrak{P}$ näher zu erforschen, hat LE BLANC die Einzelwerte der an beiden Elektroden auftretenden Polarisation gemessen, indem er sofort nach Ausschaltung des Primärstromes die betreffende Elektrode mit einer Normalelektrode (S. 182) kombinierte und die Potentialdifferenz beider elektrometrisch feststellte. Für die Kationen der Schwermetalle ergab sich, dass die (kathodischen) Polarisationen $\mathfrak{p}_k$ mit den $\mathfrak{p}$-Werten NEUMANNS (s. Tab. XXII) identisch waren. Es muss also den einzelnen Metallionen eine bestimmte Kraft beigelegt werden, im Ionenzustand zu verharren, d. h. die ihrer Valenz entsprechenden elektrischen Ladungen festzuhalten. Diese als Haftintensität zu bezeichnende Kraft ist somit gleich derjenigen Potentialdifferenz, welche das Metall im neutralen Zustand gegenüber dem Elektrolyten aufweist und ist daher je nachdem positiv oder negativ zu rechnen.

Es ist nun anzunehmen, dass auch den Anionen bestimmte Haftintensitäten zukommen. In der That erweisen sich für die verschiedenen Metallsalze mit gleichen Anionen die Differenzen $\mathfrak{P}-\mathfrak{p}$ als konstante Zahlen, welche die Haftintensitäten der freiwerdenden Anionen bedeuten müssen. Das Nähere ist aus der Tabelle XXIV zu ersehen, in welcher die neuesten Daten JAHNS[1]) benutzt und für spätere Erörterungen ausser Sulfaten auch Nitrate verzeichnet sind.

Tab. XXIV.

Elektrolyt	$\mathfrak{P}$ für Normal-lösungen bei 20°	$\mathfrak{p}$ nach NEUMANN	$\mathfrak{P}-\mathfrak{p}$
$ZnSO_4$	2,54	+ 0,52	2,02
$CdSO_4$	2,24	+ 0,16	2,08
$Pb(NO_3)_2$	1,95	— 0,08	2,03
$CuSO_4$	1,48	— 0,58	2,06
$Cu(NO_3)_2$	1,48	— 0,58	2,06
$AgNO_3$	1,02	— 1,06	2,08

Somit ist die Zersetzungsspannung eines Elektrolyten eine additive Eigenschaft der Ionen, nämlich gleich der Summe ihrer Haftintensitäten. Die Formel dieses von LE BLANC ermittelten Gesetzes lautet daher, wofern $\mathfrak{p}_k$ und $\mathfrak{p}_a$ die Haftintensitäten der Kationen bezw. Anionen bezeichnen,

$$\mathfrak{P}=\mathfrak{p}_k+\mathfrak{p}_a\,.$$

Wenn nun auch zufolge des FARADAYschen Gesetzes die Strommengen gleich sind, welche die verschiedenen Ionen in den ihren Valenzen entsprechenden Mengen abscheiden, so werden doch hierzu verschiedene Energiemengen verbraucht, da ja der zersetzende Strom verschiedene Spannungsunterschiede zu überwinden hat.

Dem LE BLANCschen Gesetz gemäss sind aber die Zersetzungsspannungen der Elektrolyte bestimmte Grössen nur dann, wenn bestimmte Temperaturen und Koncentrationen (genauer Dissociationsgrade) vorausgesetzt werden. Die Ab-

[1]) l. c.

hängigkeit der Werte für $\mathfrak{p}$ von diesen Momenten muss durch die NERNSTsche Formel

$$\mathfrak{p} = \frac{0,0002}{n} \cdot T \cdot \log \frac{P}{p}$$

gegeben sein. Dieser Forderung wird in Bezug auf die Koncentrationsänderungen durch die Untersuchungen von BOSE[1]) vollkommen genügt. Unter gewissen Versuchsbedingungen fand BOSE bei 20^0 für $^1/_{10000}$- und $^1/_{100}$- normale Silbernitratlösungen die Zersetzungsspannungen von 0,4845 bez. 0,3682 Volt. Die Differenz dieser Zahlen ist 0,1163. Die Anordnung der Experimente war nun derartig, dass die Werte $\mathfrak{p}_a$ bei beiden Koncentrationen keine wesentliche Änderung erfahren konnten. Der Unterschied jener $\mathfrak{P}$-Werte war also nur durch die Verschiedenheit der Grössen $\mathfrak{p}_k$ bedingt. Der Theorie nach aber ist

$$\mathfrak{p}_{k\,{}^1/_{10000}\,n.} - \mathfrak{p}_{k\,{}^1/_{100}\,n.} = 0,0002 \,.\, 293 \,.\, (\log 10000\,\mathfrak{P} - \log 100\,\mathfrak{P})$$
$$= 0,0002 \,.\, 293 \,.\, 2$$
$$= 0,1172 \text{ Volt},$$

mithin ein Wert, der dem empirischen ausserordentlich nahe steht.

Aus diesem Beispiel ist also zu erkennen, dass die Zersetzungsspannung mit der Zunahme der Verdünnung nicht unbeträchtlich wächst, eine Erscheinung, mit der man auch in der Praxis zu rechnen hat.

In wiefern die Zersetzungsspannung mit der Temperatur variiert, wird im 10. Kapitel des III. Abschnitts näher ausgeführt werden.

Obgleich die vorstehenden Ergebnisse nur mit grosser Mühe und empfindlichen Messinstrumenten gewonnen sind, so lassen sie sich doch in kurzer Zeit durch folgenden einfachen Vorlesungsversuch erläutern. In Fig. 52 bezeichnet *Z* eine mit eingeschmolzenen Platinelektroden versehene Zersetzungszelle, wie sie in Fig 53 in $^1/_2$ nat. Grösse wiedergegeben ist.

---

[1]) Ztschr. für Elektrochemie 5, 153—177. 1898.

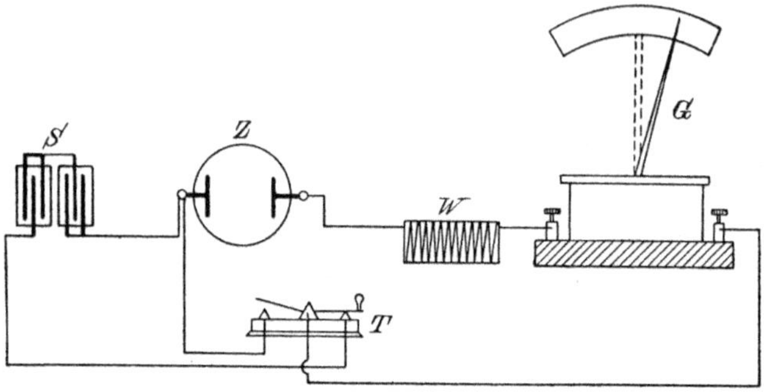

Fig. 52.

Hinter derselben befinden sich der Widerstand *W* von 100 Ohm und das grosse Galvanoskop *G*. Als Stromquelle dient eine Batterie *S* von zwei Akkumulatoren. Sie kann mittels des Morsetasters *T* ein- und ausgeschaltet werden. Man fülle zunächst *Z* mit Normal-Zinksulfatlösung. Während der Elektrolyse (Stellung des Tasters wie in der Fig. 52) schlägt die Nadel um 5 Teilstriche aus. Wird aber die Batterie ausgeschaltet, so geht die Nadel nach der andern Seite über bis zum Teilstrich 8. Dagegen zeigt sie bei Anwendung einer Normal-Kupfersulfatlösung beim Laden und Entladen auf Teilstrich 8 bezw. 4. Mithin bedingt zwar die erste Lösung einen höheren Spannungsabfall des elektrolysierenden Stromes als die zweite Lösung, erzeugt aber auch einen stärkeren Polarisationsstrom als diese, also ganz im Einklang mit den 𝔭-Werten der Metalle Zink und Kupfer.

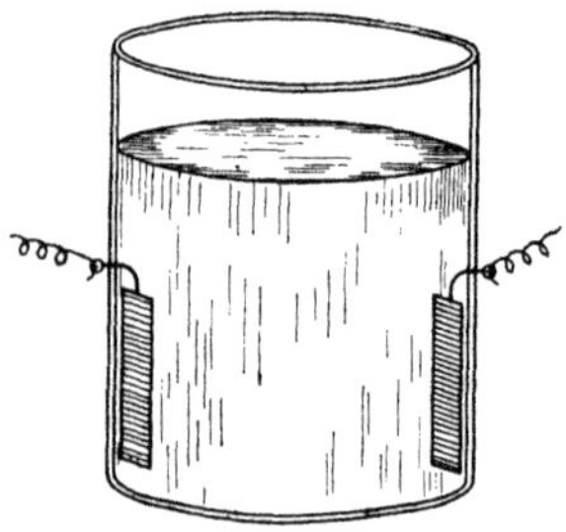

Fig. 53.

Im Anschluss an den eben vorgeführten Versuch ist ferner die aus dem Le Blancschen Gesetz sich ergebende Folgerung hervorzuheben, dass die Differenz je zweier Zersetzungsspannungen gleich sein muss der elektromotorischen Kraft der aus den betreffenden Salzen und ihren Metallen kombinierten Daniellschen Kette. Denn wenn bei 20^0 2,54 Volt zur Zersetzung einer Normal-Zinksulfatlösung erforderlich sind, so muss dieselbe Spannung bei der Entstehung von Zinksulfat verfügbar werden. Die Zersetzung der Normal-Kupfersulfatlösung bei 20^0 bedingt einen Aufwand von 1,48 Volt. Demgemäss wäre die elektromotorische Kraft π der Zink-Kupferkette 2,54 — 1,48 = 1,06 Volt, und denselben Wert liefert die Erfahrung. In der Tabelle XXV wird obige Folgerung auf Grund der JAHNschen Polarisationswerte durch andere Beispiele bestätigt, und da die Übereinstimmung der berechneten und gefundenen elektromotorischen Kräfte als recht befriedigend angesehen werden kann, so darf dieses Resultat andrerseits auch als eine Stütze der LE BLANCschen Theorie gelten.

Tab. XXV.

DANIELLsche Kette	π berechnet	π gefunden
$Zn/ZnSO_4/CdSO_4/Cd$	0,30	0,360
$Zn/Zn(NO_3)_2/Pb(NO_3)_2/Pb$	0,59	0,500
$Zn/ZnSO_4/CuSO_4/Cu$	1,06	1,100
$Zn/ZnSO_4/Ag_2SO_4/Ag_2$	1,52	1,539
$Cd/CdSO_4/CuSO_4/Cu$	0,76	0,750
$Pb/Pb(NO_3)_2/Ag_2(NO_3)_2/Ag_2$	0,93	0,914
$Cu/Cu(NO_3)_2/Ag_2(NO_3)_2/Ag_2$	0,46	0,450

§ 4. Zersetzung der Säuren zwischen Platinelektroden.

Aus der Tabelle XXIV geht hervor, dass die anodische Polarisation bei Sulfaten und Nitraten den gleichen Wert von 2 Volt hat. Überhaupt hat die Elektrolyse der Salze der stärkeren Sauerstoffsäuren stets jenes Resultat ergeben. Die Frage nach der Ursache dieser Erscheinung müsste sich durch die Untersuchungen über die Zersetzungsspannung der Säuren erledigen lassen.

Zur vorläufigen Orientierung diene folgender Versuch. Die Zelle *Z* (Fig. 54) ist mit verdünnter Schwefelsäure gefüllt und mit zwei blanken Platinelektroden sowie dem Manometer *M* ausgestattet, dessen Flüssigkeitsfaden mittels eines Dreiweghahnes leicht auf die Nullstellung gebracht werden kann.

E_1 und E_2 sind zwei Trockenelemente. In dem primären und sekundären Stromkreis befinden sich die Galvanoskope G_1 bezw. G_2. Die Schaltung wird mittels des Morsetasters T ausgeführt. Ist der Kontakt des Hebels mit s_1 hergestellt, so kommt die elektrolysierende Stromquelle zur Wirkung; bei dem Kontakt mit s_2 entsteht dagegen der Polarisationsstrom. Geht der Primärstrom nur von einem Trockenelement aus, so erfolgt bloss ein kurzer Stromstoss, da die Nadel von G_1 bald auf Null zurückgeht. Ebenso ist der Polarisationsstrom

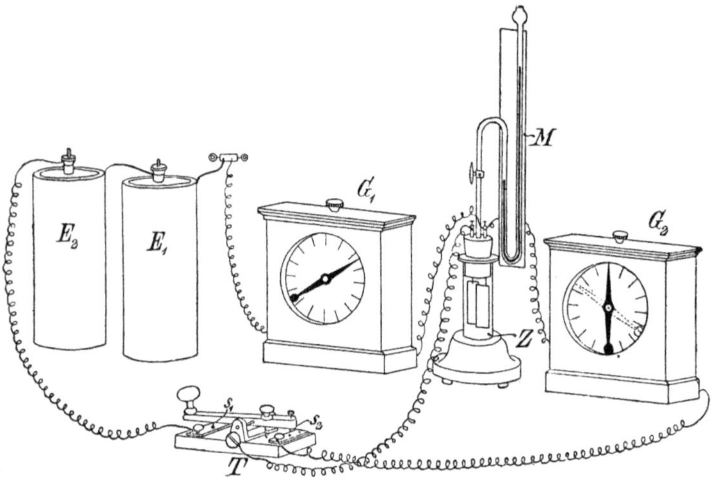

Fig. 54.

nur von geringer Dauer. Gase werden in Z erst entbunden, wenn zwei Trockenelemente angewendet werden. Die Nadel von G_1 zeigt nunmehr einen konstanten Ausschlag; der Polarisationsstrom ist kräftiger als zuvor und hält länger an.

Die Angaben über die zur Gasentwicklung bei der Elektrolyse der Säuren erforderliche Klemmenspannung weichen vielfach von einander ab. Nach den bisherigen Erfahrungen kommt hierbei ausser der Koncentration und der Temperatur des Elektrolyten das Material der Elektroden und die Intensität des elektrolysierenden Stromes in Betracht. Für den Stromdurchgang wirken, soweit es die Versuche festgestellt haben, am günstigsten die nach der Methode von LUMMER und KURLBAUM platinierten Elektroden. Man muss nämlich annehmen, dass eine gewisse Arbeit aufzuwenden ist, um die neutral gewordenen Atome der Gase zu sichtbaren Bläschen zusammenzudrücken und aus der Umgebung der Elektroden fortzuschaffen. Ähnlich wie nun beim Sieden durch die Anwesenheit gewisser fester Körper die Dampfblasenbildung befördert wird, so erleichtert hier das fein verteilte Platin die Ansammlung der Atome zu Bläschen und daher auch deren Beseitigung, wodurch neuen Gasblasen Platz gemacht wird. Als Zersetzungsspannung der Sauerstoffsäuren zwischen platinierten Elektroden ist durchschnittlich der Wert von 1,7 Volt gefunden. Indessen hat JAHN gezeigt, dass dieser Wert nur als eine gewisse untere Grenze gelten darf. Denn je grösser bei der Steigerung der Stromintensität die Zahl der entladenen Gasatome ist, um so mehr wächst der Druck an den Elektroden, der die Okklusion der Gase im Platinschwarz verstärkt und daher der Wegschaffung derselben hinderlich ist, und zwar gilt letzteres in höherem Grade für den Wasserstoff als für den Sauerstoff. Auf Grund theoretischer Erwägungen ermittelte JAHN[1]) zwischen der Stromintensität i und der bei der Elektrolyse der Sauerstoffsäuren an platinierten Elektroden auftretenden Polarisation $\mathfrak{P}$ für die Temperaturen von 0^0 und 40^0 die Formeln

$$\mathfrak{P}_0 = (2{,}4033 + 0{,}18452 \log i)\,\text{Volt},$$
$$\mathfrak{P}_{40} = (2{,}1320 + 0{,}12605 \log i)\,\text{Volt},$$

die er durch seine thermischen Untersuchungen, welche für Normalschwefelsäure bei jenen Temperaturen die Werte 2,017 bezw. 1,869 Volt ergaben, aufs beste bestätigt hat. Bei Benutzung von Quecksilberkathoden waren die Polarisationen noch erheblich höher, nämlich 2,477 bezw. 2,391 Volt.

Offenbar ist die Zersetzungsspannung der Sauerstoffsäuren, bei deren Elektrolyse stets Wasserstoff und Sauerstoff entwickelt werden, wie wenn nur eine Wasserzersetzung statthätte, eine komplicierte Funktion mehrerer Grössen. Es ist

---

[1]) l. c.

daher die Frage, welche Anionen an der Anode die Umladung erfahren, und welche sekundären Vorgänge hier etwa Platz greifen, noch nicht definitiv zu entscheiden, so dass man sich vorsichtigerweise darauf beschränken müsste, der Erfahrung gemäss der anodischen Polarisation der Sauerstoffsäuren und deren Salze unter den gewöhnlichen Bedingungen der Elektrolyse den Wert von 2 Volt zuzuschreiben. Noch viel mehr hätte man einstweilen darauf zu verzichten, bestimmte Angaben über die Haftintensitäten der Wasserstoffionen und der Sauerstoff enthaltenden Anionen zu machen.

In betreff der Haloidsäuren, der Chlor-, Brom- und Jodwasserstoffsäure, sei schliesslich bemerkt, dass Le Blanc die Zersetzungsspannungen derselben zu 1,31 bezw. 0,94 und 0,52 Volt gefunden hat; und diese Werte würden einer Abnahme der Haftintensitäten der Cl', Br' und J' resp. der Lösungstensionen dieser Halogene entsprechen.

§ 5. Die Zersetzung des Wassers.

In Anbetracht der Schwierigkeiten, welche der genaueren Ermittlung der Zersetzungsspannungen immer entgegenstehen, falls Gase an den Elektroden erscheinen, ist es erklärlich, dass über das Problem, ob das Wasser primär oder sekundär zersetzt wird, viel gestritten worden ist. Namentlich stand der Le Blancschen Theorie die Thatsache entgegen, dass die elektromotorische Kraft der Wasserstoff-Sauerstoffkette nur 1,08 Volt betrug, während man als minimale Zersetzungsspannung der verdünnten Schwefelsäure bisher keinen geringeren Wert als 1,7 Volt erhalten hatte. Dieser Widerspruch ist nun durch die neuesten Arbeiten von Glaser[1]), welche durch Bose[2]) bestätigt sind, grösstenteils gehoben, und damit ist auch jenes Problem der Lösung näher gebracht.

Glaser ging von der Voraussetzung aus, dass sich unter gewissen Versuchsbedingungen eine Zersetzung der verdünnten Schwefelsäure bei 1,08 Volt bewerkstelligen lassen müsste.

---

[1]) Ztschr. f. Elektrochemie, **4**, 355—359, 373—379, 397—402, 424 bis 428. 1898.

[2]) Ztschr. f. Elektrochemie **5**, 153—177. 1898.

Letztere gelang ihm in der That, als er die Elektrolyse zwischen einer grossen, mit Sauerstoff gesättigten Anode und einer kleinen, aus der Spitze eines Platindrahtes bestehenden Kathode vornahm. Er steigerte die Klemmenspannung langsam bis auf 1,08 Volt und beobachtete dann nicht allein einen scharfen Ausschlag des eingeschalteten Galvanometers, sondern auch das Auftreten von Gasbläschen am Platindraht. Bei weiterer Erhöhung der Klemmenspannung auf 1,67 Volt nahm jener Ausschlag erheblich zu, und eine dritte bedeutende Zunahme der Stromintensität erfolgte bei 1,95 Volt. Diese drei Zersetzungspunkte sind nun nach GLASER dadurch bedingt, dass zunächst das Wasser, in welchem nach KÜSTER nicht bloss (OH)′, sondern auch O″, also Sauerstoffionen, anzunehmen sind, zersetzt wird, indem ausser den an der kleinen Kathode reichlich vorhandenen H˙ bei 1,08 Volt an der grossen Anode die O″, und bei 1,67 Volt die (OH)′ entladen werden, und dass ferner infolge des bald eintretenden Mangels dieser Anionen bei 1,95 Volt die SO_4'' der Schwefelsäure ihre Ladungen abgeben. Die neutralen SO_4-teilchen müssen sofort in O und SO_3 zerfallen, welch letzteres sich mit einer Wassermolekel zu H_2SO_4 ergänzt.

Demnach ist eine primäre Zersetzung des Wassers möglich, freilich unter Bedingungen, welche gewöhnlich nicht erfüllt sind, da wegen des geringen Dissociationsgrades des Wassers die O″ und die (OH)′ sehr bald beseitigt sein werden, und der erneute Dissociierungsvorgang des Wassers, der übrigens auch wegen der Anwesenheit der sehr zahlreichen Wasserstoffionen der Säure nur bis zu einem sehr beschränkten Grade fortschreiten kann, eine gewisse Zeit beansprucht. Einer andauernden Elektrolyse der verdünnten Schwefelsäure wird also nur kurze Zeit die primäre Wasserzersetzung vorangehen, falls die Stromintensität sehr niedrig gehalten wird. Steigt letztere der JAHNschen logarithmischen Formel gemäss über 0,0001 Amp., so geht für die Normal-Schwefelsäure bei 0^0 die Polarisation über 1,67 Volt hinaus, und nun erstreckt sich die Zersetzung fast ausschliesslich auf die Säure.

Die nach der Tabelle XXIV konstatierte Thatsache, dass bei der Elektrolyse der Sauerstoffsalze der Schwermetalle die anodischen Polarisationen von der Natur der Anionen unabhängig sind, hat an sich nichts Auffälliges, insofern die Wirkung des elektrischen Stromes an der Anode stets nur eine Sauerstoffentbindung zur Folge hat. Wollte man aber diese Erscheinung in dem vorhin angegebenen Sinne erklären, so müsste man annehmen, dass die Anionen, deren Haftintensitäten einander gleich zu setzen wären, die entsprechenden Veränderungen erfahren würden, wie die SO_4-ionen.

So wichtig auch die Ergebnisse GLASERS und BOSES für die Theorie der Wasserzersetzung und der Vorgänge in der Wasserstoff-Sauerstoffkette sind, so gestatten sie doch nur blosse Vermutungen über den Wert der Haftintensitäten der Wasserstoffionen und der Sauerstoff enthaltenden Anionen. Unter der Voraussetzung, dass bei der unter der Minimalklemmenspannung von 1,08 Volt stattfindenden Wasserzersetzung die Haftintensität der Wasserstoffionen den (S. 191 angeführten) Wert von — 0,26 Volt hat, würde die Haftintensität der O'' nach dem LE BLANCschen Gesetz $1{,}08 + 0{,}26 = 1{,}34$ Volt betragen. Diese Grösse stünde auch im Einklang mit der von BOSE bei 20^0 nach der GLASERschen Versuchsanordnung für die Normal-Silbernitratlösung gefundenen Zersetzungsspannung von 0,298 Volt. Denn subtrahiert man hiervon die Haftintensität der Silberionen, die — 1,055 Volt ist, so kommt man auf die Zahl 1,35. Bei Benutzung blanker Platinelektroden erreicht ferner die minimale Zersetzungsspannung der Normal-Silbernitratlösung den Wert von 0,7 Volt. Die Haftintensität der $(OH)'$ wäre dann $0{,}7 + 1{,}055 = 1{,}755$ Volt, und bei der Klemmenspannung von 1,67 Volt, bei welcher nach GLASER aus dem Wasser $H^{\cdot}$ und $(OH)'$ entladen werden, würde die Haftintensität der $H^{\cdot}$ — 0,085 Volt ausmachen. Hält man endlich für die Haftintensität der Sauerstoff enthaltenden Anionen den Wert von 2 Volt fest, so käme bei dem für verdünnte Schwefelsäure von GLASER gefundenen Zersetzungspunkt von 1,95 Volt den $H^{\cdot}$ die Haftintensität von + 0,05 Volt zu, und dieser Wert würde im positiven Sinne mit der Zunahme der Klemmenspannung weiter wachsen.

Diese für die Haftintensitäten berechneten Zahlen dürfen, wie gesagt, nur als Wahrscheinlichkeitswerte betrachtet werden. Vielleicht sind jene Grössen in Wirklichkeit noch geringer, worauf die Stromstösse hinweisen, welche die Galvanoskopnadel anzeigt, wenn den Elektroden Spannungsdifferenzen erteilt werden, die zur dauernden Zersetzung verdünnter Säuren unzureichend sind.

Dass die Haftintensität der Wasserstoffionen unter gewöhnlichen Druckverhältnissen weit kleiner ist, als die der Kaliumionen, demonstriert der folgende Versuch.

Die Flasche *F* (Fig. 55) ist etwa zur Hälfte mit verdünnter Kaliumsulfatlösung gefüllt. In dem dicht schliessenden Pfropfen *k* sind die Elektroden *A* und *K*, die aus Zink bezw. Platin bestehen, so angebracht, dass die erstere ungefähr 2 cm, die letztere ganz in den Elektrolyten eintaucht. Ferner trägt der Pfropfen *k* das Manometerrohr *M*, den Hahntrichter *T*, dessen spitz ausgezogene Röhre bis zum Boden der Flasche hinabreicht, und das dünne Glasstäbchen *s*, welches zuletzt in den Pfropfen einzuschieben ist. Wird die Kette unter Einschaltung eines weniger empfindlichen Galvanoskops geschlossen, so schlägt die Nadel im Sinne eines Stromes, der von *K* ausgeht, schwach aus und kehrt bald auf die Nulllage zurück. Das Zink treibt nämlich einige seiner Atome als Ionen in den Elektrolyten, während an das Platin einige Wasserstoffionen des Wassers ihre positiven Ladungen abgeben. Da die Zahl dieser Ionen sehr beschränkt ist, und die Kaliumionen wegen ihrer positiven, sehr bedeutenden Haftintensität den Zinkionen nicht weichen, so hört der Strom sehr bald auf. Zieht man aber das Glasstäbchen *s* aus der Durchbohrung und lässt aus dem Hahntrichter verdünnte (mit Indigo zu färbende) Schwefelsäure von einem specifischen Gewicht, welches höher ist, als das der Kaliumsulfatlösung, ausfliessen, doch nur so viel, dass ihr Niveau das untere Ende des Zinkstabes noch nicht erreicht, so wird der Nadelausschlag weit kräftiger. Gleichzeitig erheben sich, und zwar nur vom Platin aus, Wasserstoffbläschen, die nach Einschieben des Stöpsels *s* ein schnelles Steigen der Manometerflüssigkeit bewirken. Jetzt

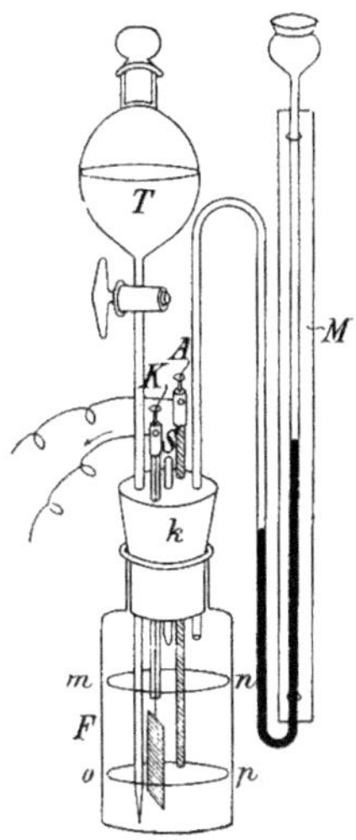

Fig. 55.

stehen den Kaliumionen genug SO_4-ionen zur Verfügung, und in dem Masse, als Zinkionen in Lösung gehen, treten die Wasserstoffionen der Schwefelsäure, deren Haftintensität gering ist, aus. Unter den vorliegenden Umständen löst sich das Zink beim Schluss der Kette dauernd auf, obwohl es von der Schwefelsäure gar nicht berührt wird.

§ 6. Zersetzung der verdünnten Schwefelsäure unter Benutzung von Aluminiumanoden.

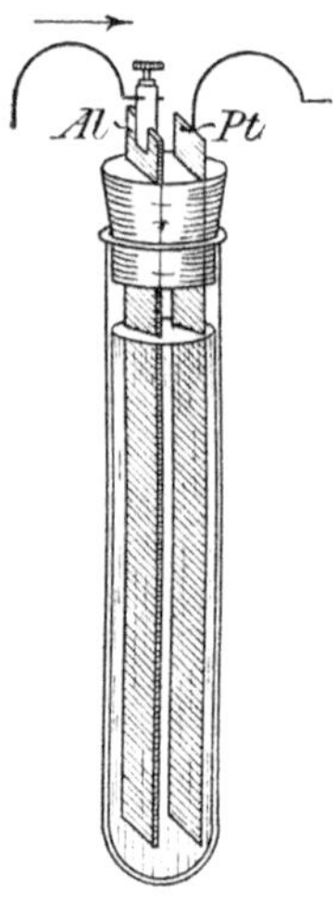

Fig. 56.

Ein recht merkwürdiges Verhalten zeigt chemisch reines Aluminium, wenn es bei der Elektrolyse der verdünnten Schwefelsäure oder der Sulfate der Alkalien und des Alauns als Anodenmaterial verwendet wird. Verbindet man eine nach Fig. 56 konstruierte Zersetzungszelle von 7 cm Höhe und 0,6 cm Weite, in welcher die Elektroden Al und Pt aus Aluminium bezw. Platin bestehen, mit einer Stromquelle derartig, dass das Aluminium Anode wird, so vermag der Strom die Zelle erst von dem Moment an dauernd zu passieren, wo die Klemmenspannung 22 Volt übersteigt, während der Spannungsabfall gering ist, wenn man die Stromrichtung umkehrt. Diese ungewöhnlich hohe anodische Polarisation von 22 Volt fällt nach dem Ausschluss des Primärstromes auf etwa 1 Volt herab, kann also nicht elektrolytischer Natur sein. Da sie ferner gerade nur durch die SO_4-ionen hervorgerufen wird, so nimmt man an, dass sie auf der Bildung einer, wenn auch sehr dünnen, unlöslichen Schicht von basischem Aluminiumsulfat beruht, welche als Diëlektricum wirkt und auf diese Weise die Zelle zu einem Kondensator gestaltet.

Schaltet man daher sechs solcher Zellen hintereinander zu einer Batterie *B* (Fig. 57)[1]) und schliesst sie sowie die 50-Volt-Glühlampe *L* mittels des Kommutators *C* in den Stromkreis von 30 Akkumulatoren *S* ein, so leuchtet die Lampe,

[1]) Die Elektroden ▯ bedeuten Aluminium, die Elektroden ▮ Platin.

falls der Strom die Richtung des Pfeiles hat. Bei der entgegengesetzten Stromrichtung kommt, da eine Zersetzung gar nicht erfolgt, überhaupt kein Strom zustande, wie auch mittels eines Galvanoskops leicht festzustellen ist.

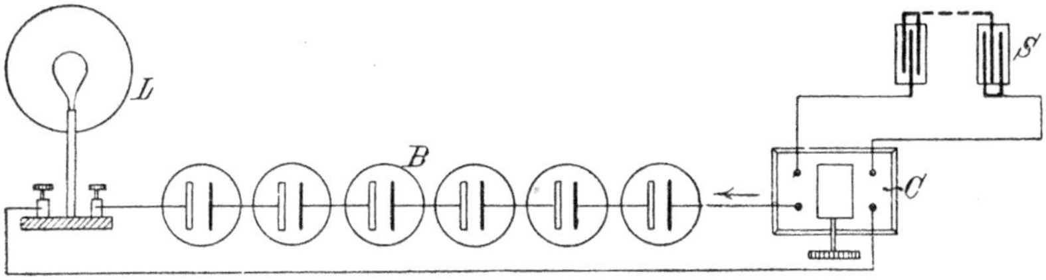

Fig. 57.

Auf Grund dieser Erscheinung hat GRÄTZ[1]) ein Verfahren zur Verwandlung des Wechselstromes in Gleichstrom ausgearbeitet. Da dasselbe in der Praxis verwendet werden soll, z. B. um einen Elektromotor mit Wechselstrom zu betreiben, so möge es durch folgende Versuche demonstriert werden. In Fig. 58a bedeutet J ein kleineres Induktorium, welches

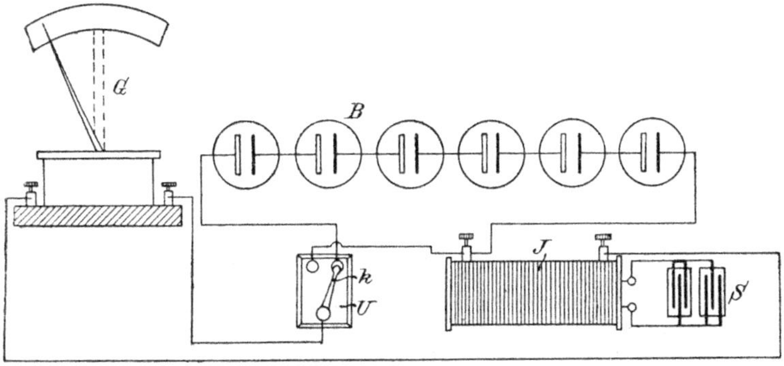

Fig. 58a.

nach dem Anschluss der beiden Akkumulatoren S Wechselstrom liefert. Wird dieser mittels des Kurbelumschalters U direkt durch das kleine Galvanoskop gesendet, so bleibt es in Ruhe. Dagegen schlägt die Nadel dauernd aus, falls nach Umlegung

[1]) Wied. Ann. **62**, 323—327. 1897.

der Kurbel k die zum vorigen Versuch benutzte Batterie B eingeschaltet wird. Von einem Wechselstrom, dessen Spannung nur $22 \times$n Volt beträgt, wenn n die Zahl der Zellen der Batterie ist, gehen also bei der nach der Fig. 58a getroffenen Anordnung nur die negativen Stromteile durch die Leitung; die positiven entstehen gar nicht, so dass der erhaltene Gleichstrom keinen Energieverlust zur Folge hat. Andrerseits würde man die

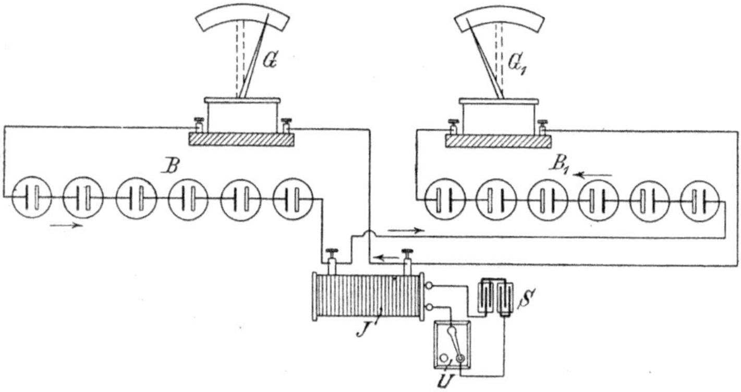

Fig. 58 b.

positiven Stromteile zu Gleichstrom kombinieren und die Entstehung der negativen verhindern können, indem man an der Batterie nur die Pole wechselt. Beide Stromteile kommen, freilich in zwei verschiedenen Leitungen, zur Geltung, wenn man noch eine zweite Batterie B_1 benutzt und die in Fig. 58b angegebene Schaltung ausführt. Durch geeignete Verknüpfung von vier Batterieen lässt es sich endlich ermöglichen, beide Stromteile der Wechselstrommaschine durch dieselbe Leitung zu schicken und so den gesamten Wechselstrom mit geringem Energieverlust in einen pulsierenden Gleichstrom überzuführen.

7. Kapitel.

Die Elektrolyse gemischter Elektrolyte.

§ 1. Allgemeine Gesichtspunkte.

Aus der Le Blancschen Theorie folgt, dass sich aus einem Gemisch mehrerer Elektrolyte die Kationen der Schwermetalle nacheinander in umgekehrter Reihenfolge ihrer Haftintensitäten an der Kathode abscheiden lassen müssen, falls man dafür sorgt, dass die Klemmenspannung an den Elektroden der Zelle die betreffenden Werte innehält. Letzteres erreicht man entweder dadurch, dass man eine solche Stromquelle benutzt, deren elektromotorische Kraft die Zersetzungsspannung des zu zersetzenden Elektrolyten überhaupt nur wenig übertrifft, oder dadurch, dass man die von einer stärkeren Stromquelle erregte Klemmenspannung der Zelle mittels eines Regulierwiderstandes soweit abschwächt, bis das den Elektroden angeschlossene Voltmeter die beabsichtigte Spannung anzeigt. Indessen darf die Klemmenspannung das betreffende Minimum in gewissen Grenzen überschreiten, wofern die abzuscheidende Kationenart k in reichlicher Koncentration vorhanden ist, und es nicht darauf ankommt, sie vollständig aus dem Elektrolyten zu entfernen. Denn der elektrische Strom leistet zunächst immer diejenige Arbeit, die den kleinsten Aufwand erfordert. Erst wenn die Menge dieser Kationen unter ein bestimmtes Mass sinkt, erstreckt sich die Zersetzung auch auf die Kationen k_1 der nächst höheren Haftintensität. In diesem Fall steigt die Klemmenspannung, während die Stromintensität, da ja die Stromquelle einen grösseren Spannungsabfall erleidet, abnimmt. Wollte man die Abscheidung der Kationen k noch weiter treiben, so hätte man den Widerstand des äusseren Stromkreises entsprechend zu vergrössern, wobei freilich die Stromintensität noch mehr verringert werden würde.

Da in den wässrigen Lösungen der Elektrolyte stets Wasserstoffionen vorhanden sind, welche sich in Bezug auf die Haftintensität zwischen die Kupfer- und Nickelionen einordnen, so erscheinen, wenn das Kupfer nahezu gefällt ist, an der Kathode Wasserstoffblasen, und zwar um so mehr, falls die Anode unlöslich ist, und dadurch die Menge der freien Säure während der Elektrolyse wächst. Die Anwesenheit freier Säure im Gemisch der Elektrolyte ist demnach ein vorzügliches Mittel, selbst bei stärker schwankender Klemmenspannung die Abscheidung der Ionen des Zinks, Kadmiums, Eisens und Nickels zu verhindern, so dass das Kupfer und das Silber von diesen Metallen vollständig befreit werden können.

Ein wesentlicher Faktor bei der elektrolytischen Trennung der Schwermetalle ist ferner die Stromdichte D, die in wissenschaftlichen Untersuchungen (D_1) in der Regel auf 100 cm^2, in der Praxis (D_2) auf 1 m^2 Elektrodenfläche bezogen wird. Sie ist ausser durch die Klemmenspannung und den Widerstand der Zelle durch die Dimensionen der Elektroden bedingt. Hat also eine von Anoden beiderseits umgebene Kathode die Grösse von 25×10 cm, mithin die Gesamtoberfläche von 500 cm^2, so ist für dieselbe, wenn bei einem Versuch die Stromintensität 2 Amp. beträgt, $D_1 = 0{,}4$ und $D_2 = 40$ Amp. Würde diese Kathode durch eine andere von 20×8 cm ersetzt, so wäre bei der nämlichen Stromintensität $D_1 = 0{,}625$ und $D_2 = 62{,}5$ Amp. Sollte endlich bei der Stromintensität von 2 Amp. $D_1 = 1{,}3$ sein, so müsste die Kathode nach der Gleichung $2 . 100/x = 1{,}3$ eine Oberfläche von 154 cm^2 haben, also etwa $12 \times 6{,}4$ cm gross sein. Je grösser nun die Kathode ist, um so reiner wird sich das Metall der geringeren Haftintensität niederschlagen, um so leichter wird demnach eine Abscheidung der Metalle nacheinander erfolgen. Dagegen werden an einer kleineren Kathode die Ionen des einen Metalles bald erschöpft sein. Die Klemmenspannung wächst dann, falls es überhaupt die Stromquelle zulässt; und es werden zugleich auch die Metalle mit höherer Haftintensität gefällt werden. Bei hoher Stromdichte an der Kathode gelingt es sogar, aus den wässrigen Lösungen der Chloride der alkalischen Erden die Metalle derselben darzustellen. Andrerseits geht an einer grossen Anode, welche einige lösliche Metalle enthält, am leichtesten das Metall mit grösserer Lösungstension in Lösung, während an einer kleineren Anode gleichzeitig mehrere Metalle gelöst werden. Handelt es sich also darum, aus einem Gemisch von Elektrolyten die Ionen von geringerer Haftintensität möglichst rein und vollständig zu gewinnen, so hat man entsprechend grosse Kathoden zu wählen und durch fortgesetzte Bewegung der Lösung dahin zu wirken, dass die betreffenden Kationen an der Kathode immer in genügender Anzahl vertreten sind. Wenn schliesslich von einer zusammengesetzten Anode in die Lösung bereits zu viele von denjenigen Kationen, deren Abscheidung nicht gewünscht wird, eingeführt sind, so ist die Lösung durch eine neue zu ersetzen.

Der Einfluss der Stromdichte erstreckt sich nicht bloss auf die Reinheit der an der Kathode gefällten Metalle, sondern auch auf die Kohäsionsverhältnisse derselben. Zu einer sicheren Trennung der Metalle ist es notwendig, dass der Niederschlag an der Kathode eine feste, zusammenhängende Schicht bildet. Pulvrige oder schwammige Metallmassen fallen leicht in den Elektrolyten zurück und lösen sich wieder. Dieser Übelstand wird aber in der Regel durch eine Verringerung der Stromdichte beschränkt.

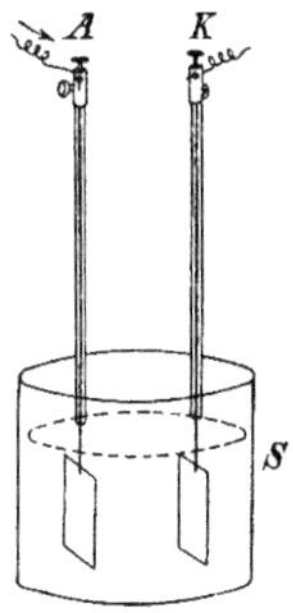

Fig. 59.

Ob der Niederschlag kohärent ausfällt oder nicht, ist ferner wesentlich noch von der Natur des Elektrolyten abhängig. Je nach der Art des abzuscheidenden Metalles macht man den Elektrolyten sauer oder basisch, wobei sich erfahrungsgemäss bald diese, bald jene Säure oder Base als vorteilhafter erweist. Zuweilen gelangt man zum Ziel, indem man die Kationen durch Anwendung bestimmter Substanzen in komplexe Ionen verwandelt. Auch die Temperatur des Elektrolyten ist hierbei zu berücksichtigen.

Wie man sieht, sind bei der elektrolytischen Trennung der Metalle mehrere Momente zu beachten. Die folgenden Versuche mögen dies näher darthun.

§ 2. Erläuternde Versuche.

In die Zelle S (Fig. 59) bringe man ein Gemisch zweier, durch Kochen mit den betreffenden Karbonaten völlig neutral gemachter Sulfate, nämlich 100 cm³ Normal-Zinksulfat und 1 cm³ Normal-Kupfersulfat. Die Platinelektroden A und K sind 5×7 cm gross und 3 cm voneinander entfernt. Zwei Akkumulatoren dienen als Stromquelle. Ausser der Zelle befinden sich im Stromkreis ein Regulierwiderstand und das grosse Galvanoskop. Den Elektroden ist ferner ein Voltmeter angeschlossen. Bei einer Klemmenspannung von 1,6 Volt fällt Kupfer mit glänzender Oberfläche aus. Doch schon nach 5 Minuten steigt die Spannung auf 1,8 Volt, während die Nadel des Galvanoskops etwas zurückgeht. Die Kathode bedeckt sich teilweise mit Wasserstoffbläschen. Wird indessen der Elektrolyt durch Einleiten von Wasserstoffgas in Bewegung erhalten, so nehmen die Nadeln des Voltmeters und Galvanoskops ihre anfängliche Stellung wieder ein und behalten sie $1^1/_2$ Stunden inne, bis die Klemmenspannung von neuem steigt. Die Wasserstoffbläschen an der Kathode werden immer zahlreicher. Aber Zink fällt, obwohl nur noch wenig Kupfer in der Lösung ist, selbst bei 2,5 Volt Klemmenspannung nicht aus. Unterbricht man nun das Einleiten des Gases, so zeigt die Nadel 2,6 Volt an. Jetzt tritt auch Zink an der Kathode auf, denn der Überzug derselben nimmt Messingglanz an. Bei 2,8 Volt endlich ist er völlig grau, weil ausser Wasserstoff fast nur noch Zink zur Abscheidung gelangt. Auf Zusatz von Methylorange zum farblos gewordenen Elektrolyten tritt eine starke Rötung ein, ein Beweis, dass sich im Elektrolyten viel freie Säure gebildet hat.

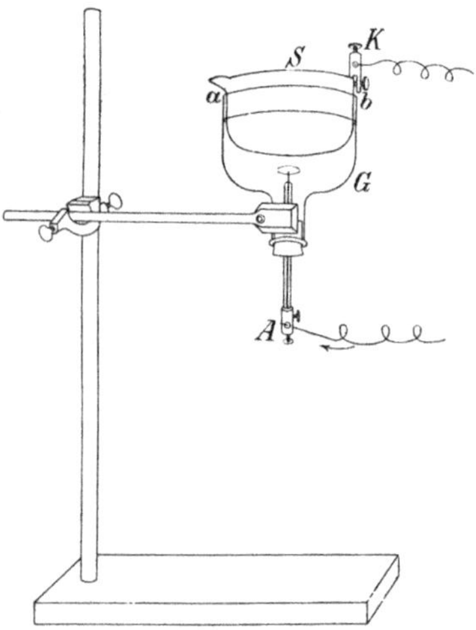

Fig. 60.

Schneller hintereinander machen sich diese Erscheinungen bei folgendem Versuch bemerkbar. In dem Tubus des Gefässes G (Fig. 60, Flasche, deren Boden abgesprengt ist) ist als Anode *A* eine 1,5 cm breite Platinscheibe befestigt. Als Kathode wird auf den Rand *ab* eine etwa 8 cm weite, mit der Klemmschraube *K* versehene Platinschale *S* gesetzt. Durch diese Anordnung wird bewirkt, dass die Stromdichte der Kathode von der Peripherie nach der der Anode direkt gegenüberliegenden Mitte allmählich zunimmt. Der Elektrolyt besteht aus 1000 g Wasser, 15,5 g Kupfervitriol, 72 g Zinkvitriol und 50 g Schwefelsäure. Geht der Strom von vier Akkumulatoren, denen noch ein Widerstand von 50 bis 60 Ohm angeschlossen ist, durch die Zelle, so bildet sich auf der Schale, soweit sie eintaucht, nach einigen Minuten eine Kupferschicht, die nach der Mitte zu ihren Glanz mehr und mehr einbüsst. Nach Ausschaltung des Widerstandes erscheint gegenüber der Anode ein 3 bis 4 cm breiter mattgrauer Fleck. Wird nun letzterer mit einem Achatpistill unter gelindem Druck bestrichen, so nimmt er ebenfalls metallischen Glanz an, und zwar zeigt sich in der Mitte ein 1 cm breiter, weisser Zinkfleck, der von einem gelben Messingring umgeben ist. Der Anode unmittelbar gegenüber hat sich also fast nur noch Zink ausgeschieden, weil in der nächsten Umgebung derselben der Strom stärker ist, und die geringen Kupfermengen bereits niedergeschlagen waren.

§ 3. Quantitative Analyse durch Elektrolyse.

Auf Grund der Thatsache, dass aus einem Gemisch der Salze der Schwermetalle letztere auf dem Wege der Elektrolyse nacheinander abgeschieden werden können, und zwar, falls nach den oben angegebenen Gesichtspunkten verfahren wird, vollständig und in kohärenter, direkt wägbarer Form, hat man für die analytische Chemie eine ganze Reihe brauchbarer Methoden ausgearbeitet, die Schwermetalle elektrolytisch zu trennen. Naturgemäss ist diese Trennung um so schwieriger, je grösser die Anzahl der Metalle im Gemisch ist, und je geringer die Differenzen der Haftintensitäten ihrer Ionen, wie z. B. bei den Metallen Eisen, Kobalt und Nickel, sind. In solchen Fällen ist zur Ergänzung der Analyse auf die rein chemischen Trennungsmethoden zurückzugreifen. Blei und Mangan werden elektrolytisch als Superoxyde, wie sie sich an der Anode bilden, bestimmt.[1])

§ 4. Die Elektrolyse in der Metallurgie.

Von noch grösserer Bedeutung ist die elektrolytische Scheidung der Schwermetalle für die Metallurgie geworden. Einerseits liefert die Elektrolyse reinere Produkte, als sie nach den üblichen hüttenmännischen Processen erhalten werden konnten, andrerseits arbeitet der elektrische Strom rationeller, als die übrigen Energieformen. So erklärt es sich, dass die Litteratur der Elektrometallurgie in schnellem Wachstum begriffen ist. Es liegt nun in der Natur der Sache, dass seitens der Fabriken in betreff ihrer Arbeitsweise wenig an die Öffentlichkeit kommt, und daher ist es schwer anzugeben, welche von den zahlreichen, in Vorschlag gebrachten Verfahren sich in der Praxis bewähren. Daher sind hier nur, soweit es nicht schon im I. Abschnitt geschehen ist, die bekanntesten und wichtigsten Methoden kurz zu behandeln. Sie beziehen sich teils auf die Raffinerie der hüttenmännischen Rohprodukte, teils gehen sie mehr oder weniger direkt auf die Erze als Ausgangspunkt zurück.

I. Kupfer. Die Elektrotechnik verdankt ihre ausserordentlichen Fortschritte zum nicht geringen Teil der Reinheit des elektrolytisch raffinierten Kupfers, und daher ist einstweilen die elektrolytische Kupferraffinerie der wichtigste elektrometallurgische Process. Das von der Hütte kommende Rohkupfer wird in mehrere centimeterdicke Platten gegossen und als Anodenmaterial abwechselnd mit reinen Kupferblechkathoden in vierkantige Holztröge gehängt, welche eine koncentrierte, mit Schwefelsäure versetzte Kupfersulfatlösung enthalten. Die Elektrolyse ist so zu regulieren, dass sich an den Kathoden nur Kupfer abscheidet. Die Verunreinigungen des Rohkupfers, welche höchstens einige Procente erreichen, können einerseits aus Silber, Gold, Platin, Blei, Antimon, Wismut und Schwefel, andrerseits aus Eisen, Nickel, Zink, Kadmium und

[1]) Näheres siehe A. Classen. Quantitative chemische Analyse durch Elektrolyse. 3. Aufl. Berlin, J. Springer. 1892.

Arsen bestehen. Die ersteren fallen während der Elektrolyse an der Anode herab und sammeln sich als Anodenschlamm am Boden der Tröge in besonderen Behältern an, und zwar bewahren die Edelmetalle ihre metallische Form, da ihre Lösungstension gegenüber den anderen Bestandteilen der Anode zu gering ist, während das Blei in unlösliches Superoxyd, das Antimon und Wismut in basische Sulfate übergehen, und der Schwefel als Schwefelkupfer unverändert bleibt. Die Metalle jener zweiten Gruppe, die eine höhere Lösungstension besitzen, werden wie das Kupfer gelöst, scheiden sich aber an der Kathode nicht ab, falls die Badspannung 0,5 Volt nicht viel übersteigt, und die Koncentration der Kupferionen in der stets in Bewegung zu erhaltenden Lösung unter ein gewisses Minimum nicht herabgeht. Der Elektrolyt ist daher öfter zu ersetzen, auch deshalb, weil bei schwachem Kupfergehalt desselben das Material pulvrig ausfällt. Bei gehöriger Durchmischung der Laugen ist der Aufwand an elektrischer Energie gering und wird durch die Gewinnung der Edelmetalle, auf welche man früher in der Regel gänzlich verzichtete, vollständig gedeckt.

Hat sich an beiden Seiten der Kathodenbleche eine etwa 1 cm dicke Kupferschicht abgesetzt, so werden die Kathoden aus den Bädern entfernt. Indessen ist das Material wegen der Wasserstoffokklusion nicht dicht genug und muss daher, ehe es weiter verarbeitet werden kann, umgeschmolzen werden. Dagegen ist das nach dem Elmore-Verfahren (1886) elektrolytisch raffinierte Kupfer, wenn es die Bäder verlässt, von genügender Festigkeit, Zähigkeit und Leitfähigkeit. Dasselbe wird nämlich auf rotierende, cylindrische Eisenkathoden in Form von nahtlosen Röhren niedergeschlagen und während der Abscheidung auf mechanischem Wege gehörig dicht gemacht, indem ein der Kathode fest angedrückter Achatstein parallel deren Axe fortwährend auf und ab bewegt wird. Das so gewonnene Kupfer liefert unter anderem, wenn jene Röhren spiralig in Streifen geschnitten, und diese zu Drähten ausgezogen werden, ein vorzügliches Material für Stromleitungen.

Statt der metallischen Anoden hat man im Marchese-Process auch versucht, solche aus dem Kupferstein, welcher ein Zwischenstadium der hüttenmännischen Kupfergewinnung darstellt und das Kupfer als Sulfür zu etwa 50% enthält, zur Elektrolyse zu verwenden. Obwohl dieses Verfahren dem der Raffinierung im Princip gleich ist, so standen bisher der praktischen Ausführung Schwierigkeiten[1]) entgegen, die wesentlich in einem vorzeitigen Zerfallen der Anoden bestanden.

Die direkte Gewinnung des Kupfers aus den Erzen ist nach den Methoden von SIEMENS und HÖPFNER gelungen. Beiden liegt das nämliche Princip zu Grunde. Das Kupfer der gepulverten und gerösteten Erze wird durch ein geeignetes Oxydationsmittel chemisch gelöst. Diese Lösung wird zwischen einer Kupferkathode und einer Kohleanode der Elektrolyse unterworfen. Der grosse Vorzug dieser Methoden besteht aber einerseits darin, dass an der Anode durch die Anionen jenes Oxydationsmittel stets regeneriert, also zur Erzlaugerei wieder brauchbar gemacht wird, andrerseits darin, dass die Anionen bei diesem Vorgang chemische Arbeit leisten, durch welche die Anodenpolarisation herabgedrückt, und somit der gesamte Energieverbrauch erheblich vermindert wird. Freilich müssen unter diesen Umständen die Elektroden durch ein Diaphragma getrennt sein.

Im SIEMENSschen Verfahren dient Ferrisulfat $Fe_2(SO_4)_3$ als Lösungsmittel. Dasselbe giebt in den Laugekästen, indem es zu Ferrosalz $FeSO_4$ reduciert wird, eine SO_4-Gruppe ab, mittels deren die Verbindungen des Röstgutes (CuS, Cu_2S, CuO, Cu_2O) in Sulfate verwandelt werden. Im Anodenraum der Bäder nimmt das Ferrosalz nach der Gleichung

$$2\,FeSO_4 + SO_4 = Fe_2(SO_4)_3$$

die SO_4-Gruppe wieder auf.

Folgende Versuche werden die hier in Betracht kommenden Vorgänge näher kennzeichnen. In einem vierkantigen Glastrog, der auf 500 g Wasser 50 g Eisenvitriol und 1 g Kupfervitriol enthält, wird eine Platinkathode (7×5 cm) einer Kohleanode (10×8 cm) gegenübergestellt.[2]) Der Strom eines Akkumulators reicht zur Zersetzung aus. Bei 0,5 Volt Klem-

[1]) In Amerika sollen diese Schwierigkeiten jüngst überwunden sein.

[2]) Kohleelektroden der verschiedensten Formen sind zu beziehen von Dr. A. LESSING, Fabrik galvanischer Kohlen und Apparate in Nürnberg.

menspannung bildet sich ein glänzender Kupferbeschlag. Eisen fängt erst bei 1,3 Volt an sich abzuscheiden. An der Anode, die stets frei von Sauerstoff bleibt, sieht man deutlich eine gelbbraune Lauge von Ferrisulfat herabfliessen. Fügt man nun dem Elektrolyten nach und nach Schwefelsäure hinzu, so ist zur Hervorrufung des Eisenbeschlags eine mehr und mehr gesteigerte Klemmenspannung, also eine stärkere Stromquelle erforderlich. Bei Zusatz von $^1/_2$ oder 2 cm^3 koncentrierter Säure beträgt jene Minimalspannung 2,5 bezw. 8 Volt. Man sieht daher, dass bei Anwesenheit von Schwefelsäure die Klemmenspannung der Bäder trotz des geringen Kupfergehaltes der Lösung innerhalb weiter Grenzen schwanken kann, ohne dass das Eisen niederfällt. Auch bei diesen Versuchen macht sich, wie bei der Elektrolyse eines Gemisches von Zinksulfat und Kupfersulfat, die Erscheinung wohl bemerkbar, dass die Klemmenspannung, je mehr der Kupfergehalt des Elektrolyten sinkt, um so mehr von selbst steigt, und die Stromintensität abnimmt, dass man also Widerstände einschalten muss, wenn man die Klemmspannung konstant halten will.

Geeigneter zur Demonstration, und zwar wegen eines deutlicheren Farbenwechsels des Elektrolyten, ist das Höpfnersche Verfahren, welchem überhaupt sowohl in wissenschaftlicher wie praktischer Hinsicht besondere Beachtung gebührt. Fig. 61 zeigt eine Versuchsanordnung, welche in den wesentlichsten Punkten den Fabrikbetrieb nachahmt. Man bereite sich eine Lösung aus 1500 g Wasser, 450 g Natriumchlorid, 15 g krystallisiertem Kupferchlorid und 15 cm^3 Chlorwasserstoffsäure vom specifischen Gewicht 1,18. Diese Lösung lasse man über Kupfergranalien so lange stehen, bis sie völlig farblos geworden ist. Das grüne Kupferchlorid vermag nämlich, indem es zu farblosem Chlorür reduciert wird, durch Abgabe von Chlor metallisches Kupfer oder auch Schwefelkupfer, wie es im Kupferstein enthalten ist, nach den Gleichungen

$$\begin{aligned} CuCl_2 + Cu &= 2\,CuCl, \\ 2\,CuCl_2 + Cu_2S &= 4\,CuCl + S \end{aligned}$$

zu Chlorür zu oxydieren. Das Natriumchlorid hat nur den Zweck, dieses an sich wenig lösliche Chlorür zu lösen; an der Elektrolyse selbst beteiligt es sich nicht. Die Chlorwasserstoffsäure vertritt die Schwefelsäure des Siemens-Processes. Die übrigen Bestandteile des auszulaugenden Rohmaterials verhalten sich im allgemeinen wie bei der Kupferraffinerie. Jene kupferreiche Lösung gelangt nun als Elektrolyt in die Zersetzungszelle. Auf dem Boden des Ge-

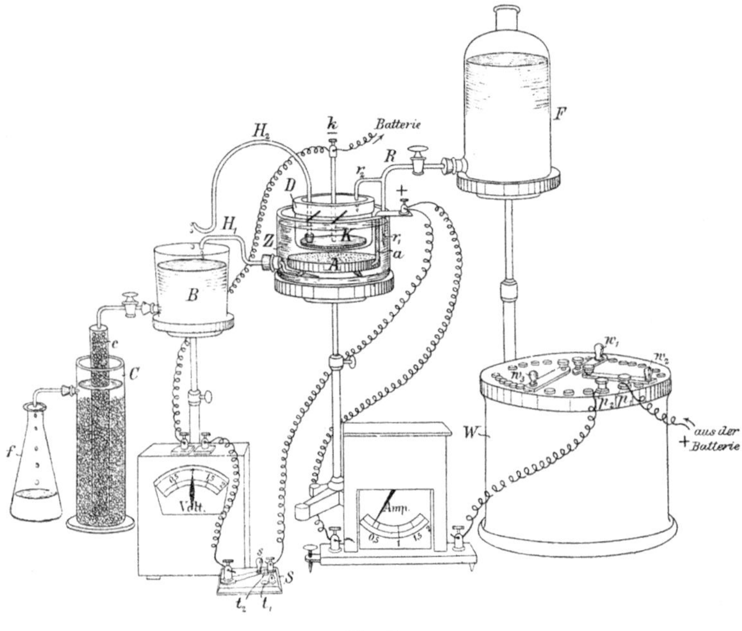

Fig. 61.

fässes Z ruht (Fig. 61) die aus Retortenkohle geschnittene, mit drei Holzfüsschen versehene Anodenplatte A von 2 cm Dicke und 12 cm Durchmesser. In einer horizontalen Durchbohrung derselben ist zur Stromzuführung der mit einer Klemmschraube versehene und mit Kompoundmasse gut isolierte Bleistreifen a befestigt. Als Diaphragma wird die flache Thonzelle D[1]) verwendet. Dieselbe ist mittels zweier, dem Rande des Gefässes aufliegender Glasstäbe derartig angebracht,

[1]) Zu beziehen von Warmbrunn, Quilitz & Co., Berlin, Rosenthaler Strasse 20.

dass ihr Boden von der Anode 1 cm entfernt ist. *K* ist die aus Kupferblech bestehende Kathodenscheibe, und *k* ein ihr angenieteter, zur Stromleitung dienender Kupferstab. In die Zelle *Z* fliesst aus der tubulierten Flasche *F* der Elektrolyt durch das Rohr *R* ab, dessen spitz ausgezogener Schenkel r_1 dem Anodenraum ebensoviel Lösung zuführt, als der Schenkel r_2 dem Kathodenraum. Infolge der Elektrolyse wird die Lösung in letzterem entkupfert, aber die des ersteren durch die Chlorionen oxydiert, so dass Kupferchlorid regeneriert wird. Die Flüssigkeit wird aus dem Anodenraum durch den Heber H_1, welcher am Boden des Gefässes *Z* in einem Tubus steckt, aus dem Kathodenraum durch den Heber H_2, welcher mittels eines Korkes in einer Öffnung der Platte *K* befestigt ist, in den Behälter *B* abgeleitet. Pro Minute bewegen sich circa 20 cm^3 des Elektrolyten durch die Zelle. Von *B* gelangt die blaugrüne Chloridlösung in den mit Kupfergranalien gefüllten (die Erzlaugerei darstellenden) Apparat *C*, wo sie von neuem Kupfer lösen soll. Um sie möglichst vollständig damit zu sättigen, wird sie gezwungen, erst das engere, beiderseits offene Rohr *c* zu passieren, ehe sie mit den Granalien des weiteren Cylinders in Berührung kommt. In die Flasche *f* tropft völlig farblose Chlorürlösung ab. Diese ist der Flasche *F* zuzuführen, von wo aus sie wiederum durch die Zelle *Z* strömt und somit an die Kathode diejenige Menge Kupfer abgiebt, welche sie in *C* aufnahm.

Von einer aus 6 Akkumulatoren bestehenden Batterie geht der Strom zunächst an die Klemme p_1 des Regulierwiderstandes *W*. Derselbe ist nach Raps[1]) so konstruiert, dass mittels der Kurbeln w_1, w_2 und w_3 die drei Dekaden von 0,1 bis 0,9, 1 bis 9, 10 bis 90 Ohm ein- und ausgeschaltet werden können. Von der Klemme p_2 gelangt der Strom durch ein Ampèremeter oder noch besser durch ein als Stromzähler dienendes Knallgasvoltameter, tritt dann in die Zersetzungszelle *Z* bei *a* ein und kehrt von *k* nach der Batterie zurück. Die Spannung an den Elektroden der Zelle wird in je 15 Minuten an einem Voltmeter abgelesen, welches mittels

[1]) Zu beziehen von der Firma Siemens & Halske, Charlottenburg. Preis M. 150.

des Stromschlüssels S an a und k anzuschliessen ist. Steht, wie in der Figur, die Kurbel s auf dem Kontakt t_2, so ist das Voltmeter eingeschaltet.

Während eines 2 Stunden 22 Minuten, also 8520 Sekunden, dauernden Versuchs wurde durch Regulierung des Widerstandes die Spannung durchschnittlich auf 0,55 Volt gehalten. Die Knallgasmenge des Voltameters betrug (nach Reduktion auf das Normal-Volumen) 292,2 cm³. Nun entsprechen 0,174 cm³ Knallgas 0,3284 mg Kupfer, wenn letzteres aus Cuprilösungen gefällt wird. Aus den Cuprolösungen aber wird die doppelte Menge Kupfer ausgeschieden. Gerade dieser Umstand macht einen ausserordentlichen Vorzug des Höpfnerschen Verfahrens aus, denn im allgemeinen wird nur halb soviel Stromenergie als beim Siemensschen Verfahren verbraucht. Auf jene 292,2 cm³ Knallgas müssten

$$2 \,.\, 0{,}3284 \,.\, 292{,}2/0{,}174 = 1103 \text{ mg Kupfer}$$

kommen. Thatsächlich hatte die Kathode K während des Versuchs nur um 1050 mg an Gewicht zugenommen. Demnach belief sich die Ausbeute an Strommenge auf

$$1050 \,.\, 100/1103 = 95\,^0/_0.$$

Da Wasserstoff an der Kathode nicht aufgetreten war, so rührt das Deficit von $5\,^0/_0$ daher, dass durch die Luft eine kleine Menge Kupferchlorür zu Chlorid nach der Gleichung

$$2\,CuCl + 2\,HCl + O = H_2O + 2\,CuCl_2$$

oxydiert wurde.

Zur Entwicklung von 0,174 cm³ Knallgas ist 1 Amp.-Sek. nötig. 292,2 cm³ erfordern also 1679 Amp.-Sek. Da aber der Versuch 8520 Sekunden dauerte, so war die mittlere Stromintensität 1679/8520 = 0,195 Amp., mithin die Stromdichte, falls nur eine Fläche der 95,07 cm³ grossen Kathode gerechnet wird,

$$0{,}195 \,.\, 10000/95{,}07 = 20{,}5 \text{ Amp./m}^2.$$

Der Energieverbrauch zur Gewinnung von 1,05 g Kupfer betrug 1679 . 0,55 = 923 Volt-Amp.-Sek. = 0,2552 Watt-St. Nach der Versuchsanordnung würden demgemäss pro Watt-St. 4,093 g Kupfer, und bei einem Aufwand von 24 Pferdekraft-Stunden (= 24 . 690 Wattstunden) 67,8 kg Kupfer erhalten werden.[1])

II. Zink. Bekanntlich ist die hüttenmännische Gewinnung des Zinks sehr umständlich und teuer, da das Gemisch von Kohle und gerösteten Erzen nur in kleinen Mengen in oft auszuwechselnden Retorten und bei hohen Temperaturen abdestilliert werden muss. Es sind daher sehr viele Versuche zur Auffindung elektrolytischer Methoden gemacht. Die meisten stimmen darin überein, dass die gerösteten Erze mit Säuren ausgelaugt werden, und die Lösung, nachdem sie gehörig koncentriert ist, und die Metalle Eisen, Nickel, Kupfer und Silber besonders gefällt sind (z. B. durch metallisches Zink), unter Benutzung einer Kohleanode und eines Diaphragmas der Elektrolyse unterworfen wird. Die im Anodenraum auftretende freie Säure wird zur Erzlaugerei von neuem verwendet. Besondere Schwierigkeiten macht es gerade bei der Zinkelektrolyse, den Niederschlag an der Kathode in kohärenter Form zu erhalten, da sich die Wasserstoffentwicklung schwer vermeiden lässt.

III. Nickel. In Amerika soll 95—96-procentiges Rohnickel mit gutem Erfolg elektrolytisch raffiniert werden. Der Elektrolyt enthält wahrscheinlich Kaliumcyanid. Die Metalle Eisen, Kobalt, Kupfer und Nickel bilden mit dem Cyan komplexe Anionen, von denen sich aber die des Nickels, namentlich bei etwas erhöhter Temperatur der Bäder, am wenigsten beständig erweisen. Das Nickel kann daher vor jenen ausgeschieden werden, wie wenn es in der Spannungsreihe hinter dem Kupfer stünde. Um Knollen- und Warzenbildungen auf dem Metallniederschlag zu vermeiden, werden die Wasserstoffmengen an der Kathode durch Einleiten von Luft vertrieben. Die Beimengungen von Kohlenstoff und Silicium fallen in die Pergamenthüllen, welche die Anoden umgeben.

---

[1]) Es sei hier verwiesen auf: F. Öttel, Anleitung zu elektrochemischen Versuchen, Freiberg 1894, und F. Öttel, Elektrochemische Übungsaufgaben, Halle 1897.

IV. Blei. Nach TOMMASI[1]) kann Rohblei unter gleichzeitiger Gewinnung des Silbers durch Benutzung von Kalium-Bleiacetatlösungen raffiniert werden. Genauere Angaben über die Zusammensetzung des Elektrolyten sind nicht veröffentlicht. Vermutlich ist der letztere sehr koncentriert, damit die Superoxydbildung an der Anode nicht eintreten kann (S. 31). Das schwammige Blei wird in dem Masse, als es sich an einer rotierenden Kathodenscheibe absetzt, mechanisch entfernt. Nebst sonstigen Beimengungen geht das Silber in den Anodenschlamm über, aus welchem es noch gewonnen werden kann, selbst wenn der Silbergehalt einer Tonne Rohblei nur 150 g beträgt.

V. Zinn. Schon seit langer Zeit wird das Zinn der Weissblechabfälle und Konservenbüchsen auf elektrolytischem Wege zu gute gemacht. Nach einer vielgebrauchten Methode werden dieselben in zusammengepresster Form als Anoden in verdünnte Schwefelsäure gebracht, in welcher verzinnte Kupferbleche als Kathoden fungieren. Das Zinn wird in sehr reinem Zustand schwammig gefällt, bis die Zinnüberzüge der Weissbleche gelöst sind.

VI. Silber. Der beim Parkesieren des Rohbleis gewonnene, Silber und Gold enthaltende Zinkschaum wird in verschiedenen Fabriken Amerikas zu Anoden gegossen, welche, nachdem sie von Musselinsäcken eingehüllt sind, in Bädern von salpetersäurehaltigem Silbernitrat, dünnen Silberblechen gegenübergestellt werden. Gold, unlösliche Wismutverbindungen und Bleisuperoxyd bleiben in den Anodenhüllen. Silber und Kupfer gehen in Lösung. Die Ausscheidung des letzteren wird aber bei gehörig niedriger Klemmenspannung vermieden.

In ähnlicher Weise werden in den Gold- und Silberscheideanstalten die Legierungen des Goldes, Silbers und Kupfers zerlegt.

VII. Gold. Nach den Berichten von WOHLWILL[2]) wird Feingold aus den Rohgoldanoden gewonnen, wenn Goldchlorid-

---

[1]) Notice sur les procédés électrométallurgiques. Paris, 6. rue des Immeubles industriels, 1898.

[2]) Ztschr. für Elektrochemie **4**. 379, 402 und 421. 1897. Siehe auch Ztschr. für Elektrochemie **3**, 316 und 389. 1896.

lösungen, welche genügende Mengen von Chlorwasserstoffsäure (oder Natriumchlorid) enthalten, elektrolysiert werden. Fehlt dieser Zusatz, so entweicht an der Anode der grösste Teil des Chlors in Gasform. Aber bei Anwesenheit von freier Chlorwasserstoffsäure bildet sich Goldchlorwasserstoffsäure, $H^{\cdot}(AuCl_4)'$, und die Elektrolyse der letzteren verläuft ähnlich wie die des Kaliumsilbercyanids bei der galvanischen Versilberung (S. 31). Denn die nach der Kathode wandernden Wasserstoffionen jener komplexen Säure reagieren auf eine Molekel der letzteren nach der Gleichung

$$3\,H^{\cdot} + H^{\cdot}(Au\,Cl_4)' = 4\,H^{\cdot}\,Cl' + Au.$$

Für diesen Process werden durch den galvanischen Strom drei negative Ladungen zugeführt. Die Anionen $(AuCl_4)'$ ergänzen sich auf Kosten des Anodenmaterials nach der Gleichung

$$3\,(Au\,Cl_4)' + Au = 4\,Au^{\cdot\cdot\cdot}\,Cl_3'''$$

zu Goldchlorid, welches mit dem an der Kathode entstandenen Chlorwasserstoff die Goldchlorwasserstoffsäure regeneriert, nämlich

$$4\,Au^{\cdot\cdot\cdot}\,Cl_3''' + 4\,H^{\cdot}\,Cl' = 4\,H^{\cdot}(Au\,Cl_4)'.$$

Diese beiden an der Anode stattfindenden Vorgänge erfordern im ganzen eine Zufuhr von nur drei positiven Ladungen, so dass der Strom so wirkt, wie wenn $AuCl_3$ zerlegt würde. Das Silber der Anoden fällt als Silberchlorid in den Anodenschlamm, während Kupfer und Platin in den Elektrolyten übergehen. Aber das Kupfer wird bei genügend niedriger Badspannung nicht ausgeschieden, und das Platin bleibt in der Lösung, so lange der Goldgehalt derselben hoch genug ist.

8. Kapitel.

Die irreversiblen Ketten.

§ 1. Irreversible, inkonstante Ketten.

Man konstruiere nach Fig. 51 aus dem amalgamierten Zinkstab A, dem Kupferstab K und 170 cm³ einer gesättigten Zinksulfatlösung ein galvanisches Element und verbinde dasselbe mit einem Umschalter (siehe Fig. 58a) derartig, dass es einerseits an das grosse Nadelgalvanoskop (dessen Widerstand 8 Ohm ist), andrerseits kurz geschlossen werden kann. In dem auf der Zelle befindlichen Pfropfen wird noch ein kurzes, rechtwinklig gebogenes Rohr angebracht, welches mittels eines Gummischlauchs mit einem Manometer des Looserschen Doppelthermoskops (siehe Fig. 73) in Verbindung zu setzen ist. Die Klemmenspannung des Elementes ist anfangs 0,5 Volt, geht aber, während es dem Galvanoskop anliegt, schon in einer Minute auf Null zurück. Dementsprechend zeigt auch das Galvanoskop nur einen kurzen Stromstoss an. Das Zink ist zwar vermöge seiner hohen Lösungstension bestrebt, Ionen in die Lösung zu treiben. Aber die Zahl der vorhandenen Wasserstoffionen des Wassers, welche sich in dem Masse, als Zinkionen entstehen würden, am Kupfer entladen müssten, ist sehr gering. Ausserdem stünden dem Zink als Anionen nur die wenigen O'' und $(OH)'$ des Wassers zur Verfügung. Daher hören die Ladungen und Entladungen, mithin auch der galvanische Strom, sehr bald auf.

Kräftiger aber sind die Wirkungen, wenn dem Elektrolyten 6 cm³ verdünnte Schwefelsäure (1 : 5) zugefügt werden. Die Klemmenspannung fällt, während das Galvanoskop angeschlossen ist, von 0,5 Volt nur auf 0,3 Volt. Die Nadel des Galvanoskops zeigt im ersten Augenblick auf Teilstrich 5, nach einer Minute noch auf Teilstrich 4. In dieser Zeit erscheinen am Kupferstab soviel Wasserstoffbläschen, dass das Manometer um 2 cm steigt. Bei Kurzschluss des Elementes wird die Wasserstoffentwickelung zunächst verstärkt, lässt aber bald wieder etwas nach; die Spannung sinkt innerhalb einer Minute sogar auf 0,1 Volt, und wird jetzt das Galvanoskop wiedereingeschaltet, so bewegt sich die Nadel nur auf Teilstrich 3. Der Kupferstab zeigt sich ziemlich dicht mit Wasserstoffbläschen bedeckt. Er hat sich polarisiert, und hierin liegt die Ursache der Stromschwächung; denn wenn durch Aufklopfen der Zelle gegen den Tisch die Gasschicht beseitigt wird, so nehmen die Messinstrumente ihren ursprünglichen Stand wieder ein. Jene Stromschwächung aber ist sowohl durch eine Verringerung der elektromotorischen Kraft als auch durch eine Vermehrung des Widerstandes der Zelle bedingt. Die Abnahme der elektromotorischen Kraft ist einerseits dadurch zu erklären, dass die Zahl der Wasserstoffionen des Elektrolyten verringert, und die der Zinkionen erhöht wird, andrerseits dem Umstand zuzuschreiben, dass sich zwischen dem am Kupfer adhärierenden Wasserstoff und den von dem negativ geladenen Zink abgestossenen SO_4-ionen eine Anziehung geltend macht, durch welche eine dem Strom entgegengesetzt gerichtete elektromotorische Kraft erregt wird. Zur Verringerung der Klemmenspannung trägt endlich auch die Zunahme des Widerstandes im Element bei, da die Kathode wegen der entstehenden Gasschicht den ankommenden Wasserstoffionen nicht mehr hinreichend grosse Metallflächen darbieten kann, um in einem dem Lösungsdrucke des Zinks entsprechenden Grade die Entladung der Wasserstoffionen zu ermöglichen.

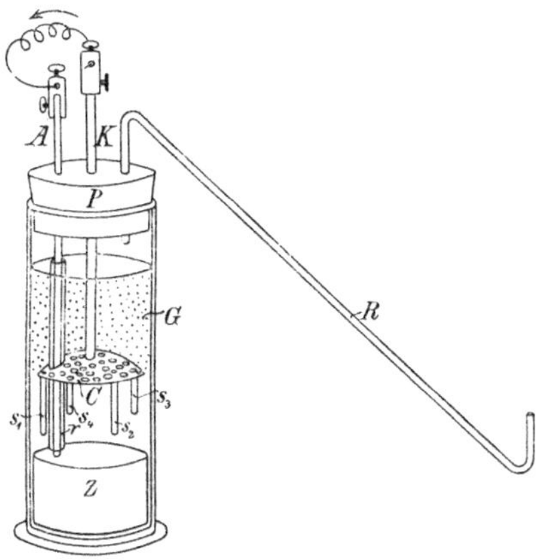

Fig. 62.

Noch ausführlicher und in grösserem Massstabe werden die Erscheinungen der Polarisation galvanischer Elemente durch den Apparat Fig. 62 erläutert. Auf dem Boden des Gefässes *G* (6 $\times$ 18 cm) befindet sich ein cylindrischer, aus reinem Zink gegossener und amalgamierter Kolben *Z*, in welchem der Zinkstab *A* eingeschraubt ist. *C* ist eine siebartig durchlöcherte, nach oben gewölbte Kupferplatte. An diese sind nach unten die Kupferstäbchen s_1, s_2, s_3 und s_4, und nach oben der Kupferstab *K* angenietet. Das Gefäss *G* ist, nachdem es mit verdünnter Schwefelsäure (1 : 12) gefüllt ist, mit dem Gummipfropfen *P* dicht zu verschliessen. Durch die Durchbohrungen desselben sind die Stäbe *A* und *K* sowie die Gasentbindungsröhre *R* geschoben. Verbindet man nun *A* und *K* durch einen Schliessungsbogen, in welchen mittels eines Umschalters ein weniger empfindliches Galvanoskop eingeschaltet ist, so erweist sich nach dem Nadelausschlag *K* als positiver Pol, und während der Elektrolyt zwischen *Z* und *C* vollkommen klar bleibt, erscheint er oberhalb *C* infolge der nur von *C* aufsteigenden Wasserstoffbläschen deutlich getrübt. Die allmähliche Schwächung des Stromes erkennt man sowohl daran, dass die Nadel, wenn auch langsam, zurückgeht, als auch daran, dass die in je 5 Minuten aus *R* entweichenden Gasmengen, die man in einem graduierten Cylinder auffängt, abnehmen.

Wenn man ferner die Elektrode *C* wiederholt hebt und senkt, wobei ein Kontakt mit *A* durch die über *A* geschobene Glasröhre *r* vermieden wird, so wird die Polarisation durch Loslösung der Wasserstoffbläschen grösstenteils beseitigt, was sich sogleich an der Nadel des Galvanoskops und der Anzahl der fortgehenden Gasbläschen zu erkennen giebt. Auch kann man dadurch, dass man die Kathode *C* höher oder tiefer einstellt, den inneren Widerstand der Kette bedeutend vermehren oder vermindern, und dementsprechend variieren die Nadelausschläge und die aufgefangenen Gasvolumina (5 bis 15 cm^3 in je 5 Minuten). Man kann auf diese Weise die durch das OHMsche Gesetz bestimmte Abhängigkeit der Stromstärke von dem Widerstand, sowie die auch innerhalb einer Stromquelle bestehende Giltigkeit des FARADAYschen Gesetzes, wenngleich nur annähernd, demonstrieren. Drückt man endlich den Stab *K* so weit herab, dass die Stäbchen *r* den Zinkkolben berühren, so sind die entbundeneh Wasserstoffmengen am grössten, und die Nadel kehrt infolge des Kurzschlusses auf Null zurück. Diese Phase des Versuchs erläutert gleichzeitig das bei der technischen Verwendung galvanischer Elemente wohl in Betracht kommende Verhalten des reinen und unreinen

Zinks gegen Säuren, denn es wird bewiesen, dass das Zink, welches im reinen Zustand bei gewöhnlicher Temperatur in verdünnter Schwefelsäure, abgesehen von dem ersten Moment des Eintauchens, unlöslich ist, sich darin (auch bei offener Kette) fortdauernd lösen muss, wenn es innerhalb des Elektrolyten mit Spuren eines anderen Metalles in Berührung kommt oder damit gemengt ist.

Die bei den verschiedenen Stellungen der Kathode C entwickelten Wasserstoffmengen lassen sich noch schneller abschätzen, wenn man die Röhre R durch ein rechtwinklig gebogenes Glasrohr ersetzt und dieses mit dem Manometer verbindet. Es genügt dann, die Steighöhen desselben nach Verlauf einer halben Minute abzulesen.

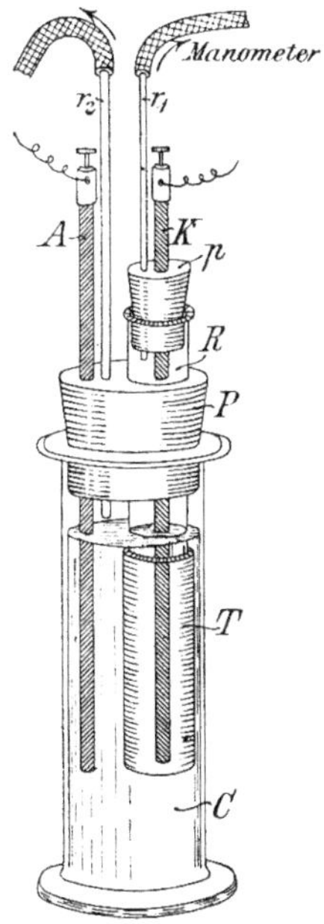

Fig. 63.

Will man besonders darthun, dass sich der Wasserstoff nur an der Kathode entwickelt, so schliesse man letztere in eine Thonzelle T (Fig. 63) ein. Dieser ist der Glasaufsatz R aufgekittet, dessen Pfropfen p ausser K noch das Röhrchen r_1 trägt. Die Zinkanode A ist nebst R und dem Röhrchen r_2 in dem Pfropfen P befestigt, der den Cylinder C verschliesst. Der ganze Apparat wird mit verdünnter Schwefelsäure (1:100) gefüllt. Wird der Stromkreis mit dem grossen Galvanoskop geschlossen, so geht der Nadelausschlag des letzteren bald vom Teilstrich 8 auf 6 herunter. Die beiden Manometer des Thermoskops, die mit den Röhrchen r_1 und r_2 verbunden sind, zeigen, dass der Wasserstoff nur an der Kathode erscheint. Bei Kurzschluss steigt die Flüssigkeit des ersten Manometers pro Minute um 2,5 cm. Wenn freilich (bei Einschaltung des Galvanoskops) das Element 10 Minuten lang thätig ist, so nimmt man auch am zweiten Manometer ein Steigen wahr, ohne dass sich Wasserstoff am Zink bemerken liesse. Diese als elektrische Endosmose bezeichnete Erscheinung, die der Apparat gleichzeitig vorzuführen geeignet ist, besteht darin, dass der Elektrolyt aus der Thonzelle T in den Anodenraum gedrückt wird. Eine sichere Erklärung hierfür ist noch nicht gegeben.

Der während des Stromdurchganges eintretende Zinkverlust lässt sich direkt mittels der Wage feststellen, wenn man für den Apparat Fig. 8 die Zelle Z mit verdünnter Schwefelsäure (1 : 12) füllt, die Platte P_1 durch eine amalgamierte Zinkplatte (2×7 cm) ersetzt und die Kupferplatte P_2 durch einen Widerstand von etwa 20 Ohm mit der Schraube S verbindet. Nach wenigen Minuten hebt sich der Wagebalken, an welchem die Zinkplatte hängt.

In den nach dem Typus des DANIELLschen Elementes $Zn / ZnSO_4 / CuSO_4 / Cu$ zusammengesetzten Ketten treten bei mässiger Stromentnahme keine weiteren Veränderungen ein, als dass sich durch die Ionisierung des Zinks und Entionisierung der Kupferionen die Koncentrationen der Elektrolyten etwas ändern. Derartige Ketten sind unpolarisierbar, und ihre elektromotorische Kraft ist innerhalb weiter Grenzen konstant. Da ferner ein durch dieselben in umgekehrter Richtung geschickter, dem entnommenen gleicher Strom den ursprünglichen Zustand wiederherstellt, so sind die DANIELLschen Ketten auch reversibel.

Anders verhält es sich mit den Ketten nach der Art der oben beschriebenen Kette $Zn/H_2SO_4/Cu$. Hier wird infolge der Lösung des Zinks und der Wasserstoffentbindung nicht allein der Elektrolyt, sondern auch die Ableitungselektrode wesentlich verändert. Die Ketten sind inkonstant und auch irreversibel, und zwar letzteres deshalb, weil ein dieselben in umgekehrter Richtung passierender Strom den ursprünglichen Zustand nicht wiederherstellt. Die NERNSTschen Gleichungen lassen sich zur Ermittlung der elektromotorischen Kraft nicht mehr direkt benutzen. Immerhin finden doch die allgemeinen Principien der Drucktheorie auch auf diese Ketten Anwendung, wenn es gilt, die Entstehung des galvanischen Stromes zu erklären.

Es sei daran erinnert, dass die ersten galvanischen Elemente, insbesondere die VOLTAsche Säule, die aus angefeuchteten Pappscheiben, Zink- und Kupferplatten aufgebaut wurde, dieser Klasse der irreversiblen und inkonstanten Ketten angehörten.

§ 2. Irreversible, konstante Ketten mit flüssigen Depolarisatoren.

Die inkonstanten Ketten lassen sich, wenigstens in gewissem Grade, konstant machen, wenn man die von der Anode vertriebenen Wasserstoffionen durch Oxydationsmittel zu Wasser oxydiert. Durch derartige Reaktionen wird aber nicht allein die Polarisation überwunden, son-

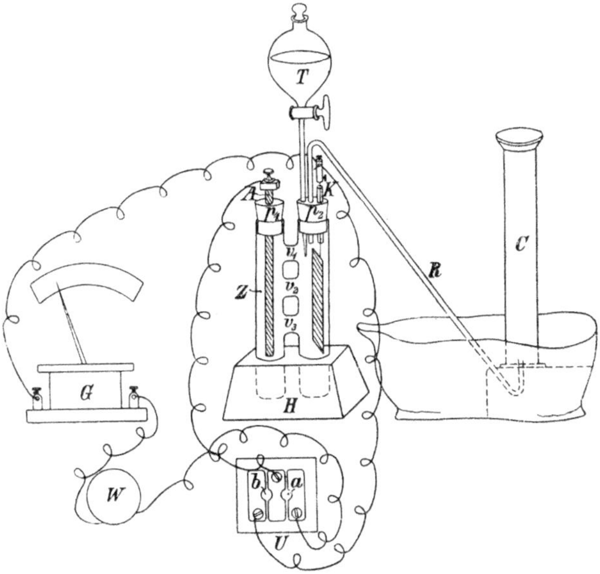

Fig. 64.

dern die elektromotorische Kraft der Ketten wird noch erheblich erhöht, und zwar um so mehr, je lebhafter jene Reaktionen erfolgen.

Durch die Versuchsanordnung Fig. 64 wird die depolarisatorische Wirkung der Chromsäure näher demonstriert. In dem Holzklotz H ist die Zelle Z befestigt, deren beide, 2 cm weite Schenkel durch die Querstücke v_1, v_2 und v_3 kommunicieren. Der eine Schenkel ist mit dem Pfropfen p_1, durch welchen der Stab A aus reinem, amalgamiertem Zink gesteckt ist, verschlossen. Der Pfropfen p_2 des anderen Schenkels trägt die Platinelektrode *K*, den Hahntrichter *T* und das Gasentbindungsrohr *R*. Nachdem die Zelle *Z* mittels des Trichters *T* ganz mit verdünnter Schwefelsäure (1 : 8) gefüllt ist, stellt man über die äussere Öffnung des Rohres *R* den mit Wasser gefüllten, engen Cylinder *C* und bringt in der durch die Figur angegebenen Weise die Leitungsdrähte an. Dem kleinen Galvanoskop *G* ist noch eine Widerstandsrolle *W* von etwa 500 Ohm anzuschliessen. Der Umschalter *U* ermöglicht die Ein- und Ausschaltung des Galvanoskops, je nachdem man den Stöpsel in das Loch *a* oder *b* steckt. Stöpselt man nun das Loch *a*, so schlägt die Nadel etwa um 7 Teilstriche aus, geht aber bald etwas zurück. Feine Wasserstoffbläschen entwickeln sich an *K*. Setzt man jetzt den Stöpsel in *b* ein, schaltet also das Galvanoskop nebst dem Widerstand *W* aus, so sind die Gasmengen so gross, dass im Cylinder *C* pro Minute circa 15 Gasblasen aufsteigen. Nach einigen Minuten schalte man das Galvanoskop wieder ein. Infolge der Polarisation schlägt die Nadel jetzt nur noch um 5 Teilstriche aus.

Man lasse aber hierauf aus der Spitze des Trichters *T* ungefähr 15 cm^3 wässrige, koncentrierte Chromtrioxydlösung (1 : 1) ausfliessen, die sich in beiden Schenkeln der Zelle verbreitet. Die Wasserstoffentwicklung hört sofort auf. Die Nadel schlägt bis auf Teilstrich 12 aus. Selbst nach $1^1/_2$-stündigem Kurzschluss zeigt die Nadel noch auf 12. Erst nach zweistündigem Kurzschluss stellt sich die Nadel infolge des allmählichen Verbrauchs des Oxydationsmittels auf Teilstrich 10 ein, und nun sind in dem braunschwarz gewordenen Elektrolyten reichliche Mengen von Chromsulfat vorhanden, denn nach Zusatz von Ammoniak wird die Chrombase ausgefällt.

Diese Versuche erläutern das Wesen der Chromsäureelemente, die in der Regel ohne Thonzelle als „Tauchelemente“ gebraucht werden. Sie bestehen aus einem den Elektrolyten enthaltenden Gefäss in welches die Elektroden aus Zink und Retortenkohle erst vor der Benutzung eingetaucht werden. Am günstigsten wirkt eine Lösung von 12 g $Na_2Cr_2O_7$ in 100 g Wasser, welches mit 25 g koncentrierter Schwefelsäure versetzt ist. Als Depolarisator ist das Natriumsalz der Dichromsäure dem Kaliumsalz vorzuziehen, da ein Auskrystallisieren der Chromsalze nicht stattfindet. Die elektromotorische Kraft dieser Kette ist anfangs 1,9 Volt. Der innere Widerstand schwankt je nach den Dimensionen der Zelle und der Dauer des Gebrauchs von 0,1 bis 1 Ohm.

Die chemischen Veränderungen an der Kathode der Chromsäureelemente bestehen in der Oxydation der ankommenden Wasserstoffionen auf Kosten des Sauerstoffs der Chromsäure. Diese wird zu Chromoxyd reduciert, welches sich in der Schwefelsäure zu Chromsulfat löst, und letzteres bildet mit dem Natriumsulfat den Natriumchromalaun. Die Umsetzungsgleichungen würden also lauten:

$$\left.\begin{array}{rcl} Na_2Cr_2O_7 + H_2SO_4 & = & Na_2SO_4 + H_2O + 2\,CrO_3, \\ 2\,CrO_3 + H_6 & = & Cr_2O_3 + 3\,H_2O, \\ Cr_2O_3 + 3\,H_2SO_4 & = & Cr_2(SO_4)_3 + 3\,H_2O, \\ Cr_2(SO_4)_3 + Na_2SO_4 & = & Na_2Cr_2(SO_4)_4. \end{array}\right\} A).$$

Indessen fragt es sich, wie man die hohe elektromotorische Kraft von 1,9 Volt zu erklären hat, da doch die Potentialdifferenz zwischen Zink und verdünnter Schwefelsäure nur wenig mehr als 0,5 Volt beträgt, und auch durch eine blosse Entladung der Wasserstoffionen an der Kathode kein wesentlicher Potentialsprung erzielt werden kann? Die Erklärung der Potentialerhöhung an einer unlöslichen, von einem Oxydationsmittel umgebenen Elektrode ist durch die OSTWALDsche Theorie[1]) der Reduktions- und Oxydationsketten gegeben. Wie in der Zinnchlorür-Chlorkette (S. 169) auf Grund der Ionisierungstension des Chlors zwischen dem Elektrolyten und der Platinelektrode eine nicht unbeträchtliche Potentialdifferenz in dem Sinne zu stande kommt, dass das Platin positiv geladen wird, so übernimmt in der Chromsäurekette der von der Chromsäure zur Verfügung gestellte Sauerstoff die Rolle des Chlors. Je drei Atome Sauerstoff lösen sich aus dem Verband je zweier Chromsäuremolekeln und machen nach der Gleichung

---

[1]) W. OSTWALD. Lehrbuch der allgemeinen Chemie. 2. Band. 1. Teil 892. 1893.

$$2\,H_2^{\cdot\cdot}\,Cr\,O_4'' + 4\,H_2O = 6\,(OH)' + 2\,Cr^{\cdots}(OH)_3''' \quad \ldots \text{ a)}$$

unter Zuhilfenahme von vier Wassermolekeln ihr Bestreben geltend, in der Gestalt von Hydroxylionen in den Elektrolyten einzutreten. Hier aber üben sie auf die von den Zinkionen verdrängten Wasserstoffionen eine bedeutende Anziehungskraft aus, um sich mit ihnen zu Wasser zu neutralisieren:

$$6\,(OH)' + 6\,H^{\cdot} = 6\,H_2O \quad \ldots\ldots \text{ b)}$$

Da die Gleichung a) im ganzen sechs negative Ladungen erfordert, so werden sechs positive Ladungen von der Kathode aus in den Schliessungsbogen befördert, und zwar mit einem Gesamtdruck von 1,9 Volt, denn durch die Tendenz des Sauerstoffs, Hydroxylionen zu bilden,[1]) wird mindestens ein Potentialsprung von 1,4 Volt gewonnen. Jenes Chromhydroxyd der Gleichung a) wird von der Schwefelsäure sofort in Chromsulfat übergeführt:

$$2\,Cr^{\cdots}\,(OH)_3''' + 3\,H_2^{\cdot\cdot}\,SO_4'' = 2\,Cr_2^{\cdots}\,(SO_4)_3''' + 6\,H_2O \quad \ldots\ldots \text{ c).}$$

Die Summe der Gleichungen a), b) und c) liefert dasselbe Resultat wie die Gleichungen A). Aber sie geben einen befriedigenden Einblick in die Ionenumladungen und machen die elektromotorische Kraft der Chromsäurekette verständlich.

Ähnlich wie die Chromsäure wirkt in den mit Thonzellen auszustattenden Salpetersäureketten von Grove und Bunsen

$$Zn/H_2\,SO_4\ \text{verd.}/HNO_3/Pt\,(C)$$

die Salpetersäure als Depolarisator. Auch hier ist die hohe elektromotorische Kraft, welche bei einer Salpetersäure von 52,37 % (spec. Gew. 1,33) den Wert von 1,9 Volt hat, nicht durch eine blosse Oxydation der Wasserstoffionen durch den Sauerstoff der Säure bedingt, sondern wiederum auf die Tendenz des Sauerstoffes zur Hydroxylionenbildung zurückzuführen. So lange die Salpetersäure noch reichlich vorhanden ist, verlaufen die Processe nach der Gleichung

$$H\cdot NO_3' + H_2O = H\cdot NO_2' + 2\,(OH)'.$$

---

[1]) Vergl. S. 206 bis 209.

Die entstehende salpetrige Säure färbt den Depolarisator grün. Je länger dieser jedoch benutzt wird, um so mehr sinkt die elektromotorische Kraft, denn um so schwächer wird das Vermögen der Säure, Sauerstoff abzugeben, und um so mehr müssen sich die Wasserstoffionen direkt an der Kathode entladen, scheiden sich aber bei einem gewissen Minimum der Säurekoncentration noch nicht in Gasform ab, sondern werden mit dem Stickstoff zu Ammoniak verbunden, welches einen Teil der noch freien Säure zur Erzeugung von Ammoniumsalz in Anspruch nimmt. Also:

$$H^{\cdot}NO_2' = NO + OH'$$
$$NO + H_2O = N + 2(OH)'$$
$$N + H_3^{\cdots} = NH_3$$
$$NH_3 + H^{\cdot}NO_3' = NH_4{\cdot}NO_3'$$
$$NH_3 + H^{\cdot}NO_2' = NH_4.NO_2'.$$

Schliesslich erscheinen Wasserstoffbläschen an der Kathode, und nun beträgt die elektromotorische Kraft der Kette thatsächlich nur wenig mehr als 0,5 Volt.[1])

Die an der Kathode dieser Ketten nach und nach eintretende Desoxydation der Salpetersäure lässt sich durch die Elektrolyse der letzteren im U-Rohr (Fig. 15) leicht verfolgen, da ja unter diesen Bedingungen der Säure an der Kathode Wasserstoffionen zugeführt werden. Man schalte zwei solcher U-Röhren, welche zur Hälfte mit Salpetersäure von 52,37 % (spec. Gew. 1,33) bezw. von 19,45 % (spec. Gew. 1,115) gefüllt sind, nebst einer Batterie von 10 Akkumulatoren hintereinander. In beiden Röhren ist im Anodenschenkel naturgemäss Sauerstoff nachweisbar. Im Kathodenschenkel der ersten Röhre bleibt die Elektrode gasfrei, aber rote Dämpfe von Stickstoffdioxyd, die von dem aus der Säure entwichenen Stickstoffoxyd herrühren, füllen die Atmosphäre des Rohres an, und nach Verlauf von 30 Minuten zeigt der Elektrolyt die für salpetrige Säure charakteristische grüne Farbe. Dagegen macht sich an der Kathode der zweiten Röhre sehr bald Wasserstoff bemerkbar, und nachdem man die Säure der-

---

[1]) Vergl.: Ihle, Ztschr. für physik. Chemie **19**, 572—576. 1896.

selben mit Kalilauge alkalisch gemacht hat, tritt auf Zusatz von NESSLERschem Reagens eine kräftige Ammoniumreaktion ein, wie es obige Gleichungen erwarten lassen.

§ 3. Irreversible, konstante Ketten mit festen Depolarisatoren.

Der Apparat Fig. 65 gestattet, mehrere Oxydationsmittel in festem Zustand nach einander behufs der Depolarisation an die Kathode zu bringen. In dem unteren Tubus des in einem Ring befestigten Gefässes G befindet sich der Pfropfen P, durch welchen der Leitungsdraht A der 6 cm breiten, horizontalen Kupferscheibe C gesteckt ist. Auf C wird das 3,5 cm weite und 1 cm hohe Glasschälchen S gesetzt. Auf dem Boden desselben ruht die Platinscheibe D, deren Leitungsdraht K mittels einer Klemme vertikal gehalten wird. Wird nun das Gefäss G mit verdünnter Schwefelsäure (1 : 20) so weit gefüllt, dass das Niveau $^1/_2$ cm über dem Rande des Schälchens S steht, so zeigt die Nadel des in den Stromkreis

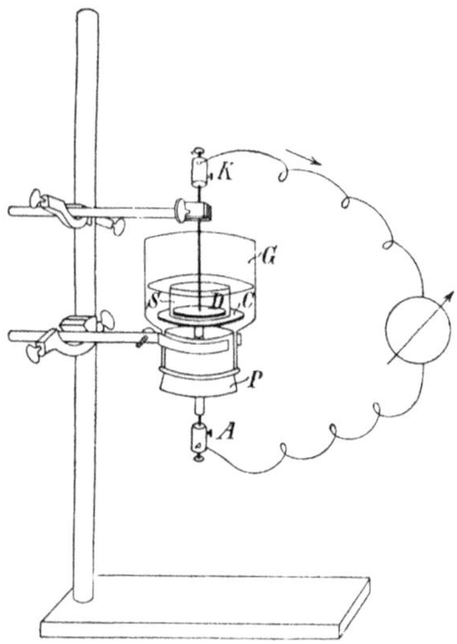

Fig. 65.

eingeschalteten kleinen Galvanoskops anfangs einen Ausschlag von etwa 8 Teilstrichen. Sie geht in kaum 2 Minuten fast auf Null zurück. Dagegen schlägt sie, sobald man kleine Mengen folgender fester Oxydationsmittel, die man mittels Siegellack an das eine Ende von Glasstäben befestigt, der Reihe nach mit der Platinplatte D in Berührung bringt, kräftig aus und nimmt sehr bald nach dem Verbrauch bezw. nach der Entfernung dieser Substanzen die Nulllage wieder ein:

1) kleine Mengen von Goldchlorid, Quecksilberchlorid, Eisenchlorid und Silbernitrat, die nur einen Moment an die Platte D anzudrücken sind,

2) einen 1 cm^3 grossen, aus einem Gemisch von Kohle und Braunstein bestehenden Würfel, der nach der jodometrischen Analyse 6,6 % disponiblen Sauerstoff bezw. 35,7 % MnO_2 enthielt,
3) Krystalle von Kaliumpermanganat (der Strom ist sogar stark genug, einen Wecker in Thätigkeit zu setzen),
4) einen 1 cm^3 grossen, aus der Superoxydplatte eines Böseschen Akkumulators geschnittenen Würfel mit einem Gehalt von 3,3 % disponiblem Sauerstoff bezw. 52 % PbO_2.

Diese Versuche beweisen wiederum deutlich, dass die den galvanischen Strom erregenden chemischen Vorgänge, welche stets mit Veränderungen der Ionenladungen verknüpft sind, direkt an den Elektroden stattfinden müssen. Die Depolarisatoren der Gruppe 1) wirken in der Weise, dass sich an der Elektrode Kationen entladen, und sich die den letzteren angehörenden Anionen den von der Anode verdrängten Wasserstoffionen zur Verfügung stellen.

Die festen Oxydationsmittel der Superoxyde des Mangans und Bleis wirken depolarisierend in dem Leclanché-Element bezw. in den Akkumulatoren.

In dem Leclanché-Element

$$Zn/NH_4\,Cl/\underbrace{MnO_2}\,\underbrace{(Kohle)}$$

ist, wie in den meisten, bisher behandelten Ketten, das Zink Lösungselektrode. Als Elektrolyt dient eine koncentrierte Salmiaklösung. Das Zink löst sich in der letzteren unter Wasserstoffentwicklung wahrscheinlich nach der Gleichung

$$Zn + 2\,NH_4\,Cl = Zn \begin{smallmatrix} \diagup NH_3 . Cl \\ \diagdown NH_3 . Cl \end{smallmatrix} + H_2.$$

Dieser Vorgang ist für sich experimentell nachweisbar, indem man in einem Gasentbindungskolben ein Gemisch von Salmiak und Zinkstaub, dem man eine kleine Menge Eisenpulver zufügt, mit wenig Wasser übergiesst und das Gas, das sich schon bei gewöhnlicher Temperatur reichlich bildet, mittels der pneumatischen Wanne auffängt. Jener Wasserstoff wird in dem LECLANCHÉ-Element durch den Braunstein des Kohlecylinders oxydiert:

$$H_2 + MnO_2 = H_2O + MnO.$$

Die Gleichung wird durch die Erörterungen des nächsten Kapitels verständlich werden.

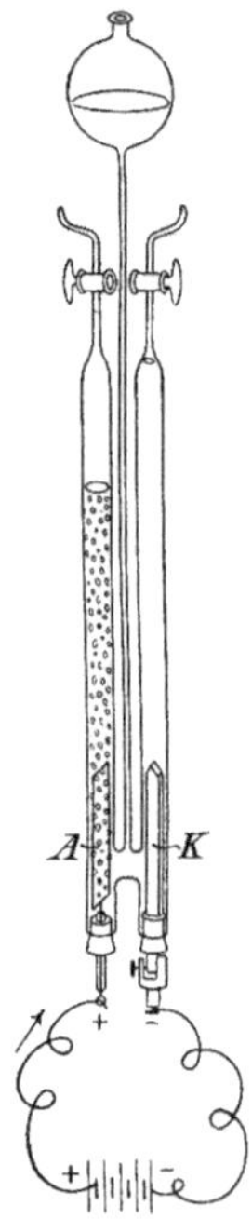

Fig. 66.

Um die depolarisierende Wirkung des Mangansuperoxyds durch einen besonderen Versuch zu erkennen, befestige man in den Schenkeln eines HOFMANNschen U-Rohres (Fig. 66) ein Platinblech *A* und ein Kohle-Braunsteinprisma *K*, dessen Zusammensetzung mit derjenigen des obigen Würfels (S. 239) übereinstimmt. Der Apparat ist mit verdünnter Schwefelsäure (1 : 12) zu füllen. Beim Einleiten des Stromes wird an *A* Sauerstoff entbunden, während von *K* aus, falls der Strom durch Widerstände genügend geschwächt ist, kein Wasserstoff aufsteigt. Wie in der LECLANCHÉ-Kette werden hier die Wasserstoffionen von dem Mangansuperoxyd oxydiert. Ist der Strom stärker, so sammelt sich in dem Kathodenschenkel etwas Wasserstoff an. Sein Volumen bleibt aber immer geringer, als das doppelte Volumen des Sauerstoffs im Anodenschenkel.

Das Depolarisationsvermögen einer Kohle-Braunsteinmasse ist offenbar um so grösser, je stärker der Strom sein darf, der eben noch Wasserstoffblasen entbindet, d. h. die Kathode eben polarisiert. Um die Leistungsfähigkeit von Kohle-Braunsteinstäben mit verschiedenem Mangansuperoxydgehalt[1]) zu prüfen, wurden in den Stromkreis des Apparates Fig. 66 noch ein Knallgasvoltameter von der Gestalt des HOFMANNschen, mit zwei Platinelektroden versehenen U-Rohres, ein Galvanoskop und ein Regulierwiderstand eingeschaltet. Mittels der beiden letzteren war es möglich, die Stromstärke längere Zeit konstant zu erhalten.

Die Tabelle XXVI giebt eine Übersicht über die Resul-

[1]) Solche Elektroden werden angefertigt in DR. A. LESSINGS Fabrik galvanischer Kohlen und Apparate in Nürnberg.

Tab. XXVI.

1	2	3	4	5	6	7	8	9	10	11
Gehalt an MnO_2	Anfangs erfolgte die Wasserstoffentbindung eben bei	Bei der nahezu konstanten Stromstärke von 0,072 Amp. wurden entwickelt in						In den nächsten 75 Minuten wurden bis zur beginnenden Polarisation entwickelt		
		den ersten 25 Minuten			den folgenden 25 Minuten					
		im Voltameter	im Versuchsapparat	also durch MnO_2 wurden gebunden	im Voltameter	im Versuchsapparat	also durch MnO_2 wurden gebunden	im Voltameter	im Versuchsapparat	bei
0,03 %	0,056 Amp.	12,66 cm^3 H 6,33 cm^3 O	4,59 cm^3 H 5,96 cm^3 O	63,74 % H	12,84 cm^3 H 6,42 cm^3 O	4,60 cm^3 H 6,19 cm^3 O	61,06 % H	9,40 cm^3 H 4,70 cm^3 O	0,50 cm^3 H 4,30 cm^3 O	0,018 Amp.
2,60 %	0,090 Amp.	13,04 cm^3 H 6,52 cm^3 O	2,92 cm^3 H 6,39 cm^3 O	77,66 % H	13,98 cm^3 H 6,99 cm^3 O	4,47 cm^3 H 6,35 cm^3 O	68,03 % H	12,86 cm^3 H 6,43 cm^3 O	0,69 cm^3 H 5,52 cm^3 O	0,024 Amp.
13,00 %	0,120 Amp.	12,60 cm^3 H 6,30 cm^3 O	0,00 cm^3 H 5,30 cm^3 O	100,00 % H	12,90 cm^3 H 6,45 cm^3 O	0,00 cm^3 H 6,36 cm^3 O	100,00 % H	18,38 cm^3 H 9,19 cm^3 O	0,92 cm^3 H 8,96 cm^3 O	0,035 Amp.

tate der Messungen, welche das Wesen eines Leclanché-Elementes darthun. Die Gasvolumina sind sämtlich auf Normalvolumina reduciert.

Die Zahlen der Kolumnen 2, 5, 8 und 11 zeigen, dass das Depolarisationsvermögen einer Kohle-Braunsteinkathode mit dem Superoxydgehalt, wenn auch nicht direkt proportional, steigt und bei längerem Gebrauch der Kette nach und nach abnimmt. Ferner wird die Thatsache demonstriert, dass das Leclanché-Element nur für kürzere Dauer einen konstanten Strom liefert, sich aber bei längerer Inanspruchnahme um so leichter polarisiert, je weniger Superoxyd es enthält. Da in den Kohle-Braunsteincylindern der in der Reichstelegraphie verwendeten Elemente durchschnittlich nur 1,5 % MnO_2 vorhanden ist, so darf der einer solchen Zelle zu entnehmende Strom höchstens 0,07 Amp. betragen. Hat man einen stärkeren Strom nötig, so sind mehrere Zellen in Parallelschaltung zu benutzen. Die zuweilen geäusserte Meinung, der Braunsteingehalt der Kohlekathode sei überhaupt überflüssig, ist deshalb unrichtig, da dem Versuch gemäss reine Kohle nicht depolarisiert.

Nach den Kolumnen 4, 7 und 10 der Tabelle XXVI bleibt das Sauerstoffvolumen des Versuchsapparates hinter demjenigen des Voltameters etwas zurück. Dies erklärt sich dadurch, dass das an der Kathode entstehende Mangansulfat in den Anodenschenkel diffundiert und hier wahrscheinlich zu $Mn_2(SO_4)_3$ oder noch höher oxydiert wird, denn thatsächlich nimmt der Elektrolyt an der Anode sehr bald eine rosarote Färbung an.

Die gebräuchlichen Leclanché-Elemente, deren Kohlekathode in ein Gemenge von Braunsteinkörnern und Retortengraphit eingebettet ist, haben eine elektromotorische Kraft von 1,48 Volt und einen Widerstand von 0,3bis0,8 Ohm. Nach dem Typus dieser Elemente sind auch die meisten sogenannten Trockenelemente konstruiert, in denen der Elektrolyt durch eine indifferente Substanz kapillar gebunden und vor dem Eintrocknen in der Regel noch durch einen besonderen Verschluss aus Pech geschützt ist. In den Fällen, wo das Gefäss des Elementes aus Zinkblech gefertigt ist, dient es gleichzeitig als Anode, z. B. beim Gassnerschen Element.

§ 4. MARÉCHALS Aktinometer.

In die Kategorie der LECLANCHÉ-Elemente ist auch der als elektrochemisches Aktinometer bezeichnete Apparat von MARÉCHAL[1]) zu rechnen. Das Princip desselben demonstriert folgender Versuch. In dem Holzkasten K (Fig. 67), welcher durch den Deckel D und den Schieber S lichtdicht geschlossen werden kann, befindet sich der mit einer 8-procentigen Kaliumjodidlösung gefüllte, rektanguläre Trog T. P_1 und P_2 sind zwei mit den Klemmschrauben k und a versehene Kupferplatten, von denen die erstere auf besondere Art präpariert ist. Nachdem sie poliert ist, wird sie über dem Bunsenbrenner einige Augenblicke vorsichtig erhitzt, bis sich eine festhaftende, orangerote Schicht von Kupferoxydul gebildet hat. Alsdann wird die eine Fläche mit geschmolzenem Paraffin, die andere mit einer dünnen Gelatinelösung bestrichen. Letztere wird nach dem Trocknen mit einer Malachitgrünlösung (1 : 1000)[2]) imprägniert. Auf die Paraffinschicht befestigt man die blanke Platte P_2 mittels seidener Fäden und senkt beide Platten (P_1 nach vorn gewendet) in den Trog T ein, der vor dem Versuch vor der Belichtung zu schützen ist. Nach der Verbindung des so vorbereiteten Apparates mit dem kleinen Galvanoskop giebt sich ein schwacher Ausschlag zu erkennen, der aber bald verschwindet. Stellt man nun $^1/_2$ m weit vor dem Apparat eine Magnesium-

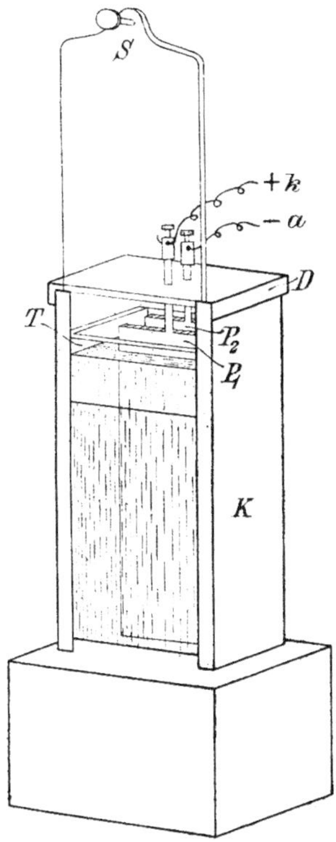

Fig. 67.

[1]) L'éclairage électrique **6**, 445—454, 540—549, 588—590. 1896.

[2]) Diese Lösung dient als Sensibilisator, indem sie die wirksamen Lichtstrahlen absorbiert.

lampe auf oder brennt einfach einen Magnesiumstreifen ab, nachdem man zuvor den Schieber S emporgezogen hat, so schlägt die Nadel auf Teilstrich 7 in dem Sinne aus, dass die oxydierte, belichtete Platte Kathode ist. Beim Herunterdrücken des Schiebers nimmt sie die Nulllage wieder ein.

Offenbar veranlasst das Licht eine derartige chemische Veränderung des Elektrolyten, dass die Bedingungen zur Entstehung des Stromes gegeben sind. Nach der Gleichung

$$2\,JK + 2\,H_2O = 2\,KOH + 2\,JH$$

bildet sich infolge der Belichtung Jodwasserstoff. Die Wasserstoffionen des letzteren werden durch die Hydroxylionen, welche der Sauerstoff der Oxydulschicht der Platte P_1 bei Gegenwart des Wassers vermöge seiner Lösungstension zu erzeugen bestrebt ist, oxydiert, während die von P_1 abgestossenen Jodionen von der blanken Platte P_2 Kupfer lösen. Die Platte P_1 ist daher die Kathode, die Platte P_2 die Anode.

Obige Versuchsanordnung ist, weil sie für Unterrichtszwecke bestimmt ist, so gewählt, dass der Strom nahezu die Maximalstärke hat. Bei schwächeren Koncentrationen des Elektrolyten reagiert das Element, wie ein feineres Galvanometer beweist, sogar auf eine mehrere Meter entfernte Kerzenflamme. Maréchal hat die genaueren Beziehungen der elektromotorischen Kraft seines Apparates zu den massgebenden Faktoren experimentell ermittelt und ihn daraufhin als Aktinometer in meteorologischen Observatorien und als Photometer für die Beleuchtungstechnik empfohlen. Jedenfalls ist dieser Apparat insofern von grossem Interesse, als er ein durch das Experiment leicht zu veranschaulichendes Beispiel dafür bietet, wie die Lichtenergie unter der Vermittlung der chemischen Energie in elektrische Energie übergehen kann.

9. Kapitel.

Die Akkumulatoren.

§ 1. Allgemeines.

Die Idee, durch die Vorgänge der Elektrolyse die Bedingungen für galvanische Elemente zu schaffen, oder mit anderen Worten, die elektrische Energie in Form von chemischer so zu deponieren, dass die letztere nach Bedarf in die erstere wieder übergeführt werden kann, war bereits durch die Gasketten gegeben. Doch konnte dieses Princip einer Aufspeicherung von Elektricität erst dann für die Praxis Verwendung finden, als es gelang, das teure Platin durch ein billiges Metall zu ersetzen, dessen chemischer Charakter es gleichzeitig gestattete, dass der elektrolysierende Strom statt gasförmiger feste Produkte lieferte. Es ist das Verdienst Plantés, in dem Blei das Material erkannt zu haben, welches diesen Anforderungen entspricht. Seine ersten Versuche stammen aus dem Ende der fünfziger Jahre. Im Jahre 1879 hatte er sie soweit gefördert, dass an ihrer praktischen Bedeutung nicht mehr gezweifelt werden konnte. Auf Grund des Patentes von Faure und der mannigfachen Modifikationen desselben hat sich dann die Fabrikation der Akkumulatoren bis auf den heutigen Tag in so rationeller Weise entwickelt, dass die Elektrotechnik von diesen galvanischen Elementen den ausgiebigsten Gebrauch macht. Aber auch in den wissenschaftlichen Laboratorien und den Unterrichtsanstalten haben sie sich so eingebürgert, dass die anderen galvanischen Stromquellen höchstens noch in den Fällen in Betracht kommen, wo sehr schwache Ströme gefordert werden.

Es liegt daher in der Natur der Sache, dass eine reichhaltige Litteratur über das Kapitel der Akkumulatoren entstanden ist. An dieser Stelle soll nur das Wesentlichste derselben kurz zusammengefasst werden, um dem Leser einen Einblick in den Charakter dieser Stromquellen zu gewähren und ihn zum Studium grösserer Werke vorzubereiten.

Der Konstruktion nach schliessen sich die Akkumulatoren

dem Typus der LECLANCHÉ-Elemente an. Die Tröge von rektangulärer Form enthalten mässig verdünnte, etwa 30-procentige Schwefelsäure. Als Elektroden dienen Bleiplatten, denen die „aktive Masse“ einverleibt ist, und zwar besteht letztere, falls der Akkumulator in völlig geladenem Zustand vorliegt, an der Anode aus porösem Blei, an der Kathode aus Bleisuperoxyd. Die Elektroden des Systems BÖSE,[1]) das sich bisher wohl bewährt hat, sind ganz aus aktiver Masse, die nur von einem Bleirahmen umschlossen ist, zusammengesetzt. Das Bleisuperoxyd derselben leitet den Strom wie ein Metall. In den einfacheren Formen der Akkumulatoren befinden sich drei Platten, nämlich zwei parallel geschaltete Anoden und zwischen diesen eine Kathode. Die grösseren Formen enthalten eine grössere Anzahl von Elektroden, die immer so angeordnet sind, dass $n + 1$ Anoden mit n Kathoden abwechseln, und dass die Elektroden jeder Art unter sich durch angelötete Bleistreifen verbunden sind.

Die chemischen Vorgänge in den Akkumulatoren sind im allgemeinen ersichtlich. Die Bleianode schickt Ionen in den Elektrolyten, und die Wasserstoffionen des letzteren werden vom Bleisuperoxyd oxydiert. Da aber die Ionisierungstendenz des Bleies von der Haftintensität der Wasserstoffionen nur wenig abweicht, also sehr gering ist, so wird die elektromotorische Kraft der Akkumulatoren, die durchschnittlich den hohen Wert von 2 Volt erreicht, vor allem durch das elektrochemische Verhalten des Bleisuperoxyds hervorgerufen werden müssen.

§ 2. Die Vorgänge beim Entladen der Akkumulatoren.

Fig. 68 stellt ein HOFMANNsches U-Rohr dar. *K* ist ein Platinblech, *A* ein aus der Bleiplatte eines BÖSEschen Akkumulators gesägtes Prisma von 1 cm^2 Querschnitt und 10 cm Länge. Steht ein solches, das ohnehin sehr zerbrechlich ist, nicht zur Verfügung, so ersetze man dasselbe durch einen cylindrischen Bleistab, welcher kurz vor dem Versuch in folgender Weise mit porösem Blei zu versehen ist. Man drücke

[1]) W. A. BOESE & Co., Berlin, SO, Köpenickerstrasse 154.

in den Stab sechs tiefe Längsrinnen ein, fülle dieselben mit einem dicken Brei von Mennige und koncentrierter Schwefelsäure aus, befestige ihn mittels zweier Pfropfen axial in einem Bleiblechcylinder und reduciere die dem Stab anhaftende Mennige auf elektrolytischem Wege, indem man den Stab als Kathode und den Bleiblechcylinder als Anode in verdünnte Schwefelsäure (1 : 4) einsenkt und beide 6 bis 8 Stunden der Wirkung von 2 Akkumulatoren aussetzt. Wird nun der Apparat Fig. 68 nach Anbringung der Elektroden und Füllung mit verdünnter Schwefelsäure (1 : 6) an das kleine Galvanoskop angeschlossen, so erweist sich *A* als Anode. Nach der Gleichung

$$Pb + H_2^{\cdot\cdot}SO_4'' = Pb^{\cdot\cdot}SO_4'' + H_2$$

entsteht Wasserstoff, der am Platinblech *K* aufsteigt. Bei 60 Minuten langem Kurzschluss sammeln sich im Kathodenschenkel etwa 20 cm^3 Wasserstoff an, also eine Menge, die weit geringer ist, als wenn die Bleianode durch eine solche von Zink vertreten würde. Da nur eine kleine Quantität Bleisulfat in der Säure löslich ist, so scheidet sich der grösste Teil dieses Salzes in fester Form am Bleistab ab.

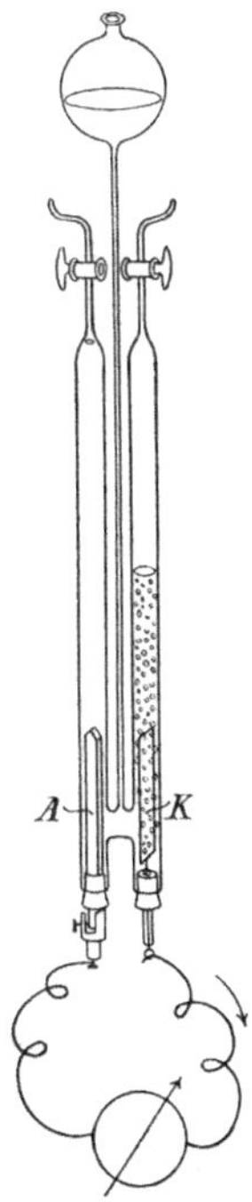

Fig. 68.

Bleibt die durch den Apparat Fig. 68 gebildete Kette kurz nach der Reduktion des Bleistabes einige Zeit offen stehen, so erheben sich langsam Wasserstoffbläschen von *A* aus. Dies beweist, dass das poröse Blei während der Reduktion Wasserstoff zu okkludieren vermag. Dieselbe Erscheinung ist auch an den Anoden der frisch geladenen Akkumulatoren zu beobachten und hat hier zur Folge, dass sich die elektromotorische Kraft derselben unmittelbar nach der Ladung auf 2,4 Volt beläuft.

Um die Wirkungsweise der Bleisuperoxydelektrode der Akkumulatoren zu demonstrieren, befestige man in einem Hofmannschen U-Rohr nach Fig. 66 neben der Platinanode *A* ein aus der Kathodenplatte eines Böseschen Akkumulators geschnittenes Prisma von 1 cm^2 Querschnitt und 10 cm Länge. Die Masse desselben enthielt in dem vorliegenden Versuch

51,8 % PbO_2 bezw. 3,3 % verfügbaren Sauerstoff. Hinter diesen Apparat schalte man einerseits noch ein entsprechend konstruiertes HOFMANNsches U-Rohr, dessen Kathode ein Kohlebraunsteinprisma mit 35,7 % MnO_2 bezw. 6,6 % verfügbarem Sauerstoff ist, andrerseits ein HOFMANNsches Knallgasvoltameter ein. Werden nun diese drei mit verdünnter Schwefelsäure (1 : 6) gefüllten Apparate mit einer Batterie von 20 Akkumulatoren verbunden, so entwickeln sich nach 12 Minuten an den Platinanoden gleich grosse Mengen Sauerstoff, nämlich 31 cm^3. Von der Platinkathode des Knallgasvoltameters steigen demnach 62 cm^3 Wasserstoff auf. Die an der Kohlebraunsteinkathode entbundene Wasserstoffmenge beträgt 41 cm^3. Dagegen zeigt sich der Schenkel der Bleisuperoxydkathode vollkommen gasfrei. Folglich besitzt das Bleisuperoxyd ein viel stärkeres Depolarisationsvermögen als das Mangansuperoxyd. Während sich jenes Kohlebraunsteinprisma schon bei einem Strom von 0,063 Amp. polarisiert, vermag ein Bleisuperoxydprisma obiger Grösse sogar einen Strom von 4 Amp. auszuhalten, ohne dass Wasserstoff frei wird, d. h. ohne dass die elektromotorische Kraft eines Akkumulators mit Platten von entsprechender Grösse durch die Polarisation geschwächt wird. Dies ist im allgemeinen auch die maximale Stromintensität, bei welcher man einen Akkumulator mit nur drei Elektroden von etwa 12×18 cm Oberfläche auf einige Zeit entladen darf. Jedoch kann sich dieses Maximum bei gehöriger Grösse oder Anzahl der Elektroden sogar auf 20 Amp. belaufen.

Vergleicht man das Verhalten der Kohlebraunstein- und Bleisuperoxydkathoden, so muss es sehr auffallen, dass die letzteren trotz ihres geringeren Gehaltes an verfügbarem Sauerstoff weit kräftiger depolarisierend wirken, und dass die elektromotorische Kraft der Akkumulatoren derjenigen der LECLANCHÉ-Elemente bei weitem überlegen ist. Die Erklärung dieses ausserordentlichen Vorzugs der Akkumulatoren hat LIEBENOW[1]) durch eine Theorie erbracht, welche auf verschiedenen Wegen durch die Arbeiten andrer Forscher bestätigt ist. LIEBENOW nimmt an, dass das feste Bleisuperoxyd in

[1]) Ztschr. für Elektrochemie 2, 420—422. 1895/96.

verdünnter Schwefelsäure eine hohe Tendenz besitzt, die zweiwertigen Anionen PbO_2'' zu bilden, so dass die Elektrode ein starkes positives Potential erhält. Auch das Jod lieferte ja ein Beispiel dafür, dass ein fester Körper in Anionenform in den Elektrolyten eintreten kann (S. 172). Das wirkliche Bestehen der PbO_2-ionen wird übrigens auch durch die Existenz der Plumbate gefordert, nämlich der löslichen Salze der Säure $H_2^{\cdot\cdot} PbO_2''$, in denen der Wasserstoff durch Kalium oder Natrium vertreten ist. Die an der Kathode der Akkumulatoren beim Entladen sich abspielenden Vorgänge bestehen nun nach LIEBENOW zunächst darin, dass mit grosser Vehemenz die Anionen PbO_2'' von der Superoxydplatte in den Elektrolyten getrieben werden. Hier wirken sie anziehend auf die von der Bleiplatte verdrängten Wasserstoffionen und oxydieren dieselben zu Wasser:

$$PbO_2'' + H_2^{\cdot\cdot} = H_2O + PbO.$$

Das PbO aber geht mit der Schwefelsäure nach der Gleichung:

$$PbO + H_2^{\cdot\cdot}SO_4'' = H_2O + Pb^{\cdot\cdot} SO_4''$$

sofort in Bleisulfat über, welches sich allmählich, da es wegen seiner geringen Löslichkeit in der Schwefelsäure nur in beschränktem Masse bestehen kann, an der Kathode in fester Form ausscheidet.

Fasst man die Vorgänge, wie sie an den beiden Elektroden der Akkumulatoren beim Entladen stattfinden, zusammen, so ergiebt sich:

$$Pb + 2\,H_2\,SO_4 + PbO_2 = 2\,Pb\,SO_4 + 2\,H_2O.$$

Für je 1 Grammatom Pb der Anode und je 1 Grammmolekel PbO_2 der Kathode, die in Sulfat verwandelt werden, müssen $2 \times 96\,500$ Coul. den Stromkreis passieren. Wie man sieht, nimmt bei fortgesetztem Gebrauch der Akkumulatoren die Menge der Schwefelsäure ab, und da sich mit dem Koncentrationsgrad derselben das specifische Gewicht verringert, so kann man an dem Stand eines in den Elektrolyten eingesenkten Aräometers ungefähr beurteilen, welche Elektricitätsmengen einem Akkumulator bereits entnommen sind, und welche er noch enthält.

Die hohe elektromotorische Kraft und Konstanz der Akkumulatoren wird ferner durch die Versuchsanordnung Fig. 69 dargethan, bei welcher die Vorgänge an der Anode und Kathode zugleich zur Geltung kommen. In dem einen Schenkel der mit verdünnter Schwefelsäure (1:4) gefüllten Zelle *Z*, welche dieselbe Form wie im Apparat Fig. 64 hat, ist der oben beschriebene cylindrische Bleistab *A* luftdicht befestigt, während in dem den anderen Schenkel verschliessen-

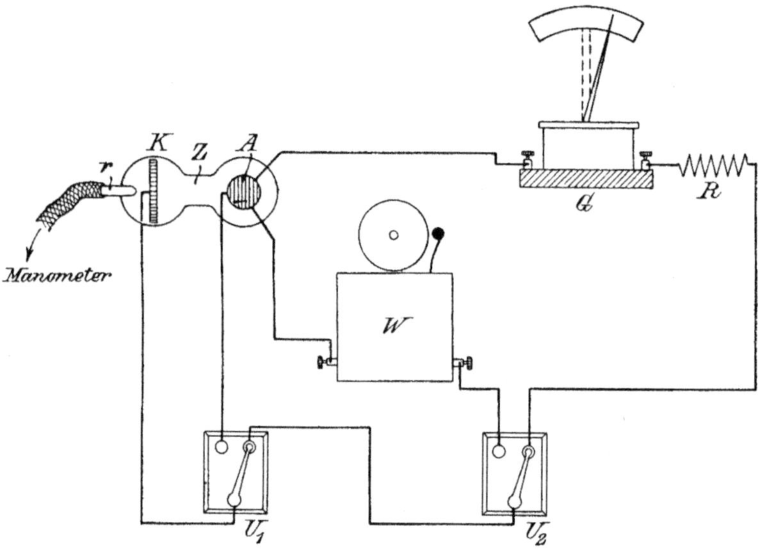

Fig. 69.

den Pfropfen die platinierte Platinelektrode *K* nebst einem rechtwinklig gebogenen Röhrchen *r*, welches mittels eines Schlauches mit einem Manometer des Looserschen Doppelthermoskops verbunden wird, angebracht ist. Der Umschalter U_1 ermöglicht einerseits den Kurzschluss der Zelle *Z*, andrerseits mittels des zweiten Umschalters U_2 den Anschluss der Zelle sowohl an den Wecker *W*, als an das grosse, mit dem Widerstand *R* von 100 Ohm versehene Galvanoskop *G*. Das Element $Pb/H_2SO_4/Pt$ vermag den Wecker *W* nicht in Thätigkeit zu setzen. Die Nadel des Galvanoskops bewegt sich nur auf Teilstrich 2, und während dasselbe eine Minute angeschlossen bleibt, steigt das Manometer infolge der Wasserstoffentwicklung um 1 cm. Das Manometer steigt in der nämlichen Zeit bei Kurzschluss um 13 cm, und wird hierauf *Z* wieder mit *G* verbunden, so schlägt die Nadel nur noch auf Teilstrich 1 aus. Nunmehr ersetze man *K* durch eine Bleiplatte. Dieselbe enthält in eingravierten Längsrinnen eine gewisse Menge Bleisuperoxyd, welches dadurch erzeugt wurde, dass man die Platte, nachdem die Rinnen mit dem Gemisch von Mennige und koncentrierter Schwefelsäure ausgefüllt waren, als Anode der Wirkung der Elektrolyse der Schwefelsäure etwa 10 Stunden lang aussetzte. Wird jetzt die Verbindung der Zelle *Z* mit dem Wecker hergestellt, so schlägt derselbe kräftig an, während ihn ein LECLANCHÉ-Element wenig beeinflusst. Die Nadel des Galvanoskops bewegt sich auf Teilstrich 9. Eine Gasentwicklung macht sich erst infolge längeren Kurzschlusses bemerkbar. Dauert letzterer nur 1 Minute, so bleibt das Manometer fast unverändert, und wird hierauf kurze Zeit das Galvanoskop wieder angeschlossen, so erstreckt sich der Ausschlag wie vorher auf Teilstrich 9. Während eines 5 Minuten anhaltenden Kurzschlusses wird die Flüssigkeit des Manometers um 2 cm gehoben, es erfolgt also eine schwache Polarisation, so dass bei der Verbindung mit dem Galvanoskop die Nadel sich auf Teilstrich 6 einstellt. Lässt man jedoch den Akkumulator 10 Minuten offen stehen, so hat er sich soweit „erholt“, dass der Nadelausschlag 8 Teilstriche beträgt. Da die Superoxydschicht auf der Kathode nur gering ist, so darf man an dieselbe keine höheren Ansprüche stellen.

§ 3. Die Vorgänge beim Laden der Akkumulatoren.

Die elektromotorische Kraft eines Akkumulators wird nach längerem Gebrauch desselben geschwächt. Ist sie auf 1,8 Volt gesunken, so fällt sie bei weiterer Stromentnahme rapid ab. Ein grosser Teil der aktiven Massen beider Elektroden ist in Sulfat verwandelt. Der Akkumulator ist erschöpft.

Die Akkumulatoren sind aber nicht bloss konstante, sondern auch reversible Ketten, denn die Konstruktion derselben gestattet es, durch Einführung eines umgekehrt gerichteten Stromes die Processe der Entladung an beiden Elektroden rückgängig zu machen. Beim Laden wird an der Bleielektrode die Sulfatschicht zu Blei reduciert und an der andern Elektrode zu Superoxyd oxydiert.

Folgender Versuch veranschaulicht das Laden eines Akkumulators, sowie insbesondere auch die Formierung desselben nach dem früheren PLANTÉschen Verfahren, von welchem die neueren Verfahren im Princip nicht wesentlich abweichen. Fig. 70 stellt einen Glastrog dar, der mit verdünnter Schwefelsäure (1 : 4) gefüllt ist. In den Rinnen der schmalen Seitenwände desselben sind die Bleiplatten P_1, P_2 und P_3 so angebracht, dass sie leicht herausgehoben werden können. Sie sind mit einer dünnen Schicht Bleisulfat überzogen, wenn sie, nachdem sie mittels einer Stahldrahtbürste sorgfältig gereinigt waren, der Wirkung der Säure mehrere Stunden ausgesetzt wurden. In solchem Zustand ist die Zelle natürlicherweise stromlos. Die Platten P_2 und P_3 sind untereinander verbunden. An sie wird mittels der Klemmschraube k der negative Pol einer aus zwei Akkumulatorenzellen bestehenden Ladungsbatterie angelegt. Der positive Pol der letzteren wird an die Klemmschraube a der Platte P_1 befestigt. Nach etwa 20 Minuten langem Stromdurchgang zeigt sich die Platte P_1 beiderseits von einer tiefbraunen Superoxydschicht bedeckt, während die Platten P_2 und P_3 infolge der Reduktion des Bleisulfats, sowie durch die Okklusion des Wasserstoffs mattgrau erscheinen. Schon nach jener kurzen Dauer der Ladung ist der Strom der Zelle kräftig genug, um einen Wecker in Bewegung zu setzen. Er reicht sogar aus, verdünnte Schwefelsäure zu zerlegen. Fertigt man sich mindestens drei solcher Zellen (Fig. 70) an und ladet und entladet sie wiederholt, so lässt sich zeigen, dass die Strommengen, die sie bis zur Er-

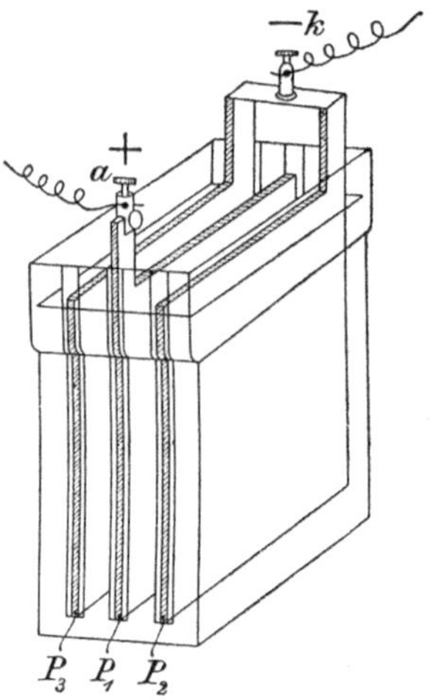

Fig. 70.

schöpfung liefern, mit jedem Mal wachsen. Die Gasmengen nämlich, welche sich beim Entladen am Knallgasvoltameter ergeben, oder die Anzahl der Minuten, innerhalb deren ein Glühlämpchen von etwa 5 Volt brennt, nehmen um so mehr zu, je öfter jene Ladung und Entladung vor sich gegangen ist, je mehr also die Mengen der aktiven Massen zugenommen haben.

Die Vorgänge an den Elektroden während des Ladens müssen insgesamt der Gleichung

$$2\,PbSO_4 + 2\,H_2O = Pb + 2\,H_2SO_4 + PbO_2$$

genügen. Ein Teil des Bleisulfats ist im Elektrolyten gelöst. An der mit dem negativen Pol der ladenden Batterie verbundenen Platte scheiden sich die Bleiionen ab. Neue Mengen Sulfat lösen sich, und die Neutralisation der Bleiionen wiederholt sich. Die disponiblen SO_4-ionen wandern zur anderen Elektrode, die mit dem positiven Pol des Ladungsstromes verbunden ist. Hier werden für jedes ankommende SO_4-ion zwei Wasserstoffionen gebildet, indem ein Bleiion seine positiven Ladungen an den Wasserstoff einer Wassermolekel abgiebt und sich mit dem Sauerstoff der letzteren zu PbO vereinigt. Zugleich aber werden auf Kosten des Ladungsstromes für das noch überschüssige SO_4-ion (siehe obige Gleichung) zwei andere Wasserstoffionen aus einer zweiten Wassermolekel geschaffen, deren Sauerstoff jenes PbO zu PbO_2 ergänzt. Demnach wird an der einen Elektrode (unter Verbrauch zweier negativer Ladungsmengen) Blei reduciert, an der anderen (unter Verbrauch zweier positiver Ladungsmengen des ladenden Stromes) Blei oxydiert, und gleichzeitig werden zwei Molekeln Säure frei, wodurch die Koncentration des Elektrolyten allmählich wieder wächst. Ist schliesslich das Sulfat an beiden Elektroden in aktive Masse umgewandelt, so ist die Ladung beendet, und bei weiter fortgesetzter Ladung würden unnützerweise Wasserstoff und Sauerstoff entwickelt werden. Wenn die Intensität des ladenden Stromes in Anbetracht der Dimensionen des Akkumulators zu gross ist, so tritt die Gasentwicklung auch schon vor völlig beendeter Ladung ein, da zu jenen Umsetzungen nicht die erforderliche Zeit geboten wird. Natürlich wird hierdurch ebenfalls ein Verlust von Elektricität herbeigeführt.

In der Technik wird das Laden der Akkumulatoren mit

Dynamomaschinen ausgeführt, und zwar womöglich zu einer Zeit, wo jene anderwärts nicht in Anspruch genommen sind. Zum Laden einer kleineren Zahl von Akkumulatoren, die als Stromquelle beim Experimentieren dienen sollen, sind vielfach die GÜLCHERschen Thermosäulen empfohlen worden. Anstatt der letzteren sind auch die in der Reichstelegraphie verwendeten und zu einem mässigen Preis zu beschaffenden DANIELL-Elemente des Systems KRÜGER brauchbar. Dieselben sind, wie Fig. 71 zeigt, konstruiert. Das Gefäss *g* von 1 Liter Inhalt enthält als Anode einen dickwandigen Zinkring *Zn*, der mittels dreier Zapfen auf dem Rande des Gefässes hängt. *P* ist eine als Kathode dienende Bleiplatte, in welche der Bleistab *s* eingegossen ist. Man füllt das Gefäss mit Wasser, löst darin ungefähr 20 g Zinksulfat auf und bringt dann auf den Boden etwa 100 g Kupfersulfatkrystalle. Die so vorgerichteten Zellen kombiniert man in entsprechender Weise zu einer Batterie, die man in einem Schrank ruhig stehen lassen muss, damit eine Mischung der Salzlösungen möglichst vermieden wird. Die elektromotorische Kraft eines derartigen Kupferelementes ist nach einigen Stunden 1 Volt, bleibt mehrere Wochen konstant und sinkt dann auf 0,95 Volt.

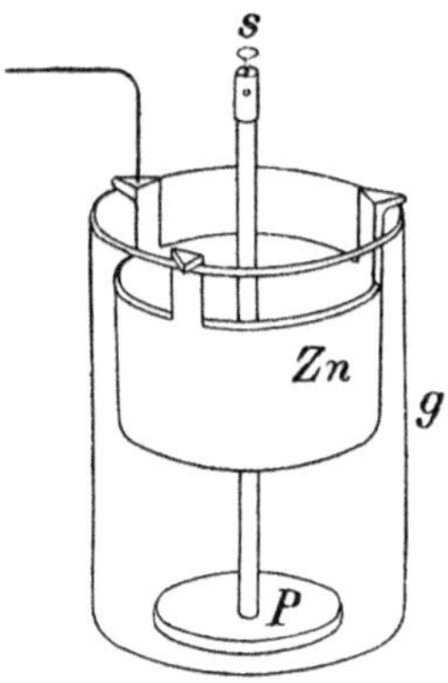

Fig. 71.

Je nach der Koncentration der Lösungen beträgt der innere Widerstand 3 bis 8 Ohm. Daher ist die Intensität des zu entnehmenden Stromes gering, schwankt aber, selbst im Verlauf mehrerer Monate, nur innerhalb enger Grenzen, wenn man die nötigen Mengen Kupfervitriol hinzufügt. Die Zinkringe halten längere Zeit aus. Mittels eines Kontaktes schliesst man diese Batterie der KRÜGER-Elemente an die zu ladenden Akkumulatoren an und schaltet sie nach etwa stattgefundener Benutzung des Akkumulatorstroms sogleich wieder ein, um weiter zu laden.

Folgendes Beispiel möge erläutern, wie man etwa die Schaltung einer solchen Ladungs- und einer Akkumulatorenbatterie vornehmen könnte. Es seien 8 Akkumulatorenzellen mit 36 Krüger-Elementen zu laden. Je 12 der letzteren schliesse man hintereinander zu einer Reihe und kombiniere die drei Reihen parallel. Die 8 Akkumulatoren ordne man zu je vier hintereinander, verbinde beide Reihen parallel und lege die Pole der Ladungsbatterie an, wie es Fig. 72 zeigt.

Ist die elektromotorische Kraft eines Krüger-Elementes 1 Volt, und sein innerer Widerstand 5 Ohm, und setzt man die elektromotorische Gegenkraft eines Akkumulators gleich 2,2 Volt, so liefert die Ladungsbatterie, wenn man von dem geringen Widerstand der Akkumulatoren absieht, einen Strom von der Intensität

$$i = \frac{12 - 2{,}2 \times 4}{12 \times 5 : 3} = 0{,}16 \text{ Amp.}$$

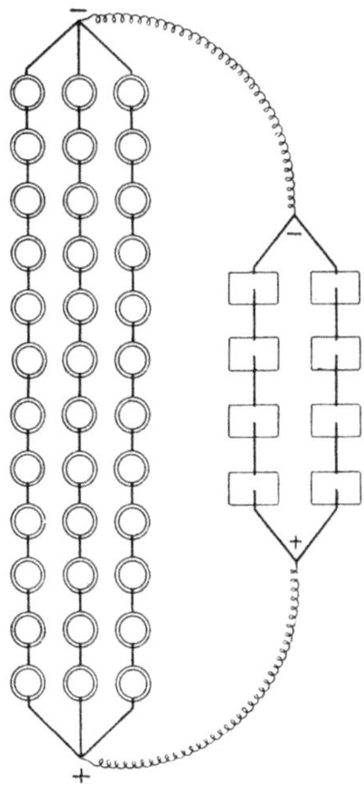
Fig. 72.

Wenn nun die Kapacität (S. 257) eines Akkumulators 40 Ampère-Stunden beträgt, so sind wegen der Parallelschaltung der beiden Akkumulatorenreihen von der Ladungsbatterie 80 Ampère-Stunden zu leisten. Demnach wird die Akkumulatorenbatterie in 80/0,16 = 500 Stunden geladen sein. Das Beispiel zeigt deutlich, dass die Akkumulatoren im wahren Sinne des Wortes Aufspeicherungsvorrichtungen sind. Denn langsam sammelt sich in ihnen die elektrische Energie an, lässt sich aber daraus beliebig wieder entnehmen, sowohl in geringen als auch in grösseren Quantitäten, die sich im vorliegenden Fall auf 72 Volt-Amp., wenigstens für kürzere Zeit, belaufen dürften. Da ferner 1 Amp. während einer Stunde 1,181 g Kupfer ausscheidet, also 4,651 g krystallisiertes Kupfersulfat und 1,213 g Zink verbraucht werden, so konsumiert die Ladungsbatterie während der Dauer der Ladung 3 × 80/3 × 12 × 0,004651 = 4,5 kg Kupfersulfat und 1,2 kg Zink.

Bedeutet allgemein

m die Zahl der KRÜGER-Elemente,
e deren elektromotorische Kraft,
w den inneren Widerstand eines derselben,
p die Zahl der hintereinander geschalteten KRÜGER-Elemente,
n die Zahl der Akkumulatorenzellen,
π die elektromotorische Gegenkraft derselben,
q die Zahl der hintereinander geschalteten Akkumulatorenzellen,

so wird, wenn der Widerstand der letzteren übersehen wird, die Akkumulatorenbatterie geladen mit einer Stromintensität

$$i = \frac{(ep - \pi q)m}{wp^2} \text{ Amp.}$$

Nun habe eine Akkumulatorenzelle die Kapacität C Ampère-Stunden. Der ladende Strom muss mithin C.n/q Ampère-Stunden liefern. Bezeichnet also t die Stundenzahl der Ladungsdauer, so ist

$$it = C \cdot \frac{n}{q},$$

woraus sich

$$t = C \cdot \frac{nw}{m} \cdot \frac{p^2}{q(ep - \pi q)} \text{ Stunden}$$

ergiebt. Hieraus folgt weiter, dass, wenn C, n, w, m, e und π konstant bleiben, t ein Minimum wird, wenn

$$p = \frac{2\pi}{e} q$$

ist, und für diesen Fall ist

$$t = C \cdot \frac{nw}{m} \cdot \frac{4\pi}{e^2} \text{ Stunden.}$$

Man muss mithin, um am schnellsten zu laden, derartig schalten, dass die Zahl der hintereinander geschalteten ladenden Elemente etwa das Viereinhalbfache der in einer Reihe hintereinandergeschalteten Akkumulatorenzellen beträgt.

§ 4. Der Nutzeffekt.

Die in Ampère-Stunden auszudrückende und dem Gesamtgewicht der ausfliessenden Wassermasse einer Wasserleitung vergleichbare Elektricitätsmenge, welche ein Akkumulator liefern kann, heisst seine Kapacität. Sie ist bedingt durch das auf 1 kg der Platten kommende Gewicht der aktiven Masse.

Die Arbeits- oder Energiegrösse eines Akkumulators wird nach Wattstunden bestimmt. Sie entspricht dem Produkt aus der ausfliessenden Wassermasse und der Druckhöhe des Wasserreservoirs, ist also von dem Verhalten der elektromotorischen Kraft des Akkumulators abhängig.

Die beim Entladen eines Akkumulators erzielbare Elektricitätsmenge ist nahezu gleich der beim Laden aufgewendeten, falls die Stromintensitäten niedrig genug gehalten werden. Der wirkliche Nutzeffekt an Elektricitätsmenge beträgt bei den besseren Typen 90 bis 96 %. Wird z. B. ein Akkumulator in 18 Stunden bei der mittleren Stromintensität von 2 Amp. geladen und in 8 Stunden mit 4,25 Amp. durchschnittlicher Stromintensität entladen, so ist der Nutzeffekt in Ampèrestunden

$$\frac{4{,}25 \cdot 8}{2 \cdot 18} = 0{,}944 = 94{,}4\,\%.$$

Die Differenz rührt daher, dass sich gewisse Partieen der Platten schneller laden bezw. entladen als andere, so dass eine Gasentwicklung nicht ganz zu vermeiden ist.

Grösser sind die Differenzen der aufgewendeten und gewinnbaren Watt-Stunden. Der Energienutzeffekt beläuft sich selbst bei mässiger Inanspruchnahme der Akkumulatoren nur auf 75 bis 85 %. Ist im obigen Fall die mittlere Spannung beim Laden 2,2 Volt und beim Entladen 1,97 Volt, so ist der Nutzeffekt in Watt-Stunden

$$\frac{1{,}97 \cdot 4{,}25 \cdot 8}{2{,}2 \cdot 2 \cdot 18} = 0{,}845 = 84{,}5\,\%.$$

Der nicht unbedeutende Energieverlust von 15 bis 25 % wird zum geringeren Teil durch die Joulewärme, zum grösseren aber dadurch verursacht, dass die von dem Ladungsstrom zu überwindende elektromotorische Gegenkraft im Mittel 2,2 Volt ausmacht, während der Akkumulator bei der Entladung durchschnittlich nur eine elektromotorische Kraft von 1,95 Volt aufweist. Er verhält sich also wie ein Wasserreservoir, welches nach der Füllung auf ein etwas tieferes Niveau herabgesetzt wird.

In Anbetracht dieses 0,2 bis 0,3 Volt betragenden Unterschiedes könnte man vermuten, dass die chemischen Vorgänge im Akkumulator nicht völlig reversibel sind. Indessen hat DOLEZALEK[1]) die Richtigkeit der Gleichung

$$Pb + 2\,H_2SO_4 + PbO_2 \rightleftarrows PbSO_4 + 2\,H_2O + PbSO_4$$

($\rightarrow$ Entladung, $\leftarrow$ Ladung) bewiesen und jene Spannungsdifferenz erklärt. Indem er nämlich von jener Gleichung ausging, ermittelte er durch thermodynamische Betrachtungen die Beziehung der elektromotorischen Kraft eines Akkumulators zur Koncentration der Schwefelsäure und konstatierte die Übereinstimmung der theoretischen und empirischen Werte. Nach der seiner Abhandlung entnommenen Tabelle:

Tab. XXVII.

Elektromotorirche Kraft	Dichte der Schwefelsäure	$^0/_0$ H_2SO_4
2,29	1,496	58,37
2,18	1,415	50,73
2,05	1,279	35,82
1,94	1,140	19,07
1,82	1,028	3,91

fällt die elektromotorische Kraft des Akkumulators mit der Koncentration der Säure ab. Nun muss aber in der porösen Elektrodenmasse beim Laden die Säuredichte schneller zunehmen und beim Entladen schneller abnehmen als im Elek-

[1]) Ztschr. f. Elektrochemie **4**, 349—355. 1898.

trolyten, da sich der Ausgleich durch Diffusion nicht schnell genug vollziehen kann, und zwar um so weniger, je grösser die Stromintensität ist. Folglich verhält sich der Akkumulator beim Laden und Entladen wie ein solcher mit koncentrierterer bezw. verdünnterer Säure, d. h. aber die Gegenkraft ist beim Laden grösser als die elektromotorische Kraft beim Entladen. Der Energieverlust besteht demnach, abgesehen von der Joulewärme, wesentlich in demjenigen Wärmequantum, welches der Arbeit der Koncentrationsströme, die zwischen der Säure innerhalb und ausserhalb der Elektroden auftreten, äquivalent ist. Am geringsten ist der Verlust bei einer 30,4-procentigen Schwefelsäure von der Dichte 1,224.

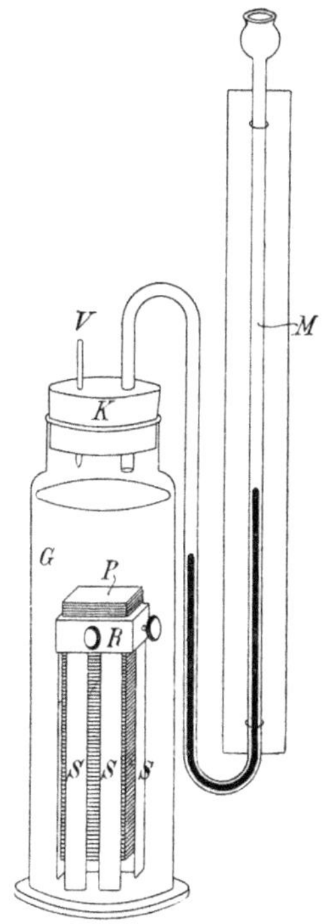

Fig. 73.

§ 5. Die Selbstentladung der Akkumulatoren.

Es ist ferner noch hervorzuheben, dass der Nutzeffekt der Akkumulatoren auch durch die allmähliche Selbstentladung geschwächt wird, und zwar kommt dieses Moment um so mehr zur Geltung, je länger die Akkumulatoren unbenutzt stehen. Das Blei wird nämlich von selbst, wenn auch langsam, unter der Mitwirkung des Luftsauerstoffs in Sulfat übergeführt. Viel schneller aber geht die Selbstentladung vor sich, wenn fremde Metalle in den Akkumulator gelangen, z. B. durch eine unreine Schwefelsäure, durch die an den Polen angebrachten Messingklemmen etc. Dass die Anwesenheit von Kupfer im Akkumulator denselben gänzlich unbrauchbar machen kann, zeigt folgender Versuch. Ein 9 cm langes, 1 cm dickes und 2 cm breites Bleiprisma (aus der Bleiplatte eines Böse'schen Akkumulators geschnitten), welches der Stabilität wegen mit einer Bleifassung zu umgeben ist, ist als Kathode mit einem dasselbe isoliert umschliessenden Platinblech als Anode in verdünnte Schwefelsäure zu bringen und mehrere Stunden elektrolytisch zu reducieren. Hierauf wird an dieses Prisma *P* (Fig. 73) ein Kupferrahmen *R*, mit welchem die sechs Kupferblechstreifen *S* vernietet sind, mittels Schrauben befestigt. Diese Vorrichtung wird in ein mit verdünnter Schwefelsäure (1 : 5) gefülltes Gefäss *G* gesenkt, dessen Pfropfen *K* das Manometerrohr *M* (Lumen 3 mm) und das Verschlussstäbchen *V* trägt. Sogleich entwickeln sich an den Kupferstreifen Wasserstoffbläschen. Die Flüssigkeit im Manometerrohr steigt in wenigen Minuten 10 cm. Nach drei Stunden betrug das in einem Eudiometerrohr aufgefangene Gasvolumen 25 cm^3.

Wenn aber auch ein gewisser Energieverlust bei der Verwendung der Akkumulatoren nicht zu vermeiden ist, so fällt derselbe doch in Anbetracht der mannigfachen Vorzüge, welche diese Elemente allen anderen galvanischen Stromquellen gegenüber auszeichnen, nicht so sehr ins Gewicht. Um es kurz zusammenzufassen, so bestehen diese Vorzüge in der hohen elektromotorischen Kraft, dem geringen, nur einige Hundertstel Ohm betragenden inneren Widerstand und der verhältnismässig grossen Konstanz und Kapacität. Freilich ist für den Transport die bedeutende Schwere der Elektroden sehr hinderlich.[1])

---

[1]) Wer sich über die Akkumulatoren weiter orientieren will, sei verwiesen auf die Broschüre: *Die Akkumulatoren. Von Dr. Karl Elbs. Leipzig, Barth, 1893. 35 S. M. 1* —, ferner auf: *Die Akkumulatoren für Elektricität. Von E. Hoppe. Berlin, Springer, 1898.*

10. Kapitel.

Die Energetik der galvanischen Elemente und der Elektrolyse.

§ 1. Wärmeentwicklung des Stromes ohne äussere Arbeitsleistung.

Die elektrische Energie hat den grossen Vorzug, dass sie sich leicht aufspeichern und mit nur geringen Verlusten in die andern Energieformen umwandeln lässt.

Wie die mechanische Arbeit, die ein frei fallender Körper zu leisten fähig ist, aus dem Produkt der durch die Fallhöhe bedingten treibenden Kraft und der Masse des Körpers bestimmt wird, so wird die elektrische Energie durch das Produkt der Potentialdifferenz π und der Strommenge J, also nach Volt-Coulomb, gemessen, und zwar ist

$$1 \text{ Volt} \times 1 \text{ Coulomb} = 10^7 \text{ Erg} = 0,2362 \text{ cal.}$$ [2]) $$= 10314 \text{ g . cm.}$$

Falls man ein galvanisches Element von der elektromotorischen Kraft π und dem innern Widerstand w_1 durch einen Leitungsdraht von dem Widerstand w_2 schliesst, so geht die gesamte elektrische Energie πJ in die Wärme C über, welche, wenn der Strom bei konstanter elektromotorischer Kraft und der Stromintensität i t Sekunden circuliert,

$$C = 0,2362\, \pi i t = 0,2362\, i^2 (w_1 + w_2)\, t \text{ cal.}$$

beträgt, denn es ist $J = it$ und $\pi = i(w_1 + w_2)$. Die Wärme

$$c_1 = 0,2362\, i^2 w_1 t \text{ cal.}$$

verbleibt im Element, die Wärme

$$c_2 = 0,2362\, i^2 w_2 t \text{ cal.}$$

wird im Schliessungsbogen entwickelt.

Beide Wärmen c_1 und c_2, die als Joulewärmen bezeichnet werden, lassen sich in kuzer Zeit durch den Versuch,

[1]) Nach Jahns Messungen Ztschr. für physikal. Chemie, **26**, 386. 1898.

wenigstens näherungsweise, demonstrieren. Als Stromquelle ist hierzu ein DANIELLsches Element mit Thonzelle wenig geeignet, weil dasselbe wegen des verhältnismässig hohen innern Widerstandes nicht genügend starke Ströme liefert. Auch ein aus Zink, Chromsäure und Kohle bestehendes BUNSENsches Element ist für den Versuch nicht brauchbar, denn beide Elektroden erzeugen für sich schon im Elektrolyten Wärme, so dass bereits im offenen Element Wärme frei wird. Diese Mängel treten bei den Akkumulatoren weniger hervor. Zu jenem Versuch diente daher ein BÖSEscher Akkumulator Type Y, der drei $3,5 \times 9$ cm grosse Platten enthält und bei der Stromentnahme von 1 Ampère eine Kapacität von zwei Ampère-Stunden aufweist. Als Wärmeindikator wurde das Doppelthermoskop von LOOSER[1]) verwendet. Dasselbe besteht (Fig. 74) aus den Manometern M_1 und M_2 und den mit ihnen durch die Gummischläuche g_1 und g_2 verbundenen, gleich grossen Receptoren R_1 und R_2. Jeder der letzteren ist nach dem Princip des BUNSENschen Eiskalorimeters aus zwei ineinander geschobenen cylindrischen Gefässen hergestellt, deren obere Ränder zusammengeschmolzen sind. Das innere Gefäss, welches das sich erwärmende Material aufnehmen soll, muss 4 cm weit und 10 cm hoch sein, während das äussere Gefäss einen Durchmesser von 6 cm hat. Die in dem ersteren entstehende Wärme dehnt die Luft des zwischen beiden Gefässen befindlichen mantelförmigen Raumes aus, so dass die Flüssigkeit in den an der Skala S befestigten Manometerschenkeln steigt.

In den Receptor R_1 wurde nun der Akkumulator nebst 95 cm^3 Schwefelsäure (1 : 4) gebracht. Das gleiche Quantum Schwefelsäure enthielt der Receptor R_2. Derselbe war mit einem Kork verschlossen, in welchem zwei Kupferdrähte steckten, an deren Enden ein 25 cm langer, 0,1 mm dicker Platindraht p von dem Widerstand 2,5 Ohm mit Neusilberlot angelötet war. Die Lötstellen befanden sich unter dem Niveau der Säure. Nach dem Laden zeigte der Akkumulator die elektromotorische Kraft von 1,9 Volt und den Widerstand von 0,15 Ohm. Nachdem die Flüssigkeit der Receptoren

[1]) Zu beziehen durch ROBERT MÜLLER, Glasbläserei in Essen.

die Temperatur des Zimmers angenommen hatte, wurden die Schliessungsdrähte angelegt, wie Fig. 74 zeigt (Stöpsel des Umschalters U in l_1). Die Stromintensität betrug unter diesen Umständen

$$i = \frac{1,9}{0,15 + 2,5} = 0,717 \text{ Ampère.}$$

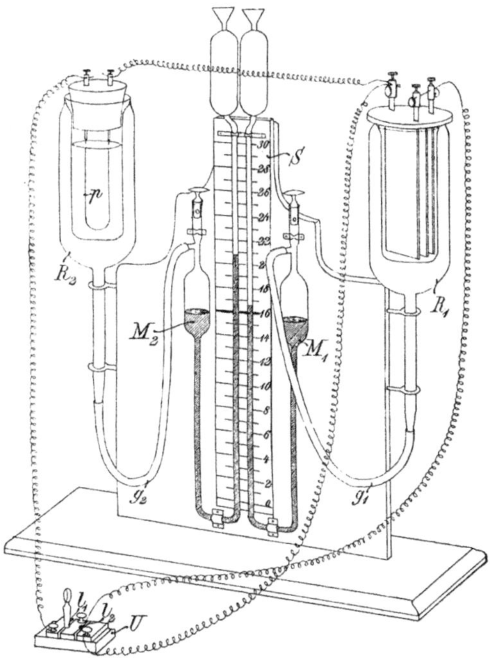

Fig. 74.

In R_1 hätten also nach 20 Minuten

$$c_1 = 0,2362 \,.\, 0,717^2 \,.\, 0,15 \,.\, 1200 = 21,86 \text{ cal.},$$

und in R_2

$$c_2 = 0,2362 \,.\, 0,717^2 \,.\, 2,5 \,.\, 1200 = 364,28 \text{ cal.}$$

entstehen, oder die Wärmen c_1 und c_2 hätten sich wie $w_1 : w_2$, d. h. wie 1 : 16,6 verhalten müssen. Thatsächlich zeigten die Manometer eine Steigung des Flüssigkeitsfadens von 4 bezw. 48 mm an, ein Resultat, das in Anbetracht der durch die Leitungsdrähte hervorgerufenen Wärmeverluste sowie der sonstigen der Methode anhaftenden, nicht unbeträchtlichen Mängel, einigermassen befriedigt.

Bei konstantem π wächst das Verhältnis $c_2 : c_1$, wenn w_2 zunimmt. Aber der absolute Wert von c_2 muss sich bei Zunahme von w_2 verringern, da i abnimmt. Der Wert von c_2

$$c_2 = 0{,}2362 \,.\, i^2 .\, w_2 \,.\, t = 0{,}2362 \left(\frac{\pi}{w_1 + w_2}\right)^2 \cdot w_2 t \,\text{cal}.$$

erreicht, falls sich π und t nicht ändern, ein Maximum, wenn $w_2 = w_1$ ist, d. h. wenn der äussere Widerstand gleich dem inneren ist, und dann ist stets die Wärme im Element gleich der Wärme im Schliessungsbogen. Der Versuch bewies es, denn die Flüssigkeiten stiegen in beiden Manometern fast gleich hoch, nämlich in 2 Minuten 12 mm, wofern man den Platindraht p im Receptor R_2 durch einen andern ersetzte, der bei 3 cm Länge und 0,25 mm Dicke einen Widerstand von 0,15 Ohm hatte. Es müssten zwar die Manometer einen höheren Stand anzeigen, wenn π konstant bliebe. Weil jedoch bei diesem Versuch der Akkumulator weit über seine Leistungsfähigkeit hinaus beansprucht wurde, trat Polarisation ein, so dass seine Klemmenspannung sank. Dies war in noch höherem Grade der Fall, wenn man ihn kurz schloss, also den Stöpsel des Umschalters U in das Loch l_2 steckte. Immerhin zeigte sich, dass jetzt fast sämtliche elektrische Energie sich im Akkumulator in Wärme umsetzte, denn nach einer Minute des Kurzschlusses war die Flüssigkeit des Manometers M_1 um 20 mm gestiegen.

§ 2. Wärmeentwicklung des Stromes bei äusserer Arbeitsleistung.

Ferner kann der galvanische Strom in Apparaten, die in den Schliessungsbogen eingeschaltet werden, Arbeit besonderer Art leisten, sei es mechanische, indem er einen Elektromotor treibt, der eine Last hebt, sei es chemische, indem er einen Leiter zweiter Ordnung elektrolysiert und aus demselben Bestandteile abscheidet, die zusammen einen höheren Energieinhalt haben, als die Verbindung selbst. In solchen Fällen muss die gesamte Stromwärme um das Energieäquivalent derartiger Arbeiten geringer sein. Auch dies lässt sich durch den Versuch veranschaulichen. Auf den Receptor R_2 setze man einen Pfropfen, der wie bei der Zelle Z (Fig. 54) ein mit einem Dreiweghahn versehenes Manometer M und zwei Drähte trägt, an denen 1 cm^2 grosse Platinbleche befestigt sind. Beträgt die Entfernung dieser Elektroden 1,5 cm, so ist der Widerstand der Zelle 2,5 Ohm, also so gross wie der Widerstand des Platindrahtes p in Fig. 74. Die elektromotorische Kraft des Akkumulators reicht aus, die Schwefelsäure im Receptor R_2 zu zersetzen. Nach einer Minute ergiebt sich am Manometer M, dessen Rohr eine innere Weite von 2 mm hat, eine Niveaudifferenz von 30 cm. Setzt man die Summe der kathodischen und anodischen Polarisation 1,7 Volt, so fliesst pro Sekunde durch den Querschnitt der Strombahn

$$\frac{1,9 - 1,7}{0,15 + 2,5} = 0,0755 \text{ Amp.},$$

und demnach würde, wenn keine chemische Arbeit im Receptor R_2 geleistet würde, die gesamte Stromwärme nach 20 Minuten

$$C = 0,2362 \,.\, 0,0755 \,.\, 1,9 \,.\, 1200 = 40,66 \text{ cal.}$$

ausmachen. Da aber 1 Coulomb 0,00009351 g Knallgas entwickelt, und zur Zersetzung von 18 g Wasser 68400 cal. erforderlich sind, so ist das durch die chemische Arbeit hervorgerufene Deficit der Stromwärme

$$c = \frac{68400}{18} \cdot 0,00009351 \,.\, 0,0755 \,.\, 1200 = 32,19 \text{ cal.}$$

Mithin werden im Stromkreis nur 40,66 — 32,19 = 8,47 cal. frei. Thatsächlich lassen auch die Manometer M_1 und M_2 kaum eine Veränderung wahrnehmen.

Würde dagegen die Platinanode vorher verkupfert sein, und der Strom durch eine Kupfersulfatlösung statt durch verdünnte Schwefelsäure geleitet werden, so müssten in den Recipienten R_1 und R_2 wiederum die Joulewärmen $c_1 = 21,86$

bezw. $c_2 = 364,28$ cal. frei werden, da jetzt chemische Arbeit nicht geleistet wird.

§ 3. Beziehung der elektromotorischen Kraft einer galvanischen Kette zur Wärmetönung der in ihr stattfindenden chemischen Vorgänge.

Die weitere Frage betrifft die Beziehung der gewinnbaren elektrischen Energie einer galvanischen Kette zur chemischen Energie, aus welcher erstere hervorgeht. Die Kette verliert an chemischer Energie um so mehr, je länger sie elektrischen Strom liefert, und je lebhafter die chemischen Umsetzungen in ihr erfolgen, d. h. je grösser die in cal. auszudrückende Wärmetönung der stattfindenden Processe ist. Lange Zeit nahm man gemäss der THOMSONschen Regel an, dass jenem Verlust an chemischer Energie die gewinnbare elektrische genau entspreche, mit anderen Worten, dass die chemische Wärme gleich sei der im gesamten Stromkreis entwickelten Stromwärme, falls der Strom zur besonderen Arbeitsleistung nicht in Anspruch genommen wird. Bezeichnet nun π die elektromotorische Kraft der Kette, so liefert letztere pro g-Atom des an der Anode sich lösenden, n-wertigen Metalles die elektrische Energie

$$n \,.\, \pi \,.\, 96540 \,.\, 0{,}2362 = n \,.\, \pi \,.\, 22782 \text{ cal.}$$

Bedeutet ferner Q die gesamte Wärmetönung des auf 1 g-Atom des Kations bezogenen chemischen Umsatzes, so müsste nach obiger Regel

$$n \,.\, \pi \,.\, 22782 = Q$$

sein, und die elektromotorische Kraft einer Kette liesse sich aus dem Werte von Q nach der Gleichung

$$\pi = \frac{Q}{n \,.\, 22782} \text{ Volt}$$

direkt berechnen.

Für die Kette $Zn/ZnSO_4/CuSO_4/Cu$ erwies sich diese Formel nahezu richtig. Denn in dem Process

$$Zn + CuSO_4 = ZnSO_4 + Cu$$

ist $Q = 50130$ cal., weil (Zn, O, SO_3 aq) $= 106090$ cal. und (Cu, O, SO_3 aq) $= 55960$ cal. ist. Somit müsste

$$\pi = \frac{106090 - 55960}{2 \,.\, 22782} = 1{,}10 \text{ Volt}$$

sein, ein Wert, wie er durchschnittlich ja auch gemessen wird.

Bei genauerer Prüfung der andern DANIELLschen Ketten stellten sich aber zwischen der chemischen Wärme und der Stromwärme nicht unerhebliche Differenzen heraus, so dass der THOMSONschen Regel, dem Satz von der völligen Verwandelbarkeit der chemischen Energie in elektrische, nicht eine allgemeine, sondern höchstens eine angenäherte Giltigkeit zukommt. Insbesondere erwies sich die elektromotorische Kraft der Ketten abhängig von der Temperatur. Sie nimmt mit der Temperatur mehr oder weniger ab oder zu. Für den Zusammenhang der absoluten Temperatur T mit jenen beiden Energiegrössen, der Wärmetönung und der Stromenergie, berechnete H. v. HELMHOLTZ für die reversiblen Ketten auf Grund des zweiten Hauptsatzes der Thermodynamik die Gleichung

$$n \,.\, \pi \,.\, 22782 = Q \mp 22782 \,.\, n \,.\, T \frac{d\pi}{dT}, \text{ oder}$$

$$\pi = \frac{Q}{n \,.\, 22782} \mp T \frac{d\pi}{dT}.$$

Hier bedeutet $d\pi/dT$ den Temperaturkoëfficienten der Kette, d. h. die Veränderung der elektromotorischen Kraft bei Zunahme der Temperatur um 1^0. Derselbe ergiebt sich aus den Messungen der elektromotorischen Kräfte π_1 und π_2 einer Kette bei den Temperaturen t_1 und t_2 nach der Gleichung

$$\frac{d\pi}{dT} = \frac{\pi_2 - \pi_1}{t_2 - t_1}.$$

Das Produkt $22782 \,.\, n \,.\, T \,.\, d\pi/dT$ heisst die sekundäre Wärme. Sie ist gleich der Differenz der Stromwärme $n \,.\, \pi \,.\, 22782$ cal. und der chemischen Wärme Q. Ist $d\pi/dT$ negativ, d. h. nimmt die elektromotorische Kraft mit der Zunahme der

Temperatur ab, so ist die erzielbare elektrische Energie geringer als der durch die chemischen Vorgänge im Element bedingte Energieverlust. In diesem Fall wird im Element bei Stromentnahme ausser der Joulewärme die sekundäre Wärme frei. Ist andrerseits $d\pi/dT$ positiv, d. h. nimmt die elektromotorische Kraft mit der Steigerung der Temperatur zu, so ergiebt das Element eine grössere Stromenergie, als dem Verbrauch an chemischer Energie äquivalent ist, und dann muss dasselbe aus der Umgebung Wärme, die es gleichfalls in elektrische Energie umsetzt, aufnehmen, um sich auf konstanter Temperatur zu erhalten.

Die Richtigkeit der HELMHOLTZschen Gleichung ist von JAHN und anderen Forschern vollkommen bestätigt. Es ergab sich eine befriedigende Übereinstimmung zwischen dem gefundenen und dem auf Grund der experimentell ermittelten Werte von π und Q berechneten Temperaturkoëfficienten.

Zwei Beispiele werden die HELMHOLTZsche Gleichung näher erläutern. Für die Kette

$$Pb/Pb(NO_3)_2/Ag_2(NO_3)_2/Ag_2$$

werde auf je 206,4 g gelöstes Blei bei 0⁰

die Stromwärme = 42872 cal.,
die chemische Wärme = 50900 „

gefunden. Demnach ist die sekundäre Wärme

$$22782 \,.\, 2 \,.\, 273 \,.\, d\pi/dT = -8028 \text{ cal.}$$

Daraus folgt $d\pi/dT = -0{,}000646$ Volt, während man fast den gleichen Wert $-0{,}000632$ Volt beobachtete. In diesem Element werden nur 84 % der chemischen Energie in elektrische umgesetzt. Dasselbe verhält sich somit ähnlich wie die Dampfmaschinen, insofern in ihnen auch nur ein Bruchteil der bei der Verbrennung der Kohlen freiwerdenden Wärme als mechanische Arbeit gewonnen werden kann.

Den Fall eines positiven Temperaturkoëfficienten exemplificiert die Kette

$$Pb/Pb(C_2H_3O_2)_2/Cu(C_2H_3O_2)_2/Cu.$$

Hier fand JAHN

für die Stromwärme	21684 cal.
und für die chemische Wärme	17533 „

Aus der sekundären Wärme + 4151 cal. erhält man $d\pi/dT = + 0{,}000334$ Volt, und beobachtet wurden + 0,000385 Volt. Die Kette verdankt den fünften Theil ihrer Stromenergie der äusseren Wärme. Sie führt also ausser der chemischen Energie der im Innern verlaufenden Processe noch ein bedeutendes Wärmequantum der Umgebung in elektrische Energie über und arbeitet daher in dieser Hinsicht ähnlich einem Gasvolumen, welches bei seiner Ausdehnung auf Kosten der Wärme der Umgebung Arbeit leistet.

Bei weitem die meisten galvanischen Elemente besitzen einen negativen Temperaturkoëfficienten. Doch sind die Elemente mit positivem Temperaturkoëfficienten interessanter, insofern sie Vorkehrungen repräsentieren, welche eine gewisse, von aussen aufgenommene Wärme in elektrische Energie verwandeln. Eine Kette dieser Art, die sich für Demonstrationszwecke sehr gut eignet, ist in einer Abhandlung von BUGARSZKY[1]) beschrieben. Zum Versuche benutze man den Apparat Fig. 40. Auf den Boden der Becher B_1 und B_2 bringe man reines Quecksilber, fülle sie mit Normal-Kaliumnitratlösung, die als indifferenter Elektrolyt dienen soll, und senke die Elektroden *a* und *k* ein. Die Hartgummideckel, in denen letztere befestigt sind, sind mit je einer 8 mm weiten Öffnung zu versehen. Den so vorbereiteten Apparat senke man in ein Wasserbad, nachdem man ihn mit dem kleinen Galvanoskop verbunden hat. Schüttet man nun in den Becher B_2 etwas zusammengedrücktes Merkurochlorid nebst einigen Krystallen Kaliumchlorid, so wird das Galvanoskop noch nicht beeinflusst. Sobald man aber ein Stückchen Kaliumhydroxyd in den Becher B_1 befördert, bewegt sich die Nadel sofort auf Teilstrich 12, falls die Temperatur des Wasserbades 16^0 ist. Die Elektrode *a* erweist sich als Anode, *k* als Kathode. Beim Erhitzen des Wasserbades nimmt der Nadelausschlag allmählich zu. Bei 55^0 hat er den Teilstrich 20 erreicht. Wird die Kette wieder abgekühlt, so geht die Nadel in entsprechender Weise zurück.

---

[1]) Ztschr. für anorg. Chemie **14**, 145—163.

Das Quecksilber im Becher B_1 zeigt sich jetzt mit einer braunen Oxydulschicht bedeckt.

Die chemischen Vorgänge dieser Kette:

$$\overset{-}{\mathrm{Hg}}/\mathrm{KOH}/\mathrm{KNO_3}/\mathrm{HgCl}/\overset{+}{\mathrm{Hg}}$$

verlaufen nach der Gleichung:

$$2\,\mathrm{KOH} + 2\,\mathrm{HgCl} = \mathrm{Hg_2O} + \mathrm{H_2O} + 2\,\mathrm{KCl}.$$

Der Strom kommt also dadurch zustande, dass sich die Quecksilberionen des Merkurochlorids an der Elektrode k entladen, die disponiblen Chlorionen die Kaliumionen des Kaliumnitrats, die NO_3-ionen die Kaliumionen des Kaliumhydroxyds anziehen, und die OH-ionen des letzteren das Quecksilber im Becher B_1 veranlassen, Ionen in den Elektrolyten zu senden, 2 HgOH aber geben $Hg_2O + H_2O$.

Nach den Messungen von BUGARSZKY beträgt bei 0^0 die elektromotorische Kraft jener Kette 0,1483 Volt und bei $43{,}3^0$ 0,1846 Volt. Demnach ist

$$\frac{d\pi}{dT} = \frac{0{,}1846 - 0{,}1483}{43{,}3} = + 0{,}000838 \text{ Volt.}$$

Setzt man die betreffenden Werte von π und T für 0^0 und $43{,}3^0$ in die HELMHOLTZsche Gleichung ein, so erhält man

$$2\,.\,22782\,.\,0{,}1483 = Q + 2\,.\,22782\,.\,273\,.\,0{,}000838 \text{ und}$$
$$2\,.\,22782\,.\,0{,}1846 = Q + 2\,.\,22782\,.\,316{,}3\,.\,0{,}000838.$$

Daraus folgt $Q = -3586$ bezw. $= -3401$ cal. Diese Werte stimmen in Anbetracht der Fehlerquellen sehr gut überein. Die Wärmetönung des chemischen Processes liefert nach den thermochemischen Daten von OSTWALDS *Lehrbuch der allgemeinen Chemie* den Wert von — 3040 cal., so dass die HELMHOLTZsche Gleichung als bestätigt angesehen werden kann, da die Differenzen von 546 bezw. 361 cal. für thermochemische Angaben belanglos sind. Das Verhalten dieser Kette ist noch insofern äusserst merkwürdig, als durch sie der Fall verwirklicht wird, dass ein endothermischer Process freiwillig verläuft, indem die erforderliche Wärme von aussen aufgenommen wird.

Galvanische Elemente, für welche die THOMSONsche Regel zutrifft, müssen einen sehr kleinen Temperaturkoëfficienten haben, d. h. ihre elektromotorische Kraft wird von der Temperatur äusserst wenig beeinflusst. Dies gilt eben für das Element $Zn/ZnSO_4/CuSO_4/Cu$, dessen Temperaturkoëfficient zu $+ 0,000034$ Volt bestimmt ist. Besonders müssen die zu Messzwecken dienenden Normalelemente der Bedingung eines geringen Temperaturkoëfficienten genügen. Das CLARK-Element

$$Zn/ZnSO_4/Hg_2SO_4/Hg_2$$

hat bei 15^0 die elektromotorische Kraft von 1,4336 Volt. Nach den Messungen von KAHLE[1]) gilt für dasselbe in dem Temperatur-Intervall von 10 bis 30^0 die Gleichung

$$\pi_t = \pi_{15} - 0,00116\,(t - 15) - 0,00001\,(t - 15)^2,$$

woraus $d\pi/dT = -0,00117$ Volt folgt. Indem HIBBERT im CLARK-Element die Zinksulfatlösung durch eine Zinkchloridlösung von der Dichte 1,38 ersetzte, erhielt er das Ein-Volt-Element. Zwischen den Temperaturen von 16^0 bis 31^0 ist für dasselbe $\pi = 0,9993$ bis 1,0004 Volt, also $d\pi/dT$ nur $+ 0,00001$ Volt. Selbst für genauere Messungen, die mittels dieses Elementes ausgeführt werden, ist es daher nicht nötig, Petroleumbäder zur Konstanthaltung der Temperatur zu benutzen. Auch bei dem jetzt viel gebrauchten WESTON-Element

$$Cd/CdSO_4/Hg_2SO_4/Hg_2$$

ist diese Vorsichtsmassregel überflüssig, da sein Temperaturkoëfficient nur $- 0,00001315$ Volt ist. Bei 0^0 beträgt seine elektromotorische Kraft 1,02551 Volt. Innerhalb der Temperaturen von 0^0 bis 26^0 besteht nach JÄGER und WACHSMUTH[2]) für das WESTON-Element die Beziehung:

$$\pi_t = \pi_0 - 1,25 \,.\, 10^{-5} \,.\, t - 0,065 \,.\, 10^{-5} \,.\, t^2.$$

Gemäss der HELMHOLTZschen Gleichung kann die elektromotorische Kraft einer reversiblen Kette aus der Wärmetönung nur dann genau berechnet werden, wenn gleichzeitig auch der Temperaturkoëfficient bekannt ist. Da nun an der Richtig-

---

[1]) Fortschr. der Physik 574—575. 1893.

[2]) Fortschr. der Physik 565—566. 1893.

keit jener Gleichung ein Zweifel nicht mehr besteht, so ist durch den Vergleich der berechneten und empirischen elektromotorischen Kraft einer Kette die Theorie der in derselben vor sich gehenden chemischen Processe kontrollierbar. So ist für die Wasserstoff-Sauerstoff-Kette $d\pi/dT = -0{,}00144$ Volt, also bei 18^0:

$$\pi = \frac{34180}{22782} - 291 \cdot 0{,}00144 = 1{,}081 \text{ Volt.}$$

Gefunden wurde $\pi = 1{,}08$ Volt. Also entsteht der Strom dieser Kette durch Vereinigung der beiden Gase zu flüssigem Wasser.

Von besonderem Interesse ist es, eine derartige Rechnung für die Akkumulatoren durchzuführen, nachdem Streintz den Temperaturkoëfficienten derselben zu $+0{,}00032$ Volt, und Tschelzow die Bildungswärme des Bleisuperoxyds $(PbO, O) = 12140$ cal. ermittelt haben. Die Wärmetönung der an der Anode und Kathode vor sich gehenden Processe eines Akkumulators bezogen auf 1 g-Atom Blei ergiebt sich in folgender Weise:

1) An der Anode:

$$\begin{aligned} SO_4 + H_2O &= H_2SO_4 + O & -68400 \text{ cal.} \\ Pb + O &= PbO & +50300 \text{ „} \\ PbO + H_2SO_4 aq &= PbSO_4 + H_2O & +23400 \text{ „} \\ & \text{zusammen} & +5300 \text{ cal.} \end{aligned}$$

2) An der Kathode:

$$\begin{aligned} PbO_2 + H_2 &= PbO + H_2O + 50300 + 68400 - (50300 + 12140) \\ &= +56260 \text{ cal.} \\ PbO + H_2SO_4 aq &= PbSO_4 + H_2O + 23400 \text{ „} \\ & \text{zusammen } +79660 \text{ cal.} \end{aligned}$$

Die gesamte Wärmetönung ist demnach

$$Q = 5300 + 79660 = 84960 \text{ cal.}$$

Daraus ergiebt sich bei 15^0

$$\pi = \frac{84960}{2 . 22782} + 288 . 0{,}00032 = 1{,}957 \text{ Volt.}$$

Dieser theoretische Wert stimmt aber mit der Beobachtung so gut überein, dass hierdurch die im vorigen Kapitel erörterte Theorie des Chemismus der Akkumulatoren, welche bei obiger Rechnung zu Grunde gelegt wurde, also die Gleichung

$$Pb + 2\,H_2SO_4 + PbO_2 \rightleftarrows PbSO_4 + 2\,H_2O + PbSO_4,$$

bestätigt wird.

§ 4. Erklärung der sekundären Wärme.

Von den sekundären Wärmen der reversiblen Ketten hat Jahn auf Grund seiner Versuche nachgewiesen, dass sie auf Peltierwärmen zurückzuführen sind. Bekanntlich tritt beim Übergang des elektrischen Stromes von einem Metall zum andern an der Lötstelle beider, und zwar nur an dieser, eine Wärmedifferenz auf, die ihr Vorzeichen je nach der Richtung des Stromes wechselt. Diese Erwärmung bezw. Abkühlung nennt man nach ihrem Entdecker die Peltierwärme. Sie ist der ersten Potenz der Strommenge proportional, hängt aber im übrigen in noch nicht näher bekannter Weise von der substantiellen Natur der Leiter ab. Am deutlichsten lässt sich diese Wärme mittels eines aus Antimon

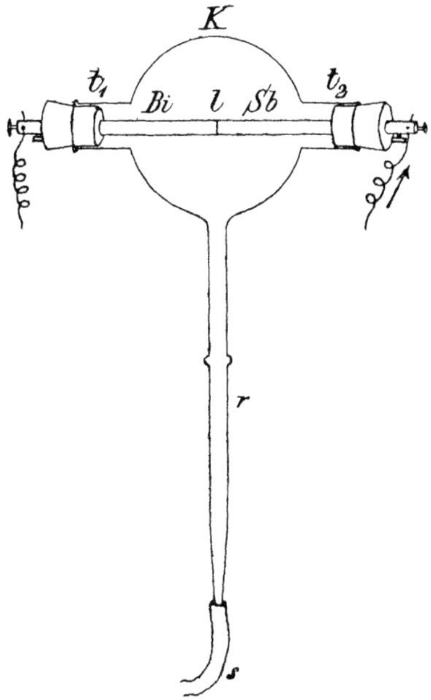

Fig. 75.

und Wismut zusammengesetzten Stabes zeigen, wenn letzterer dick genug, und der Strom nicht zu stark ist, so dass die Joulewärme gering bleibt. In Fig. 75 ist K ein Glaskolben von 4 cm Durchmesser. r ist ein Ansatzrohr, welches durch den Schlauch s mit einem der Manometer des Thermoskops (Fig. 74) zu verbinden ist. In den Tuben t_1 und t_2 ist mittels dicht schliessender Pfropfen der 8 mm dicke Stab befestigt, welcher aus einem Antimonstück *Sb* und einem Wismutstück *Bi* besteht, die beide bei *l* mittels der Stichflamme aneinander geschmolzen sind. Die Enden des Stabes werden an eine Batterie aus zwei Akkumulatoren angeschlossen, in deren Stromkreis ein Kommutator und, wenn nötig, noch ein Widerstand von 1 bis 2 Ohm einzuschalten ist. Geht nun der Strom vom Antimon zum Wismut, so steigt die Manometerflüssigkeit in wenigen Minuten um etwa 40 mm, ein Zeichen, dass sich die Lötstelle *l* erwärmt. Nach der Umkehr der Stromrichtung aber sinkt die Manometerflüssigkeit infolge der Abkühlung bei *l* unter das ursprüngliche Niveau 20 bis 30 mm herab und steigt bei der Unterbrechung des Stromes allmählich wieder empor, indem die Lötstelle Wärme aus der Umgebung aufnimmt.

Solche Peltierwärmen machen sich nun auch deutlich bemerkbar, wenn der Strom zwischen einem Leiter erster Ordnung und einem Elektrolyten übergeht, während sie an der Grenzfläche zweier Elektrolyte gering sind. JAHN hat die Peltierwärmen an den Kontaktstellen der Metalle und der Lösungen ihrer Salze bestimmt. Aus den Daten ergab sich, dass die sekundäre Wärme eines galvanischen Elementes mit der algebraischen Summe der an den Elektroden auftretenden Peltierwärmen übereinstimmt. Die sekundäre und die Peltierwärme sind demnach wahrscheinlich identisch, was auch daraus hervorgeht, dass erstere ihr Vorzeichen wechselt, wenn ein Strom in umgekehrter Richtung das galvanische Element passiert.

§ 5. Die sekundäre Wärme bei elektrolytischen Processen.

Die sekundären Wärmen müssen auch bei den Vorgängen der Elektrolyse zur Geltung kommen. Wenn freilich die Anode löslich ist, so heben sie sich an beiden Elektroden einander auf. Ist sie aber unlöslich, so sind diese Wärmen verschieden. Die mühsamen Arbeiten JAHNS,[1]) deren Bedeutung

[1]) Ztschr. f. physik. Chemie, 26, 385—429. 1898.

zur Bestimmung der Zersetzungsspannung bereits S. 197 bis 203 hervorgehoben wurde, haben auch in dieser Beziehung reichlichen Erfolg gehabt. Für eine Kupfersulfatlösung, die im Liter ein halbes Gramm-Molekulargewicht des wasserfreien Salzes enthielt, fand JAHN bei 0^0 und 20^0 die Polarisation oder Zersetzungsspannung $\mathfrak{P}$ zu 1,570 bezw. 1,494 Volt, so dass der Temperaturkoëfficient

$$\frac{d\mathfrak{P}}{dt} = \frac{\mathfrak{P}_{20} - \mathfrak{P}_0}{20} = -0{,}0038 \text{ Volt}$$

ist. Ferner beträgt das Wärmeäquivalent der elektrischen Arbeit, die zur Abscheidung eines Gramm-Atoms Kupfer bei unlöslicher Anode aufzuwenden ist, bei 0^0 und 20^0

$$C_0 = 2 \,.\, 22782 \,.\, \mathfrak{P}_0 = 71536 \text{ cal.}$$
$$\text{und} \quad C_{20} = 2 \,.\, 22782 \,.\, \mathfrak{P}_{20} = 67890 \text{ cal.}$$

Da aber die Verbindungswärme Q des Kupfersulfats (Cu, O, SO_3 . aq.) nur 55960 cal. ist, also an chemischer Energie nur dieses Quantum gewonnen werden kann, so wird in der Zersetzungszelle der Energierest in Form von Wärme, nämlich bei 0^0 und 20^0 die Wärme $q_0 = 16570$ bezw. $q_{20} = 11930$ cal. oder allgemein bei der Temperatur t^0

$$q_t = \left[2 \,.\, 22782 \,.\left(\mathfrak{P}_0 - t\,\frac{d\mathfrak{P}}{dt}\right) - Q \right] \text{cal.}$$

frei. Diese sekundäre Wärme ist an den Elektroden in Gestalt der Peltierwärmen lokalisiert, und zwar werden bei 20^0 nach JAHNS Bestimmungen beim Übergang von 2 . 96540 Coulomb in der Richtung vom Kupfersulfat zur Kupferkathode an letzterer $q_k = -10070$ cal. gebunden, und demnach an der Platinanode $q_a = 11930 - (-10070) = +22000$ cal. entwickelt. Die Joulewärme, die sich jenen Wärmen noch hinzuaddieren müsste, war bei JAHNS Versuchen wegen der sehr geringen Stromintensität und des unbedeutenden Widerstandes der Zersetzungszelle zu vernachlässigen. Wie man sieht, nimmt der zur Zersetzung des Kupfersulfats erforderliche Verbrauch an elektrischer Energie bei der Erhöhung der Temperatur ab. Die Ersparnis beträgt pro Temperaturgrad

$$(C_0 - C_{20})/20 = 2 . 22782 . \frac{d\mathfrak{P}}{dt} = 180 \text{ cal.}$$

Sollte die gesamte elektrische Energie in chemische übergehen, also die sekundäre Wärme $q_t = 0$ sein, so dürfte die Zersetzungsspannung nur $Q/2 . 22782 = 1{,}23$ Volt sein. Dieser Minimalwert würde aber zur Zersetzung erst bei einer Temperatur, welche sich nach der Gleichung

$$2 . 22782 \left(\mathfrak{P}_0 - t \frac{d\mathfrak{P}}{dt}\right) - Q = 0$$

zu 91^0 berechnet, ausreichen.

Tabelle XXVIII bringt eine Zusammenstellung der auf Grund der Jahnschen Arbeit ermittelten Grössen, welche die Beziehungen der bei der Elektrolyse einiger Schwermetallsalze aufzuwendenden elektrischen Energie zur gewinnbaren chemischen Energie erkennen lassen.

Es zeigt sich für die untersuchten Salze, dass mit der Erhöhung der Temperatur um einen Grad die Zersetzungsspannung durchschnittlich um 0,0035 Volt abnimmt (Kolumne 4), also bei der Abscheidung der in Kolumne 15 verzeichneten Metallmengen im Mittel 160 cal. (Kolumne 13) erspart werden können. Die zur Berechnung der Zersetzungsspannung häufig gebrauchte Thomsonsche Formel ergiebt demnach für jene Salze Werte, die um einige Zehntel Volt zu niedrig sind (Kolumne 8). Die anzubringende Korrektion hängt von der nach der Temperatur variierenden, in obigen Fällen stets positiven, sekundären Wärme q_t ab (Kolumnen 9 und 10). Daher lautet die vollständige Formel für die Zersetzungsspannung

$$\mathfrak{P}_t = \mathfrak{P}_0 - t \frac{d\mathfrak{P}}{dt} = \frac{Q + q_t}{n . 22782} \text{ Volt.}$$

Der Wert q_t aber ist einstweilen empirisch zu bestimmen. Er setzt sich additiv aus der an der Kathode und Anode lokalisierten Peltierwärme zusammen. Die Peltierwärme an der Anode q_a (Kolumne 12) hat, wie zu erwarten war, nahezu gleiche Werte, im Durchschnitt + 23000 cal., ergeben, während die Peltierwärme an der Kathode je nach dem Kation wechselt, meistens jedoch negativ ist.

Tab. XXVIII.

1	2	3	4	5	6	7	8	9	10	11	12	13	14	15
Elektrolyt	$\mathfrak{P}_0$	$\mathfrak{P}_{20}$	$\frac{d\mathfrak{P}}{dt}$	Aufzuwendende elektrische Energie $C_t = 2.22782 . \mathfrak{P}_t$ cal.		Verbindungswärme Q cal.	$\frac{Q}{2.22782}$ Volt	Sekundäre Wärme $q_t = [C_t - Q]$ cal.		Peltierwärme bei 20⁰ cal.		Erspart pro 1⁰ cal. ist.	Temperatur, für welche $C_t = Q$ ist.	Abzuscheidende Metallmenge in g
				bei 0⁰	bei 20⁰			bei 0⁰	bei 20⁰	q_k	q_a			
$ZnSO_4$	2,62	2,55	—0,0035	119380	116190	106090	2,33	13290	10100	—10170	+20270	159	83,5⁰	65,0
$CdSO_4$	2,33	2,25	—0,0038	106160	102520	89880	1,97	16280	12640	— 8770	+21410	182	89,5⁰	112,0
$Pb(NO_3)_2$	2,03	1,96	—0,0035	92495	89260	68070	1,49	24425	21190	— 2340	+23620	162	150,8⁰	207,0
$CuSO_4$	1,57	1,49	—0,0038	71536	67890	55960	1,23	16570	11930	—10070	+22000	180	91,0⁰	63,7
$Cu(NO_3)_2$	1,56	1,49	—0,0035	71080	67890	52410	1,15	18670	15480	—10070	+25550	160	116,6⁰	63,7
$Ag_2(NO_3)_2$	1,10	1,04	—0,0028	50120	47387	16780	0,37	33340	30607	+ 2350	+28257	137	243,3⁰	216,0

§ 6. Schlussbemerkung.

Für die elektromotorische Kraft einer galvanischen Kette sind zwei Gleichungen aufgestellt worden, die eine von HELMHOLTZ, welcher den thermodynamischen Weg einschlug, die andere von NERNST, der den osmotischen Druck zu Grunde legte. Den Zusammenhang beider Gleichungen hat OSTWALD[1]) erbracht, insofern er von der NERNSTschen Gleichung

$$\pi = \frac{0{,}0002}{n} \,.\, T \,.\, \log \frac{P_1}{P_2}$$

ausging, auf die Grössen P_1 und P_2 die Gesetze des osmotischen Druckes anwendete und so rechnerisch zur HELMHOLTZschen Gleichung gelangte.

Demgemäss ist die osmotische Theorie des galvanischen Stromes, in deren Sinne der Abschnitt III dieses Buches abgefasst ist, auch thermodynamisch begründet.

---

[1]) W. OSTWALD, Lehrbuch der allgemeinen Chemie 1893, II, 858.

Autorenregister.

Sachregister.

GPSR Compliance

The European Union's (EU) General Product Safety Regulation (GPSR) is a set of rules that requires consumer products to be safe and our obligations to ensure this.

If you have any concerns about our products, you can contact us on ProductSafety@springernature.com

In case Publisher is established outside the EU, the EU authorized representative is:

Springer Nature Customer Service Center GmbH
Europaplatz 3
69115 Heidelberg, Germany

Batch number: 10620167

Printed by Printforce, the Netherlands